邓秀杰　著

RESEARCH ON
ENERGY SECURITY SYSTEM OF
CHINA
AND
SOUTHEAST ASIA BASED
ON

基于DPSIR模型的中国—东南亚能源安全体系研究

MODEL

社会科学文献出版社
SOCIAL SCIENCES ACADEMIC PRESS (CHINA)

本书为广东省哲学社会科学规划项目成果
受韩山师范学院学术专著出版基金资助

目　录

导　言

一　问题的提出和选题意义

（一）问题导入

当今世界正面临百年未有之大变局。全球能源形势正发生复杂而深刻的变化，新一轮能源科技革命加速推进，应对全球能源安全和可持续发展问题迫在眉睫。特别是2022年以来，新冠疫情和乌克兰危机影响交织叠加，全球面临比20世纪七八十年代规模更大、持续时间更长的石油、天然气和电力三重能源危机，原油库存降低、加油站无油可售、天然气价格飙升、大规模长时间停电、居民用电价格暴涨等现象层出不穷，给世界经济复苏和全球能源安全蒙上阴影。“察势者智，驭势者赢。”面对能源供需格局新变化、国际能源发展新趋势，作为全球能源市场的重要参与者，中国应提前谋划、及早部署，依托“一带一路”深化区域和国际能源安全合作，构建清洁低碳、安全高效的能源安全战略体系，为实现“两个一百年”奋斗目标、实现中华民族伟大复兴中国梦提供有力支撑和物质基础。

从国际能源合作来看，东南亚地区在中国当前和未来几十年的能源发展战略中占有极为特殊的重要地位。中国与东南亚国家地理相连、历史相通、文化交融，在能源领域的合作由来已久，合作形式多样，既有双边机制，也有多边舞台。伴随着中国—东盟自贸区的建立和升级、区域全面经济伙伴关系协定（RCEP）的签署和生效，中国与东南亚国家的能源合作成效显著，能源投资项目日益增多，贸易规模持续扩大，合作领域不断拓展，未来进一步发展的潜力无限、空间巨大、前景可期。但是，中国和东南亚国家的能源合作并非一帆风顺，新现象、新问题不断涌现。因此，重新审视中国和东南亚国家能源合作的历史和现状，正确看待中国和东南亚国家能源合作存在的机遇与挑战，努力构建安全高效、清洁低碳的区域能源安全体系非常必要。

近年来，随着“一带一路”建设的推进，中国与东南亚国家的能源合作日益受到国内学者的关注，出版和发表了一系列相关的学术研究成果。然而，相对于中东、中亚—俄罗斯、非洲等能源富集地区而言，国内对东南亚地区的重视程度不够、研究尚显不足。特别是中国第三代东南亚研究学者[①]自身存在一些缺陷，比如多本土出身、合作研究不足、未熟练掌握和使用东南亚语言、主要聚焦于海外华侨华人研究、较少从事田野调查等，导致有关东南亚能源领域的研究进展比较缓慢、研究的深度不足、取得的研究成果质量不高且多有重复。在新形势下，我们有必要在前人研究的基础上，进一步推进和深化此方面的研究。比如，当前中国和东南亚国家的能源安全存在哪些共性问题？中国和东南亚国家能源合作的未来发展方向是什么？在“一带一路”建设中，中国和东南亚国家构建区域能源安全体系应该选择什么路径？这些问题都是非常值得我们关注和研究的。

---

① 中国的东南亚学者可以划分为三个群体：第一代（先驱，出生于 20 世纪 10 年代和 20 年代，以姚楠教授、朱杰勤教授、韩振华教授和田汝康先生为代表）、第二代（出生于 20 世纪 30~40 年代，以周南京、梁英明、梁志明、张玉安、巫乐华、张锡镇、黄昆章、孔远志、林金枝、廖少廉、李国梁、蔡仁龙、温广益、温北炎、赵和曼、陈乔之、吴凤斌、余定邦、贺圣达等为代表）和第三代（出生于 20 世纪 50~60 年代，以梁敏和、吴小安、韦民、庄国土、李明欢、袁冰凌、曾玲、陈衍德、沈红芳、王勤、刘宏、唐礼智、曹云华、汪新生、袁丁、张应龙、周聿峨、古小松、王士录和王正毅等为代表）。参见廖建裕《近三十年来研究东南亚的中国学者：一个初探性的研究》，代帆译，《东南亚研究》2006 年第 4 期，第 6~8 页。

（二）价值和意义

本研究拟根据 DPSIR 模型，从能源需求国南南合作的视角来研究中国与东南亚国家能源安全体系构建，主要有以下几点考虑。

首先，在国际能源转型的新形势下，中国需要以绿色发展和开放发展理念谋划能源安全战略，努力在能源、经济、环保之间走出一条具有中国特色的新型发展道路。21 世纪以来，世界能源体系发生了双重变革。其中，以页岩油气开发为代表的非常规油气革命缓解了能源市场紧张的供求关系，并使得油气资源的供应日益多元化；在政策引导与技术进步的影响下，可再生能源产业也得到了稳步的发展，已经开始了对传统化石能源的替代进程①。非常规油气资源开发的兴起和可再生能源产业的不断发展既矛盾又统一，共同塑造了当今国际能源体系变革的态势。面临能源需求压力大、供给制约多、消费结构转型缓慢、能源地缘政治关系复杂等诸多挑战，中国要抓住机遇、迎接挑战，为重塑国际能源发展格局和优化全球环境治理体系做出“中国贡献”。

其次，在中国能源安全面临的众多重大风险和战略挑战中，“美国因素”可能是影响中国未来能源安全的最大要素②。特朗普上台后，美国对华政策出现 180 度的大调整。在 2017 年版的《国家安全战略报告》中，特朗普将中国定位为美国的“战略竞争对手和修正主义国家”。随后，特朗普又单方面挑起与中国的贸易摩擦。这一系列事件表明，美国对华政策发生了实质性变化，从“接触加遏制”开始转向“以遏制为主”。在可预见的将来，美国对华政策的质变已成定局，难以出现逆转③。为了阻挠和压制中国，美国完全有可能在“经贸脱钩”和“技术脱钩”的基础上叠加“能源脱钩”，并对中国挥舞能源大棒，“干扰”和“切断”中国的海外油

① 吴磊、曹峰毓：《论世界能源体系的双重变革与中国的能源转型》，《太平洋学报》2019 年第 3 期，第 37 页。

② 吴磊：《能源安全与中美关系：竞争 · 冲突 · 合作》，中国社会科学出版社，2009，第 22 页。

③ 王缉思：《如何判断美国对华政策的转变》，《环球时报》2019 年 6 月 13 日。

气供应。对此，中国要做好两手准备：一方面，我们需要和美国发展合作共赢的关系；另一方面，我们也必须对不确定事件加以防范，有底线思维。①

再次，在能源转型的国际背景下，作为世界重要的能源消费国/地区，受资源禀赋所限，中国和东南亚国家都存在能源转型乏力的现实困境。面对以美英为代表的西方主导的国际能源格局，中国与东南亚国家的共同利益和诉求远大于差异和分歧。中国与东南亚国家的能源合作历史悠久。在维护和保障能源安全问题上，中国既有成功的经验，也有失败的教训，中国能源的发展、创新和转型之路对东南亚国家有很强的借鉴意义。对东南亚国家的能源现状、能源战略和能源政策展开分析研究，可以把握东南亚国家对华能源政策的特点和发展趋势，有利于中国进行相应的战略调整和政策选择。更为重要的是，中国与东南亚国家在能源领域存在一些现实问题亟待解决，比如澜湄水资源问题、南海争端和中国能源威胁论等。开展互利合作、多元发展、协同保障的能源合作，将有助于中国与东南亚国家消除误解、化解矛盾，共同构建中国-东南亚能源安全体系。

最后，马克思主义哲学认为，人类社会的现象是多种多样的，但是从本质上看，社会的存在与发展是客观的。在纷繁复杂的现象中，我们要采用新视角、新思维审视中国和东南亚能源安全的新形势以及理想与现实之间的客观差距，运用新理论、新方法解决中国和东南亚构建能源安全体系面临的新挑战和新问题。DPSIR 模型提供了管窥和应对这一问题的新思路。

二 国内外研究现状

能源安全是关系国家经济社会发展的全局性、战略性问题。自 20 世纪

① 《苏格谈中美关系：既要合作共赢　又要有底线思维》，新华网，2016 年 12 月 19 日，http：//www. xinhuanet. com//world/2016-12/19/c_ 135908419. htm。

70 年代以来，随着社会历史发展，以供应安全为核心的传统能源安全概念不断被赋予新内涵，逐渐发展为涵盖能源供应、经济竞争力和环境质量三大要素的综合能源安全概念，成为一个涉及自然资源学、社会学、经济学、环境学、地理学等的多学科交叉复杂领域。然而，迄今为止，“能源安全”还没有明确统一的概念。

在经济全球化和区域一体化的推动下，能源安全研究逐渐拓展为能源安全体系（energy security system）研究。作为一门学科，“能源安全体系是指一个国家或地区为保障能源供需平衡、协调，规避能源供需风险，所建立起来的与能源安全相关的法规、体制、储备制度、预警系统和应急预案等一整套政策措施。”[①] 欧洲引领政策意义上的能源安全体系研究之先，并在具体实践中不断丰富和发展。21 世纪以来，中国日益走近世界舞台的中央，构建能源安全体系的紧迫需求也推动国内相关问题的研究不断深化。

能源安全体系是能源安全研究领域下的一个研究话题。中国和东南亚能源安全体系研究属于能源安全与国际合作交叉的研究。在该问题上，国内外学者产生了一些有价值的学术成果。

（一）国外研究现状

在国际政治领域，能源安全主要是从地缘政治（现实主义）和市场机制（自由主义）视角来进行研究的。[②]

从现实主义视角看，由于资源稀缺性和分布不平衡性，能源具有地缘属性。梅尔文·科南特最早从地缘政治学角度系统研究能源问题。1978 年，他与弗恩·戈尔德出版《能源地缘政治》一书，指出“获得这些基本商品

① 潘龙：《光伏并网逆变器的设计与控制》，《能源与节能》2011 年第 2 期，第 85 页。
② 吴磊、许剑：《论能源安全的公共产品属性与能源安全共同体构建》，《国际安全研究》2020 年第 5 期，第 4 页。

的能力……取决于地理因素和各国政府在不同政治条件基础上进行的政治决策。”[①] 能源地缘政治学理论对西方国际政治和战略界产生重要影响，基辛格、布热津斯基和亨廷顿等都从地缘政治出发，阐述美国的能源战略和政策。冷战结束后，全球能源地缘政治格局出现新发展和新趋势，英国皇家国际事务研究所约翰·米切尔、彼得·贝克和迈克尔·格拉伯 1996 年出版的《新能源地缘政治》认为世界能源地缘中心正在向亚洲转移……应通过国际能源协议来减少能源供应临时中断的危险。[②] 2000 年，美国战略和国际问题研究中心发表的一份题为《跨入 21 世纪的能源地缘政治学》的研究报告提出，“建立能源网络与实现贸易自由化可以使亚洲经济增长基础更为坚实……强化更大范围和更多内涵的国际能源合作及其相应机制完善愈加迫切”。[③]

从自由主义视角看，世界经济体系中的各国联系和影响日益加深。美国经济学家理查德·库珀最早提出相互依存理论[④]，对后来的国际能源合作思想产生了深刻的影响。在思考第一次石油危机的基础上，纳兹利·乔克里在《能源相互依存的国际政治》中指出，“日益增长的石油贸易和不断上涨的石油价格对所有国家国际行为的制约导致了世界范围的相互依存。”[⑤] 20 世纪七八十年代，新自由主义者罗伯特·基欧汉和小约瑟夫·奈从相互依存理论出发，分析了国际机制对国际能源体系的作用，对后来学者产生了深远的影响。奈在《理解国际冲突：理论与历史》中分析了石油危机中相互依存

---

① Melvin A. Conant, Fern Racine Gold, *The Geopolitics of Energy*, Westview Press, Boulder Colorado, 1978, p. 3.

② John V. Mitchell, Peter Beck, Michael Grubb, The New Geopolitics of Energy, the Royal Institute of International Affairs, 1996, pp. 2-3.

③ “The Geopolitics of Energy into the 21st Century, Vol. 1: An Overview and Policy Considerations”, A Report of the CSIS Strategic Energy Initiative, the CSIS Press, Nov. 2000.

④ 1968 年，理查德·库珀（Richard Cooper）出版《相互依存经济学——大西洋社会的经济政策》（The Economics of Interdependence）一书，首次阐述了相互依存理论，指出相互依存是工业化国家之间一个强劲趋势。

⑤ Nazli Choucri, International Politics of Energy Interdependence, Lexington, Lexington Books, 1976.

的关键作用。[①] 基欧汉在《霸权之后：世界政治经济中的合作与纷争》中分析了相互依存对国际能源合作机制的重要影响。[②]

21 世纪，在经济全球化的推动下，国际关系的主题由“冲突与对抗”转向“对话与合作”。国际社会“越来越重视能源领域的国际合作及其国际机制的建设，主张通过合作与协调来实现能源安全，将维护能源安全与实现经济和社会的可持续发展与国家的对外政治和经济关系联系起来”。[③] 相应地，学者们都倾向探索地区之间的能源合作，将能源合作机制作为实现地区能源安全的出路。罗伯特·曼宁在分析亚洲能源问题时指出，与其将能源视为冲突的源泉，不如重视“能源所具有的促进一体化、创造更广泛的利益共享与合作范围的能力”，一个国家要同其他国家通过连接能源管道和其他形式的能源合作形成相互依存，并建立一定程度的相互信任。[④] 弗朗斯西·尼古拉斯等在《亚欧能源安全合作：选择和挑战概述》中进一步指出，亚洲和欧洲在能源领域存在广泛的相似性……亚洲可以借鉴欧洲经验，如欧洲的石油战略储备机制、跨国能源协议等。[⑤] 但是，亚洲毕竟与欧洲不同。随着亚洲的整体性崛起，需要更新现有的能源合作机制，全球能源市场的稳定需要亚洲国家，特别是中国的参与。

与欧盟区域能源合作相比，东盟区域能源合作对国际关系的影响不大。因此，国外学者对东南亚的关注度不高，研究东南亚能源问题的成果比较有限。目前，国外研究主要关注三个问题。一是东南亚的能源状况和政策，新加坡东

---

① 〔美〕小约瑟夫·奈：《理解国际冲突：理论与历史》，张小明译，上海人民出版社，2002。

② 〔美〕罗伯特·基欧汉：《霸权之后：世界政治经济中的合作与纷争》，苏长和、信强、何曜译，上海人民出版社，2006。

③ 余建华、戴轶尘：《多维理论视域中的能源政治与安全观》，《阿拉伯世界研究》2012 年第 2 期，第 107 页。

④ Robert A. Manning, The Asia Energy Factor: Myths and Dilemma of Energy, Security and The Pacific Future, New York, Palgrave, 2000, p. 202.

⑤ Francois Nicolas, Francois Godement, Taizo Yakushiji, "Asia-Europe Cooperation on Energy Security: An Overview of Options and Challenges", in Francois Nicolas, Taizo Yakushiji (eds.), Asia and Europe: Cooperation for Energy Security: A CAEC Task Force Report, Tokyo, Japan Center for International Exchange, 2004.

南亚研究所发布的《东南亚能源市场和政策》[①]，详述东盟能源状况和印尼、马来西亚、菲律宾、新加坡及泰国等主要国家的能源政策。值得注意的是，国际原子能机构（IEA）发布的第 5 版《东南亚能源展望》（*Southeast Asia Energy Outlook*）和东盟能源中心（ACE）发布的第 7 版《东盟能源展望》（*ASEAN Energy Outlook*，简称 *AEO7*），是研究东南亚能源行业当下和未来发展的重要资料。二是东南亚的热点问题，新加坡东南亚研究所发布的《南中国海能源及地缘政治：东盟及其对话国的启示》[②]，采取学者点评的方式，对中国和东盟声索国在南海的海洋主权争端展开讨论。三是合作机制对比，2005 年，杰克·利兰德主笔的《区域能源合作项目案例研究：亚太经合组织和东盟》[③]，比较了亚太经合组织的能源工作小组和东盟能源中心在开展区域能源合作中的角色和作用。

关于中国和东南亚能源合作，国外学者研究相对较少，其更多关注东南亚域内能源合作，对东盟电网优化路径[④]、跨东盟天然气管道利益相关者[⑤]及阻碍其建成背后的地区主义[⑥]进行分析，并探讨了东盟能源一体化的前景和挑战[⑦]。近年来，随着中国的快速崛起，中国在海外大量的能源开发项目和巨额的能源投资并购引起了国外学者的关注。他们肯定了中日韩在东南亚地区能源合作中的作用[⑧]，并对中国在"一带一路"倡议下如何更有效地投

---

① Shankar Shanrma & Fereidun Fesharaki, *Energy Market and Policies in ASEAN*, Singapore: Institute of Southeast Asian Studies, 1991.

② ASEAN Studies Center Report No. 8, *Energy and Geopolitics in the South China Sea: Implications for ASEAN and its Dialogue*, Singapore: Institute of Southeast Asian Studies, 2009.

③ Nexant, *Case Studies of Regional Energy Cooperation Programs: APEC and ASEAN*, https://pdf.usaid.gov/pdf_docs/pnadd963.pdf.

④ Huber M., Roger A., Hamacher T., "Optimizing long-term investments for a sustainable development of the ASEAN power system," *Energy*, 2015, 88: 180-193.

⑤ BK Sovacool, "A critical stakeholder analysis of the Trans-ASEAN Gas Pipeline (TAGP) Network", Land Use Policy, 27, 788-797.

⑥ Carroll T., Sovacool B., "Pipelines, Crisis and Capital: Understanding the Contested Regionalism of Southeast Asia", *Pacific Review*, 2010, 23 (5): 625-647.

⑦ Nurdianto D. A., Resosudarmo B. P., "Prospects and challenges for an ASEAN energy integration policy", *Environmental Economics & Policy Studies*, 2011, 13 (2): 103-127.

⑧ Cabalu H., Alfonso C., Manuhutu C., "The Role of Regional Cooperation in Energy Security: the Case of the ASEAN+3", *International Journal of Global Energy Issues*, 2010, 33 (1/2): 56-72.

资东盟能源领域提出建议[1]。然而，也有一些别有用心的国际机构和学者以"政府干预""不平等竞争"等为借口渲染"中国能源威胁论"，在中国能源企业所到之处煽动当地民众的"资源民族主义"情绪，试图给中国的国际能源合作设置障碍。对于中国与东南亚的能源合作，美国北卡罗来纳州立大学杰西卡·C. 廖在《一个治理不善的好邻居？中国在东南亚的能源和矿业发展》一文中批评中国政府软弱，未有力监督和约束国企一些不当行为，导致其在东南亚开展业务时损害中国"好邻居"的形象。[2] 马来西亚学者 Cheng Yong Lau 对中国在克拉地峡的投资表示担忧，认为会破坏泰国的统一和东盟的一体化进程[3]。这些观点有失客观和公允，在一定程度上给中国和东南亚能源合作带来负面影响。

从国外的研究情况来看，国外学者比较注重理论和对策分析，资料翔实、涉及面广、视角新颖，对研究中国和东南亚能源合作有一定的借鉴意义。但是，部分学者冷战思维、零和博弈倾向比较严重，抹黑中国的贡献，放大中国的不足，没有客观评价中国和东南亚的能源合作。

（二）国内研究现状

关于中国和东南亚能源合作，国内取得了比较丰富的研究成果。根据研究领域、研究议题和研究数量，这些成果大致可以分为四个阶段。

第一阶段，20 世纪 70 年代，中国较早关注并研究东南亚地区的能源问题。厦门大学南洋研究院创办的《南洋问题研究》在 1975 年第 12 期发表"东南亚国家石油问题"系列研究成果。在 1976 年第 6 期，该刊又就"东南亚国家石油的产销情况及其某些发展趋势"发表专栏文章，推进了中国对东南亚能源问题的研究。这一阶段的研究具有一定的开创性，但研

① Shi X. , Yao L. , "Prospect of China's Energy Investment in Southeast Asia under the Belt and Road Initiative: A Sense of Ownership Perspective", *Energy Strategy Reviews*, 2019, 25: 56-64.

② Liao J. C. , "A Good Neighbor of Bad Governance? China's Energy and Mining Development in Southeast Asia", *Journal of Contemporary China*, 2018: 15-16.

③ Lau C. Y. , Lee J. W. C. , "The Kra Isthmus Canal: A New Strategic Solution for China's Energy Consumption Scenario?", *Environmental management*, 2016, 57 (1): 1-20.

究深度不足。

第二阶段，20 世纪 90 年代，中国成为石油净进口国后，开展各种形式的国际合作成为解决能源安全问题的主要手段之一。1991 年，《世界石油经济》（后改为《国际石油经济》）和《东南亚研究》刊登了王凤琛对东南亚石油工业现状和趋势的分析，重启国内对东南亚能源问题的研究。1994 年，暨南大学高伟浓教授出版《亚太国家石油天然气勘探开发》一书，分析了亚太油气地质分布和勘探开发历史及现状，介绍了印尼、马来西亚、泰国和文莱等国的石油天然气勘探开发情况。同年，暨南大学曹云华教授在《东南亚研究》上发表《石油在印尼经济中的角色》，最早论及东南亚能源安全。但是，学者们的注意力很快就被东南亚金融危机所吸引。2000 年，曹云华教授在《当代亚太》《东南亚纵横》上发表东南亚国家能源战略和形势研究，东南亚能源问题再次被关注。但是，东南亚能源问题研究仍局限于对现状的描述，未有明显突破。

第三阶段，21 世纪，随着经济的快速发展，双方经贸合作日益密切，能源逐渐成为区域合作的重头戏，在中国与东盟签署的相关声明、协议和条约等重要文件中被提及和强调。国内有关东南亚能源问题的研究领域不断拓展，研究议题更加深入和细化。学者主要从两大视角展开研究：一是国别参与视角，不少学者关注中国能源安全战略中的东南亚因素[①]，重视在东南亚水能、石化领域寻找中国机遇[②]，为国家制定东南亚能源相关政策提供建设性建议[③]。二是专题研究视角，更重视作为中国能源来源地之一

① 李玮：《中国石油安全中的东南亚因素》，《东南亚纵横》2003 年第 10 期，第 19～23 页。

② 郭军、贾金生：《东南亚六国水能开发与建设情况》，《水力发电》2006 年第 5 期，第 64～66 页；庞晓华：《东南亚石化投资机会凸显　跨国化企竞相涌入淘金》，《中国石油和化工》2011 年第 11 期，第 49～50 页。

③ 杨海：《论我国与东南亚能源合作的几个问题》，《中国社会科学院研究生院学报》2007 年第 2 期，第 129～134 页；钱娟、范瑞杰：《中亚与东南亚：中国石油安全的地缘战略选择》，《新疆大学学报》（哲学人文社会科学版）2007 年第 2 期，第 93～95 页；杨然：《东南亚矿产资源潜力及广西的合作开发对策》，《南方国土资源》2008 年第 2 期，第 13～15 页；丁杨浩：《中国海外能源战略的东南亚选择》，《商》2013 年第 15 期，第 225 页。

的东南亚国家的能源战略和生产状况[①]，并针对南海问题[②]、中缅油气管道[③]等热点问题展开探讨。随着日本、美国等域外大国的介入，国内研究路径逐渐从单一的经济向国际政治转化，重视日美等国在东南亚与中国的能源博弈[④]。

第四阶段：随着“一带一路”倡议的推进，在“四个革命一个合作”能源战略思想的指引下，中国与东南亚国家的能源合作不断深化，推动相关研究在数量和质量上提升。关于中国和东南亚能源合作的研究出现两种趋势。一种是延续以往的深化能源合作的研究思路，围绕油气[⑤]、水资源[⑥]、非水可再生能源[⑦]、电力[⑧]、中缅油气管道[⑨]及其面临的海盗[⑩]和海上恐怖主义治

① 张学刚：《东南亚各国能源安全战略》，《国际资料信息》2004年第2期，第37~40页；王正立：《马来西亚的国家矿产政策》，《国土资源情报》2007年第11期，第9页；张抗：《越南石油生产和出口形势变化及其对中国的影响》，《石油勘探与开发》2009年第5期，第664~668页。

② 任远喆：《东南亚国家的南海问题研究：现状与走向》，《东南亚研究》2013年第3期，第41~49页。

③ 殷浩：《中缅管道项目对东南亚及我国西南地区的影响》，《中国科技信息》2012年第9期，第38~39页。

④ 庞中鹏：《南海争端中不容忽视的日本因素》，《学习月刊》2011年第17期，第43~44页；朱晓琦：《日本能源战略中的东南亚取向》，《太平洋学报》2012年第5期，第64~71页。

⑤ 韩冰、姚永坚、张道勇：《东南亚主要产油国油气资源投资战略优选》，《矿床地质》2014年第S1期，第1107~1108页。

⑥ 张帅、朱雄关：《东南亚油气资源开发现状及中国与东盟油气合作前景》，《国际石油经济》2017年第7期，第67~79页。

⑦ 朱羽羽：《东南亚可再生能源市场，取或舍?》，《国家电网》2014年第8期，第21页；于可利、张艳会、肖绎：《紧抓“一带一路”机遇　促进我国与东南亚国家再生资源产业合作》，《资源再生》2015年第12期，第28~30页；严兴煜、高艺：《东南亚可再生能源发展思考》，《中外能源》2020年第5期，第21~27页。

⑧ 曾鸣：《“一带一路”战略下看中国与东南亚电力合作》，《中国电力企业管理》2015年第23期，第75~77页。

⑨ 戴永红、秦永红：《中缅油气管道建设运营的地缘政治经济分析》，《南亚研究季刊》2015年第1期，第16~22页。

⑩ 祝秋利：《二十一世纪海上丝绸之路建设背景下的东南亚海盗问题研究》，《东吴学术》2019年第2期，第105~110页；胡燕玲：《国际法视野下的东南亚海盗问题》，《法制与社会》2019年第8期，第105~106页。

理[①]展开研究，并结合东道国实际提出风险防范和控制策略[②]。另一种是结合热点和难点问题，研究重心转向更高层次治理体系的有机嵌入。比如，南海海洋划界的政策选择[③]和南海合作新秩序[④]、大湄公河次区域[⑤]和孟中印缅经济走廊[⑥]等次区域能源合作机制建设问题，以及“一带一路”建设中的中国与东南亚的区域能源合作[⑦]和突发疫情对中国在东南亚的能源项目造成不同程度的冲击及其应对[⑧]等。此外，在研究方法上，运用量化方法进行研究的成果也逐渐增多，比如中国对东南亚国家油气产业链出口潜力研究[⑨]、GMS 资源—经济耦合关系研究[⑩]等。

值得注意的是，这些研究成果形式多为论文，相关专著只有 5 部。《中国—东盟能源资源合作研究》[⑪] 是一部系统研究中国和东南亚国家能源合作的综合性学术专著，涉及四个方面内容：东南亚各国能源战略、政策、现状

---

① 戴瑾莹、郑先武：《东南亚海上恐怖主义威胁及其治理》，《东南亚纵横》2019 年第 4 期，第 58~68 页。

② 郝云剑、张阳：《中国企业东南亚水电投资风险与防控对策》，《水利经济》2014 年第 2 期，第 57~60 页；赵建磊：《东南亚电力投资及其风险防范》，《中国电力企业管理》2017 年第 25 期，第 70~71 页；韩建强：《东南亚能源战略通道的策略思维》，《北京石油管理干部学院学报》2015 第 2 期，第 42~47 页。

③ 邵建平：《南海争端走向与中国的政策选择》，《印度洋经济体研究》2018 年第 6 期，第 56~66 页；周士新：《东南亚国家海洋划界的政策选择》，《国际关系研究》2019 年第 1 期，第 13~32 页。

④ 吴士存、陈相秒：《中国—东盟南海合作回顾与展望：基于规则构建的考量》，《亚太安全与海洋研究》2019 年第 6 期，第 39~53 页。

⑤ 卢光盛、金珍：《“一带一路”框架下大湄公河次区域合作升级版》，《国际展望》2015 年第 5 期，第 67~81 页。

⑥ 罗圣荣、叶国华：《澜湄命运共同体建设的意义、动因和路径选择》，《云南大学学报》（社会科学版）2017 年第 5 期，第 101~107 页。

⑦ 朱雄关、谭立力、姜铖镭：《“一带一路”背景下中国与东盟国家能源合作的思考》，《楚雄师范学院学报》2018 年第 4 期，第 147~155 页。

⑧ 张洁：《中国与东南亚的公共卫生治理合作——以新冠疫情治理为例》，《东南亚研究》2020 年第 5 期，第 24~42 页。

⑨ 孙泽生、潘莉：《中国对东南亚国家油气产业链出口潜力研究——基于面板引力模型》，《浙江科技学院学报》2018 年第 2 期，第 85~91 页。

⑩ 吴桂林、李克强、吕燕：《“一带一路”背景下东南亚澜湄合作国家资源承载与经济发展的耦合评价研究》，《生态经济》2018 年第 10 期，第 47~51 页。

⑪ 李涛、陈茵、罗圣荣：《中国—东盟能源资源合作研究》，社会科学文献出版社，2016。

和趋势，中国和东南亚能源合作基础、制度和成果，中国和东南亚能源合作的机遇与挑战，以及为中国和东南亚提升能源合作整体实力提供的对策建议。《中国—东盟能源竞争与合作》[①] 一书首先分析了东盟能源在全球的地位，总结中国与东盟进行能源合作的意义。然后，分析中国—东盟能源合作的政治和资源基础，重点梳理了中国—东盟的能源合作历程和现状。最后，从积极和消极两个方面对中国与东盟能源合作的潜力进行分析。另一系统研究中国和东南亚能源合作问题的学术成果是谭民的博士论文《中国—东盟能源贸易与投资合作法律问题研究》[②] 及在其基础上修订出版的《中国—东盟能源贸易法律问题研究》[③]、《中国—东盟能源安全合作法律问题研究》[④]和《中国—东盟能源贸易与投资合作法律问题研究》[⑤] 三部著作。他围绕中国与东盟能源贸易合作、能源投资合作、能源通道安全维护合作、南海争议海域油气资源共同开发合作等问题，从法律专业角度分析现状、问题，做出趋势预测或提出改进建议。

除了上述专题研究成果之外，中国和东南亚能源合作还作为章节散见于一些综合类专著、期刊和能源类年度报告中，比如中国人民大学出版社连续出版的《中国能源国际合作报告》、中国社会科学院世界经济与政治研究所出版的《世界能源中国展望》等。

从国内的研究情况来看，由于东南亚能源在中国能源进口中所占比重不高且逐年下降，更因为错综复杂的南海问题和美日印等国的介入吸引了学者更多的注意力，与中东、中亚和非洲等地区的能源问题研究相比，东南亚能源问题研究有间断性、滞后性、随机性等特征；研究方法多是描述性的质性研究，缺乏探索性的量化研究；研究的层次局限于国家、双边关系和政策等，未适时提高到区域、多边关系和战略层次；研究成果以论文

---

① 王越、刘晓佳、李华姣、张剑主编《中国—东盟能源竞争与合作》，地质出版社，2016。
② 谭民：《中国—东盟能源贸易与投资合作法律问题研究》，武汉大学博士学位论文，2013。
③ 谭民：《中国—东盟能源贸易法律问题研究》，河南大学出版社，2015。
④ 谭民：《中国—东盟能源安全合作法律问题研究》，武汉大学出版社，2016。
⑤ 谭民、陆志明：《中国—东盟能源贸易与投资合作法律问题研究》，云南人民出版社，2016。

为主，专著数量较少；研究视角往往从中国利益需要出发分析东南亚的能源现状、问题和机遇，对能源合作的机制、体系研究不足。当前中国和东南亚能源合作的形势有了很大的变化，需要对上述不足和问题进行弥补和矫正。

总体而言，国内外学者们从不同的角度对中国和东南亚的能源合作进行了研究，取得了三方面的进展：一是从国际关系、区域合作、地缘政治等方面进行了理论分析和解读；二是应用性、对策性研究满足了中国加强与东南亚能源合作的现实需要；三是初步提出了中国和东南亚能源合作升级及建立合作机制的构想，为本研究奠定了扎实的基础。但是，从发展的角度来看，尚有一些不足和值得改进之处。一是视角，东南亚是中国国际能源合作的同路人。中国与东南亚地区同为需求国（地区）的能源合作，其意义并不逊色于中国与中亚、中东、非洲、拉美地区的消费国与生产国的能源合作。我们应跳出固定思维的束缚，充分认识到东南亚国家对中国参与新型能源博弈的重要性，有理有力有节地回击国外部分学者恶意的揣测和抹黑。二是对策，新冠肺炎疫情打破了能源安全的研究范式，更加凸显了构建全球能源命运共同体的价值和意义。① 国内外关于中国—东南亚能源安全合作体系的研究较薄弱，尚不能满足现实的迫切需要，这是本研究的努力方向。

基于此，本研究从能源需求国（地区）南南合作视角出发，通过 DPSIR 模型客观分析中国和东南亚国家能源安全的驱动力、压力、状态、影响和响应，找出构建能源安全体系理想与现实之间的差距，进而为构建安全高效、清洁低碳的中国—东南亚能源安全体系提供一些有益建议。

三　研究方法

随着经济社会的发展，能源与环境问题日益突出。从系统论角度看，能

① 吴磊：《新冠疫情下的石油危机及其影响评析》，《当代世界》2020 年第 6 期，第 23 页。

源—环境—经济（3E）已成为不可分割的整体，能源子系统、环境子系统和经济子系统之间相互联系、相互依存。当前，能源—环境—经济的可持续发展已成为人类共识，很多国家将相关理念和理论逐渐融入国家的长期发展计划。

DPSIR 模型是一种在环境系统中广泛使用的评价指标体系概念模型①。1979 年，经合组织（OECD）率先提出一种对环境质量和生态系统进行评估的“压力—状态—响应”评价体系（简称 PSR 模型）。随后，联合国可持续发展委员会（UNCSD）又提出“驱动力—状态—响应”评价体系（简称 DSR 模型）。1999 年，在 PSR 模型基础上，欧洲环境署（EEA）在《环境指标：类型和概述》（*Environmental Indicators: Typology and Overview*）报告中，增加了“驱动力”和“影响”两类指标，最终形成了“驱动力—压力—状态—影响—响应”评价体系（简称 DPSIR 模型）。

DPSIR 模型主要包括驱动力（Driving force）、压力（Pressure）、状态（State）、影响（Impact）和响应（Response）五个类型，每种类型中又分成若干指标。该模型涵盖经济、社会、人口与环境四大要素，从系统论角度构建了一条驱动力→压力→状态→影响→响应的因果关系链。这条因果关系链并不是静止的，而是存在一种动态机制。②

由于“强调经济运作及其对环境影响之间的联系，具有综合性、系统性、整体性、灵活性等特点，能揭示环境与经济的因果关系并有效地整合资源、发展、环境与人类健康”③，DPSIR 模型逐渐发展成为解决环境和社会发展关系问题的有效工具以及建立研究者、各个利益相关者及政策制定者之间沟通的重要工具，在各种生态、环境和可持续发展研究中得到了非常广泛的应用。

① 曹红军：《浅评 DPSIR 模型》，《环境科学与技术》2005 年第 S1 期，第 110 页。

② 该模型的动态机制是：驱动力作用于系统，从而对系统产生压力，造成系统状态的变化，进而对系统产生影响，这些影响促使对系统状态的变化做出各种响应，响应措施作用于系统整体或作用于驱动力、压力、状态和影响。

③ 邵超峰等：《基于 DPSIR 模型的天津滨海新区生态环境安全评价研究》，《安全与环境学报》2008 年第 5 期，第 87 页。

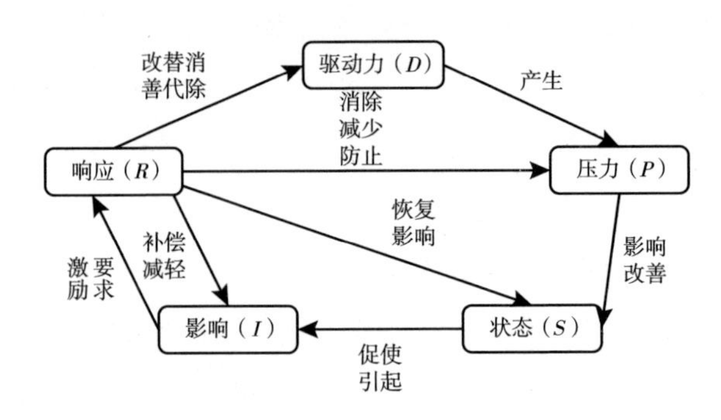

图 0-1　DPSIR 逻辑示意图

资料来源：孔悦、彭定洪、李忠态：《中国石油安全评价的 DPSIR 体系》，《昆明理工大学学报》（自然科学版）2018 年第 5 期，第 70 页。

2003 年，DPSIR 模型被引入中国，率先应用于战略环境评价（SEA）①，后来逐渐向环境科学与资源利用②、宏观经济管理与可持续发展③、农业经济④、资源科学⑤，以及水利水电工程⑥等领域拓展。近年来，国内一些学者开始将 DPSIR 模型尝试性应用于能源安全和可持续发展领域。2010 年，针

① 郭红连、黄懿瑜、马蔚纯等：《战略环境评价（SEA）的指标体系研究》，《复旦学报》（自然科学版）2003 年第 3 期，第 468~475 页。

② 郑茂坤、骆永明、赵其国等：《应用 DPSIR 体系解决长江、珠江三角洲地区环境问题的初步思考》，《土壤》2006 年第 5 期，第 662~666 页；李进涛、谭术魁、汪文雄：《基于 DPSIR 模型的城市土地集约利用时空差异的实证研究——以湖北省为例》，《中国土地科学》2009 年第 3 期，第 49~54 页。

③ 李智、鞠美庭、史聆聆等：《交通规划环境影响评价的指标体系探讨》，《交通环保》2004 年第 6 期，第 16~19 页；张建坤、冯亚军、刘志刚：《基于 DPSIR 模型的旧城更新改造可持续评价研究——以南京市秦淮区为例》，《南京农业大学学报》（社会科学版）2010 年第 4 期，第 80~87 页。

④ 于伯华、吕昌河：《基于 DPSIR 概念模型的农业可持续发展宏观分析》，《中国人口·资源与环境》2004 年第 5 期，第 70~74 页；王强、黄鹄：《基于 DPSIR 模型的农业产业化可持续发展评价研究——以广西北部湾经济区为例》，《安徽农业科学》2009 年第 30 期。

⑤ 于伯华、吕昌河：《基于 DPSIR 模型的农业土地资源持续利用评价》，《农业工程学报》2008 年第 9 期，第 53~58 页。

⑥ 陈洋波、陈俊合、李长兴等：《基于 DPSIR 模型的深圳市水资源承载能力评价指标体系》，《水利学报》2004 年第 7 期，第 98~103 页；曹琦、陈兴鹏、师满江：《基于 DPSIR 概念的城市水资源安全评价及调控》，《资源科学》2012 年第 8 期，第 1591~1599 页。

对山区农村用电存在的问题，贾立敏等[①]以 DPSIR 模型建立了小水电可持续发展的评价指标体系，为评价小水电的可持续发展提供参考。随后，国内一些学者从能源的空间区域、能源类型、能源安全评价和能源可持续发展四个维度展开深入研究，取得了一定的研究成果（见表 0-1）。

表 0-1 国内将 DPSIR 模型应用于能源领域研究的主要成果

作者	题名	发表期刊/性质	发表时间
丁浩、霍国辉、张朋程	基于 DPSIR 模型的山东油气产业可持续发展因素分析	河南科学	2011 年第 8 期
孙剑萍、汤兆平	基于 DPSIR 模型的生物燃料可持续发展量化评价研究——以江西省为例	科技管理研究	2013 年第 4 期
陈兆荣	基于 DPSIR 模型的我国区域能源安全评价	山东工商学院学报	2013 年第 1 期
高暐	基于 DPSIR 模型的陕西油气产业可持续发展因素研究	科技信息	2013 年第 4 期
张艳、沈镭、于汶加	基于 DPSIR 模型的区域能源安全评价：以广东省为例	中国矿业	2014 年第 7 期
刘赤、张瑶	基于 DPSIR 模型的垃圾焚烧发电 PPP 项目绩效评价	绥化学院学报	2017 年第 9 期
孔悦、彭定洪、李忠态	中国石油安全评价的 DPSIR 体系	昆明理工大学学报（自然科学版）	2018 年第 5 期
黄光球、徐聪	低碳经济视角下能源产业可持续发展与政策仿真研究	煤炭工程	2020 年第 5 期
张艳	我国东部沿海区域能源安全评价及保障路径设计	中国地质大学（北京）博士学位论文	2011 年
曾睿	山东半岛蓝色经济区能源可持续发展保障体系构建	青岛大学硕士学位论文	2014 年

分析上述研究成果可以发现，作为一个跨领域的研究工具，DPSIR 模型的应用范围正在不断扩大，并为本研究提供了有益的启示。然而，该模型在能源领域的应用还处于起步阶段，研究成果并不丰富。同时，研究的地理空

① 贾立敏、曾露、田志超等：《DPSIR 模型下小水电可持续发展评价指标体系研究》，《中国农村水利水电》2010 年第 10 期，第 113~114 页。

间范围较小，尚局限于国家层面，缺乏国际层面的相关研究。

在综合前人研究成果的基础上，本研究尝试将 DPSIR 模型拓展和应用于中国—东南亚能源安全状况的分析和评价，以大量文献资料和统计数据为支撑，通过梳理中国和东南亚国家能源安全状况，揭示中国与东南亚国家在能源安全体系中各有所长且密切联系的多层次关系，为构建清洁低碳、安全高效的中国—东南亚能源安全体系提供政策建议。必须指出的是，对于中国和东南亚各国能源安全状况的量化测度，暂时不在本研究讨论范围之内，将在未来研究中进一步拓展。

四　研究框架

DPSIR 模型既能把一个复杂的问题分解简化为多个部分，也能把各部分有机联系在一起，为中国—东南亚能源安全分析提供新的研究思路。在 DPSIR 模型中，中国和东南亚能源安全分析框架主要由能源安全驱动力（D）、能源安全压力（P）、能源安全状态（S）、能源安全影响（I）和能源安全政策响应（R）五部分组成，其因果链和逻辑结构如图 0-2 所示。

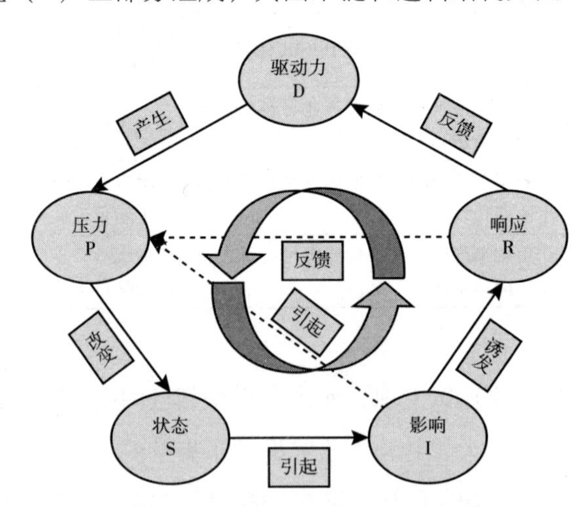

图 0-2　能源系统的 DPSIR 框架模型

资料来源：曾睿：《山东半岛蓝色经济区能源可持续发展保障体系构建》，青岛大学硕士学位论文，2014，第 22 页。

本研究从 DPSIR 模型的驱动力、压力、状态、影响和政策响应 5 个方面出发，结合中国与东南亚能源合作现状，构建中国—东南亚能源安全分析框架。

表 0-2　中国—东南亚能源安全系统分析框架

框架	内容	具体表现
驱动力	资源环境驱动力	能源资源禀赋
	经济社会驱动力	经济规模、经济增长率、人口增长、工业化和城市化程度
压力	能源生产压力	能源生产量、能源生产结构、储采比、能源生产弹性系数
	能源消费压力	能源消费量、能源消费结构、能源消费弹性系数
状态	供应稳定性	能源贸易量、对外依存度、储备水平、能源价格波动、能源运输安全和地缘政治风险
	使用安全性	能源效率、污染物排放量和温室气体排放量
影响	资源环境影响	资源衰竭、环境恶化和生态失衡
	经济社会影响	用能水平、用能结构和用能能力
政策响应	国家层面	能源战略和政策
	国际层面	国际能源合作

第一，能源安全驱动力主要是指可能引起能源安全变化的潜在因素。能源安全驱动力可分为资源环境驱动力和经济社会驱动力。能源资源禀赋是能源资源的自然属性，是能源安全中重要的资源环境驱动力，其主要指化石能源和可再生能源的储量。经济社会发展带动能源资源消费增加，是能源安全中重要的经济社会驱动力。经济社会驱动力包括经济规模、经济增长率、人口增长情况、工业化和城市化程度等。

能源资源相对匮乏且面临结构性瓶颈，是中国与东南亚国家先天资源禀赋特征，严重影响了经济社会全面协调可持续发展。近年来，由于中国和东南亚国家人口增长、经济发展、城市化和工业化进程加快，区域能源安全系统更加脆弱。

第二，能源安全压力主要是指能源生产和消费给能源安全带来的压力。能源安全压力可分为能源生产压力和能源消费压力。能源生产压力包括能源生产量、能源生产结构、储采比（R/P ratio）和能源生产弹性系数

(Elasticity Ratio of Energy Production) 等。能源消费压力包括能源消费量、能源消费结构和能源消费弹性系数 (Elasticity Ratio of Energy Consumption)。

就化石能源而言，随着经济和社会的快速发展，中国和东南亚国家煤炭、石油和天然气的生产和消费规模不断扩大。特别是东南亚地区，目前能源基础设施比较落后、人均用能水平比较低，被国际社会公认为是今后能源需求增长最快的地区。就可再生能源而言，与欧美发达国家相比，中国依靠政府巨额补贴推动可再生能源发展的起步阶段已步入尾声；与中国不同，受资金、技术和政策所限，东南亚地区的可再生能源市场还处于起步阶段。

第三，能源安全状态则是指在驱动力和压力作用下能源安全系统的现实表现。能源安全状态可分为供应稳定性和使用安全性。供应稳定性是能源有效供给与经济发展需求之间的动态平衡，主要包括能源贸易量、对外依存度、储备水平、能源价格波动、能源运输安全和地缘政治风险等。使用安全性指能源利用的经济效率和环境安全，主要包括能源效率、污染物排放量和温室气体排放量等。

近年来，新兴经济体聚集的亚太地区成为世界能源消费增长最快的地区。在当前和今后较长一段时期，中国和东南亚国家能源供需平衡越来越难以维持，能源需求增长与能源供应不足之间的矛盾越来越尖锐，能源安全问题已经成为中国和东南亚国家经济社会发展的重大挑战。同时，受国际能源价格波动、运输通道安全和地缘政治风险等因素的影响，中国和东南亚国家的能源安全形势严峻，存在极大的不确定性。

第四，能源安全影响是指能源安全系统反过来对国家产生的积极和消极影响。能源安全影响可分为资源环境影响和经济社会影响。资源环境影响主要表现为资源衰竭、环境恶化和生态失衡等，它反过来对能源安全系统造成巨大资源环境压力。经济社会影响主要表现为能源贫困问题尚未解决，在用能水平、用能结构和用能能力等方面存在诸多问题。

中国和东南亚国家在开发利用能源改善生活环境、提高生活水平的同时，也付出了巨大的资源和环境代价，经济发展与资源环境的矛盾日趋尖锐。

第五，能源安全政策响应是指国家制定符合国情的能源战略和政策，并通过持续广泛的国际能源合作来实现能源安全。能源安全政策响应可分为国家层面和国际层面。要实现国家能源安全的目标，需要制定符合国情的能源战略和政策，并建立持续广泛的国际能源合作。

为了实现能源利用、环境保护和社会可持续发展，中国和东南亚国家对能源安全状态变化做出积极响应，“综合运用经济政策、法律政策、技术政策、贸易政策和外交政策等手段，来缓解区域能源的压力、应对诸多挑战、保障能源安全”①。

通过上述对比分析，我们认识了中国和东南亚能源安全的驱动力、压力，了解了中国和东南亚能源安全的状态，分析了中国和东南亚能源安全的影响，并把握了中国和东南亚对能源安全的政策响应。在此基础上，本研究将从政策、法律、体制、文化四个方面探讨中国—东南亚能源安全体系的构建。

① 张艳：《我国东部沿海区域能源安全评价及保障路径设计》，中国地质大学（北京）博士学位论文，2011，第76页。

第一章　中国—东南亚能源安全驱动力

能源安全问题离不开国家的资源禀赋。能源资源禀赋是能源资源的自然属性，资源禀赋差异对国家和地区能源发展具有十分重要的影响。按照能源资源禀赋构筑国家或地区的能源系统是能源安全战略的首要问题。

从总体上看，中国（仅限大陆地区）和东南亚地区（仅限东盟文莱、柬埔寨、印度尼西亚、老挝、马来西亚、缅甸、菲律宾、泰国、新加坡和越南十国）拥有比较丰富的能源资源。但是，中国和东南亚各国的能源资源禀赋不一、空间分布不均、开发利用难度大和人均拥有量较差。21 世纪，随着人口增加、工业化城市化进程加快，获得安全、经济和可持续的能源供应以支持经济社会的发展已成为中国和东南亚国家现代化进程中的一个重大战略问题。在这种情况下，资源环境局限和经济社会发展需要二者之间的矛盾运动构成了中国—东南亚能源安全系统的重要驱动力。

一　中国和东南亚国家能源资源禀赋状况

资源储量、地理分布、种类结构、开发难度和人均拥有量等是衡量一国能源资源禀赋状况的主要指标。中国和东南亚国家地理位置邻近，能源资源禀赋有很多相似之处，但是也存在明显不同。

（一）中国能源资源禀赋

说到中国的能源资源禀赋，人们往往认为“富煤缺油少气”。然而，这是就中国化石能源而言的。根据 BP《世界能源统计年鉴 2021》，2020 年中国煤炭、石油和天然气的探明储量分别为 1432 亿吨、260 亿桶和 8.4 万亿立方米，分别占世界探明总储量的 13.3%、1.5%和 4.5%。[①]

尽管中国化石能源总量比较丰富，但是资源禀赋较差。第一，中国化石能源品种结构不合理。“一煤独大”是中国能源结构的突出特点。石油、天然气“先天不足”、相对短缺。第二，中国化石能源地区分布不均衡，总体上是西多东少、北多南少。随着能源资源开发进一步西移，中国主要能源生产区与主要的能源消费区（东南沿海、京津冀等经济发达地区）的空间距离进一步拉大。大规模、长距离的“北煤南运”“北油南运”“西气东输”“西电东送”的不合理格局将长期存在，由此导致的运力紧张、成本高昂、能源输送损失以及输送建设投资严重制约了中国能源产业的发展，影响了经济社会的进步。第三，中国的化石能源开发利用难度大。与世界其他国家相比，中国煤炭资源地质条件复杂，石油天然气资源埋藏深，勘探开发难、技术要求高和成本投入大。此外，中国的人均能源资源拥有量较低。由于人口基数大，中国人均能源占有量远低于世界平均水平。

除了传统的化石能源，中国还拥有丰富的非常规油气资源。四川盆地、塔里木盆地、鄂尔多斯盆地和准格尔盆地的页岩油气、致密油气和煤层气等非常规油气资源储量非常可观，居世界前列。根据中国石油天然气集团有限公司（以下简称“中石油”）针对其矿权区及全国主要含油气盆地系统开展的第四次油气资源评价，中国非常规石油地质资源量为 672.08×10^8 吨、其中包括致密油 125.80×10^8 吨、油页岩油 533.73×10^8 吨、油砂油

① 根据国土资源部的统计，2016 年底，在中国主要矿产查明资源储量中，煤炭为 15980.01 亿吨，石油为 35.01 亿吨，天然气为 5.44 万亿立方米。参见国土资源部《2017 中国土地矿产海洋资源统计公报》，2018 年 5 月 12 日。

12.55×10^8吨。①

同时，由于幅员辽阔、海岸线长，中国还拥有较为丰富的水能、风能、太阳能、生物质能、地热能和海洋能等可再生能源资源。其中，水能资源是中国能源资源最重要的组成部分之一，资源蕴藏量居世界第一位。但水能资源分布不均、西多东少，主要集中在中西部；开发难度大，多位于山高林密的深山峡谷，交通极其不便；受气候影响深，大多数河流径流量年内分配不均，影响水电站持续稳定供电；开发利用程度低，已开发水能资源仅占可开发总量的 20%左右。

（二）东南亚国家能源资源禀赋

东南亚是世界能源资源富集地区之一。21 世纪，随着对地质规律的认识提高和勘查技术的不断创新，东南亚地区化石能源探明储量稳步增长。根据 BP《世界能源统计年鉴 2021》，2020 年东南亚地区煤炭、石油和天然气的探明储量分别为 414 亿吨、111 亿桶和 4.5 万亿立方米，分别占世界探明总储量的 4.1%、0.7%和 2.3%。

从表 1-1 可以看出，与中国类似，东南亚地区能源赋存结构不合理。第一，具有“富煤贫油多气”的特征：石油资源储量相对匮乏，仅占世界化石能源总储量的 0.6%；煤炭和天然气资源储量较丰富，分别占世界化石能源总储量的 3.7%和 1.9%。第二，东南亚各国资源分布不均，印尼、马来西亚、文莱和越南等国资源相对富饶，而老挝、柬埔寨、新加坡和菲律宾等国资源匮乏。此外，石油资源大部分储藏在印尼、马来西亚、越南、文莱和泰国，天然气资源则分布在印尼、马来西亚、缅甸、越南、文莱和泰国，煤炭资源主要集中在印尼、越南和泰国。第三，近年来，东南亚地区能源探明储量明显下滑，特别是能源大国印尼，油气探明储量大幅减少，由 2018 年的 32 亿桶和 28000 亿立方米下降到 2020 年的 24 亿桶和

① 郑民、李建忠等：《我国常规与非常规石油资源潜力及未来重点勘探领域》，《海相油气地质》2019 年第 2 期，第 1 页。

13000 亿立方米，降幅分别达到 25%和 54%。第四，能源产地与消费市场空间距离大，能源产地往往位于远离需求中心的地方，或与需求中心隔着水体。最典型的例子就是印尼，该国经济发展集中于爪哇岛，而能源储存于苏门答腊岛和加里曼丹岛等。第五，东南亚国家人均能源占有量也不高。作为拥有世界近 1/10 人口的地区，东南亚地区各类化石能源占世界比重明显低于其人口占比。

表 1-1　2020 年东南亚部分国家化石能源储量和占世界比重

国家	煤炭		石油		天然气	
	探明储量（百万吨）	占世界比重（%）	探明储量（十亿桶）	占世界比重（%）	探明储量（万亿立方米）	占世界比重（%）
印度尼西亚	34869	3.2	2.4	0.1	1.3	0.7
马来西亚	—	—	2.7	0.2	0.9	0.5
泰国	1063	0.1	0.3	◆	0.1	0.1
越南	3360	0.3	4.4	0.3	0.6	0.3
文莱	—	—	1.1	0.1	0.2	0.1
缅甸	—	—	—	—	0.4	0.2
总计	39292	3.7	10.9	0.6	3.6	1.9

注：◆低于 0.05%。

资料来源：BP，*Statistical Review of World Energy*，June 2021。

由于地理位置优越，东南亚地区拥有丰富且多样的可再生能源，如水能、风能、太阳能、地热能、潮汐能和生物质能等。其中，水能、地热能和生物质能资源最为丰富，太阳能、风能和潮汐能具有较大开发潜力。与化石能源相同，东南亚地区的可再生能源分布广泛但不均衡——“印度尼西亚可再生能源资源种类和资源量最为丰富，缅甸、越南、马来西亚、老挝以水能资源为主，菲律宾潮汐能资源较多，泰国、柬埔寨可再生能源资源相对较少，文莱及新加坡资源相对匮乏”①。

① 水电水利规划设计总院：《东盟国家可再生能源发展规划及重点案例国研究》，2019 年 4 月，第 16 页。

表 1-2 东南亚各国可再生能源情况

国家	生物质能（万千瓦）	地热能（万千瓦）	水能（亿千瓦）	太阳能（万亿千瓦时/年）	潮汐能（万千瓦）	陆上风能（亿千瓦时/年）
柬埔寨	—	—	0.10	341	—	11973
老挝	120	5	0.26	380	—	15723
缅甸	—	—	0.40	1151	—	25380
泰国	250	—	0.15	931	—	35626
越南	56	34	0.35	507	20	32811
文莱	—	—	0	10	0.0335	108
印度尼西亚	3260	2890	0.75	3191	4900	44812
菲律宾	24	400	0.11	506	17000	28165
马来西亚	60	—	0.29	567	—	5821
新加坡	—	—	0	1	—	25

资料来源：全球能源互联网发展合作组织：《东南亚能源互联网研究与展望》，中国电力出版社，2020，第 32 页。

二 中国和东南亚国家经济社会发展状况

能源是经济社会发展的重要物质基础，经济社会发展推动能源需求增长。近年来，以中国、印度、东盟为代表的亚洲新兴经济体推动了世界经济的快速发展，促进了国际能源格局的转变。“经济增长率、工业化水平和人均 GDP 增速等直接驱动能源消费的增长，而人口的快速增长、居民生活水平的提高及城市化进程的加快则带动生活能源消费迅速递增。”①

（一）中国经济社会发展

新中国成立 70 多年来，中国社会发生了翻天覆地的变化，社会主义建

① 陈兆荣：《基于 DPSIR 模型的我国区域能源安全评价》，《山东工商学院学报》2013 年第 1 期，第 67 页。

设取得了举世瞩目的伟大成就。特别是改革开放后，中国经济持续40多年高速增长，创造了世界罕见的“中国奇迹”，国内生产总值从1978年的0.36万亿元增加到2022年的超121万亿元，年均增速超过9%。1949年，中国在世界经济格局中所占的比重微乎其微；今天，中国对世界经济增长的贡献率超过30%。

尽管经济规模已处在世界第二位，但中国还处于较低水平的经济发展阶段。根据国际货币基金组织（IMF）2023年4月公布的2022年世界各国人均国内生产总值排名，中国人均GDP是12814美元，排第68位，仍低于世界平均水平12875美元。而且，区域发展不平衡不充分的问题较为突出，比如东西区域差距依然较大、区域发展分化现象逐渐显现等。因此，发展仍是解决中国所有问题的关键。

在举世瞩目的“中国奇迹”中，“中国制造”是其最震撼的重要组成部分。1949年，新中国开启并推动了工业化进程。在几代人的努力下，中国建立了世界上最完整的现代工业体系。21世纪以来，中国工业经济规模迅速壮大，工业增加值从1952年的120亿元增加到2018年的305160亿元，按不变价格计算增长970.6倍，年均增长11.0%[①]。2022年中国工业增加值达到401644亿元，比上年增长3.4%。目前，中国是全世界唯一拥有联合国产业分类中全部工业门类的国家。中国实现了从落后的农业大国向世界性工业大国的历史性转变，实现了从工业化初期向工业化后期的历史性飞越[②]。习近平总书记在庆祝改革开放40周年大会上指出：“我们用几十年时间走完了发达国家几百年走过的工业化历程。在中国人民手中，不可能成为了可能。”

制造业是国民经济的主体，是立国之本、强国之基。伴随工业化进程的

① 《工业增加值破30万亿大关　我国稳居制造业第一大国》，《经济参考报》2019年9月9日。

② 2017年6月15日，中国社会科学院工业经济研究所与社会科学文献出版社发布《工业化蓝皮书：中国工业化进程报告（1995~2015）》。报告将整个工业化进程分为前工业化、工业化初期、工业化中期、工业化后期和后工业化五个阶段，每一个阶段又分为前半阶段和后半阶段。中国已进入工业化后期的后半段，工业化综合指数为84。到2020年，中国将基本实现工业化；到2025年，中国工业化水平综合指数将达到最大值100。

快速推进，中国制造业不断发展壮大。在几代人的努力下，中国从“一架飞机、一辆坦克、一辆拖拉机都不能造”的积贫积弱的“东亚病夫”崛起为世界制造业产出第一的“世界工厂”。从产品数量和产业规模来看，中国已是世界制造大国。自 2010 年起，中国制造业增加值一直稳居世界首位。2022 年，中国制造业增加值达到 33.5 万亿元，占世界比重近 30%，连续 13 年居世界首位。但是，从自主创新能力和研发设计水平来看，中国还不是制造强国，总体上还处于国际分工和产业链的中低端。

与工业化相伴而生的是城市化[①]。新中国成立以来，中国致力于城镇化建设，带领庞大的农业人口，开启了人类历史上规模最大、速度最快的城镇化进程，开拓出一条不同于其他国家的具有中国特色的城镇化道路。2019 年 10 月，中国城市发展高峰论坛发布的《中国城市发展报告（No. 12）：大国治业之城市经济转型》指出，中国的城镇数量从 1949 年的 132 个增加到 2018 年的 672 个，城镇人口规模从 5700 万人扩大到 8.3 亿人，城镇化率从 10.6%提高到 59.6%。[②] 根据国家统计局发布的数据，2022 年底，中国城镇常住人口达到 92071 万人，城镇化率为 65.2%，比 2021 年末提高 0.5 个百分点。目前，中国城镇化进程已迈入中后期阶段，对比西方发达国家，未来可能有 10%~20%的提升空间。根据联合国《世界城市化展望 2022》[③] 的预测，2023~2030 年中国城镇化率年均增幅约为 0.88 个百分点，在 2030 年将达到 72.3%，2050 年达到 75.8%。由此推断，未来十年，中国还将新增 2

① 城市化（urbanization）也称作“城镇化”。自 1858 年马克思在《政治经济学批判》中提出“乡村城市化”这一概念至今，来自不同领域的学者，从不同的视角，对城市化进行了不同的解释，目前尚无统一的说法。根据建设部 1999 年实施的《城市规划基本术语标准》，城市化被定义为“人类生产与生活方式由农村型向城市型转化的历史过程，主要表现为农村人口转化为城市人口及城市不断发展完善的过程”。值得注意的是，从党的十六大一直到党的十九大，党中央和国务院一系列政策文件对此的表述都是“城镇化”，而不是“城市化”。

② 《新中国 70 年来城市化率提高至六成　城市人口达 8.3 亿人》，中国新闻网，2019 年 10 月 29 日，http：//www.chinanews.com/cj/2019/10-29/8992253.shtml。

③ 《世界城市化展望》自 1988 年开始发布，由联合国秘书处经济和社会事业部（The Department of Economic and Social Affairs of the United Nations Secretariat）编制，每两年更新一次，主要评估和预测世界各国的城市和农村人口以及主要的城市集聚情况。

亿城镇人口。但是，城镇发展不平衡、农民工市民化滞后和城镇发展特色不足等问题制约着中国新型城镇化的进一步发展。

“十四五”时期是中国开启全面建设社会主义现代化国家新征程、向第二个百年奋斗目标进军的第一个五年，经济发展将取得新成效，改革开放将迈出新步伐，社会文明程度将得到新提高，生态文明建设将实现新进步，民生福祉将达到新水平，国家治理效能将得到新提升。

（二）东南亚国家经济社会发展

东南亚是一个多样化的、充满活力的区域，是当今世界上经济增长速度仅次于中国的地区。21 世纪以来，在全球经济失速情况下，得益于人口红利和劳动密集型企业的发展，东南亚保持着 6% 左右的年增长率，成为全球唯一高增长的地区。特别是在中美贸易摩擦的紧张局势下，东南亚国家成为各类投资项目和大型企业的青睐对象。东南亚国家尽管 2020 年经历了经济衰退，但 2021 年开始出现经济复苏迹象。

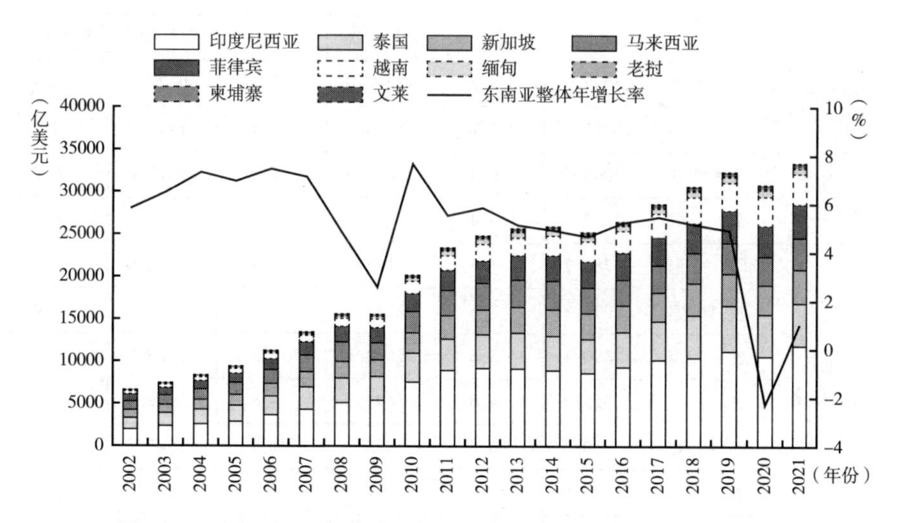

图 1-1　2002~2021 年东南亚国家 GDP（现价美元）及其增长率

资料来源：世界银行 WDI 数据库（截至 2022/7/20）。

然而，东南亚各国发展不平衡现象十分明显。新加坡和文莱是第一梯队，属于高收入国家。其中，新加坡人均 GDP 为 6 万多美元，不仅在东南亚地区稳居榜首，甚至排入世界前 10 名。文莱虽然不是发达国家，但其人均 GDP 已进入发达国家之列。马来西亚和泰国是第二梯队，属于中高等收入国家。其中，马来西亚的人均 GDP 已超过 1 万美元。其他大多数国家是第三梯队，属于中低等收入国家。作为东南亚第一大经济体，印尼 2017 年经济总量突破 1 万亿美元大关，遥遥领先于东南亚其他国家，但人均 GDP 在 5000 美元以下。人均 GDP 最低的缅甸和柬埔寨才 1000 多美元。值得注意的是，在 2008 年国际金融危机和 2020 年新冠疫情后，越南、老挝和柬埔寨等中南半岛国家经济保持稳健增长，引领东南亚地区 GDP 增长。

表 1-3　东南亚国家人均 GDP（现价美元）及其年增长率

单位：美元，%

类别	国家	2000 年		2010 年		2020 年	
		人均 GDP	年增长率	人均 GDP	年增长率	人均 GDP	年增长率
高收入国家	新加坡	23852.3	7.2	47237.0	12.5	60729.5	-3.8
	文莱	18012.5	0.7	35270.6	1.4	27443.0	0.2
中高等收入国家	马来西亚	4043.7	6.4	9040.6	5.6	10412.4	-6.9
	泰国	2007.7	3.4	5076.3	7.0	7158.8	-6.4
中低等收入国家	印尼	780.2	3.5	3122.4	4.8	3870.6	-3.1
	菲律宾	1072.8	7.6	2217.5	4.3	3301.2	-4.4
	越南	390.1	5.6	1673.3	5.4	3526.3	2.0
	老挝	325.2	4.0	1141.2	6.8	2609.0	-1.0
	柬埔寨	300.6	8.3	785.5	-1.4	1547.5	5.5
	缅甸	146.6	11.1	747.0	9.3	1450.7	2.5
世界平均		5533.1	3.1	9621.1	3.3	10936.1	-4.3

资料来源：世界银行 WDI 数据库（截至 2022/7/20）。

东南亚经济的快速发展得益于适龄劳动人口[①]持续增长。自 20 世纪 70 年代以来，东南亚国家实现了人口再生产类型的转变，并相继进入人口红利期。目前，东南亚是世界上人口稠密地区之一，人口总数超过 6.7 亿。其中，印尼是世界第四人口大国，2021 年人口约为 2.76 亿，占东南亚地区总人口的 2/5。菲律宾是东南亚地区另一个人口过亿的国家，2021 年人口约为 1.11 亿，占东南亚地区总人口的 1/6。在全球老龄化趋势下，东南亚适龄劳动力人口一直保持增长态势，已达 4.6 亿，占该地区总人口的 67.7%，高于全球 65.1%的平均水平。庞大的人口规模提供了充足廉价的劳动力，吸引了大量外商斥巨资在东南亚建厂，为东南亚经济发展提供了很多红利。

“当代东南亚经济发展历程是与各国工业化密切相关联的，经济现代化的过程也是工业化的过程。”[②] 独立以后，东南亚国家相继步入了工业化进程。“从东南亚的工业化进程看，东南亚主要国家经历了 20 世纪 50 年代至 60 年代末进口替代[③]工业化、60 年代末开始的面向出口[④]工业化、70 年代

---

① 劳动力人口是一个国家或地区全部人口中具有劳动能力的那部分人口。按国际一般通用标准，15~64 岁属于劳动适龄范围。

② Terence Chong, *Modernization Trends in Southeast Asia*, Singapore: Institute of Southeast Asian Studies, 2005.

③ “进口替代”是“出口替代”的对称，是发展中国家发展经济的一种内向性工业发展战略。东南亚各国实施进口替代工业化政策的时期：菲律宾为 1949~1970 年、新加坡为 1959~1967 年、马来西亚为 1952~1967 年、泰国为 1954~1970 年、印尼为 1967~1976 年。这一时期，东南亚国家进口替代工业化的特点是面向国内市场，以发展轻纺工业为主，政府普遍实施高关税保护、进口限制和高汇率等政策，以保护国内的幼小工业，同时，制定相应的优惠措施促进进口替代型企业的投资。参见王勤《东南亚国家产业结构的演进及其特征》，《南洋问题研究》2014 年第 3 期。

④ 面向出口也称“出口主导战略”，是发展中国家发展经济的一种外向型工业化发展战略。东南亚各国实施面向出口工业化政策的时期：新加坡为 1968~1979 年、马来西亚为 1968~1979 年、菲律宾为 1970~1981 年、泰国为 1971~1980 年、印尼为 1976~1984 年。这一时期，东南亚国家出口替代工业化的特点是以世界市场为导向，着重发展面向国际市场的工业，以加工、装配和其他中间产品的生产为起点，建立劳动密集型的出口工业部门，利用比较优势，以低廉的劳动成本提高工业制成品出口竞争能力；政府采取降低关税、调整汇率政策、提供出口奖励、鼓励外国投资、设立出口加工区等措施。参见王勤《东南亚国家产业结构的演进及其特征》，《南洋问题研究》2014 年第 3 期。

末 80 年代初的第二次进口替代和 80 年代中期开始的第二次面向出口的工业化发展阶段。”[①] 新加坡率先完成工业化并迈入发达国家行列。近年来，泰国和马来西亚等国也进入了新兴工业化国家[②]行列。东南亚多数其他国家，由于过去长期受殖民统治，经济结构单一，工业基础薄弱，处于工业化初期阶段。20 世纪 90 年代以来，经历了 1997 年亚洲金融危机和 2008 年国际金融危机两次冲击后，东南亚国家纷纷调整工业化发展战略，实施经济转型和产业升级计划，工业化进程有所减缓。随着中美贸易摩擦不断升级，很多中资和外资企业不得不调整全球采购供应链，加速向土地、劳动力和市场等生产要素更具优势的东南亚地区进行产业转移。作为承接中国产业转移的重要区域，处于工业化进程不同阶段的东南亚国家纷纷开启第三次产业转移[③]进程，制造业正以前所未有的速度发展壮大。除了得到纺织、汽车等传统制造业的青睐以外，印尼、泰国、越南、马来西亚和菲律宾等国还吸引了机械、电子、通信等高端制造业的注意，许多大型跨国公司在东南亚拥有制造基地。

在政府奉行的城市优先、工业主导发展策略的影响下，东南亚农村大量的劳动力到城市谋求生路，导致城市人口快速增长、城市化率快速上升[④]。

---

① 王勤：《东南亚国家产业结构的演进及其特征》，《南洋问题研究》2014 年第 3 期，第 1 页。

② 新兴工业化国家（Newly Industrialization Country，NIC），又称“半工业化国家”，是指经济发展程度介于发达国家和发展中国家之间的国家。20 世纪 70 年代末，《经济合作与发展组织报告书》最先提出这一概念。该报告书所谈到的新兴工业化国家主要包括亚洲的韩国、新加坡，拉丁美洲的巴西和墨西哥，欧洲的葡萄牙、西班牙、希腊和南斯拉夫。当前的新兴工业化国家是指 20 世纪 90 年代涌现的发展中经济体，如亚洲的中国、印度、伊朗、泰国和马来西亚，拉丁美洲的哥伦比亚、阿根廷和巴西，欧洲的俄罗斯等。

③ 20 世纪下半叶以来，东南亚国家经历了三次产业转移：20 世纪 70 年代初期，在日本影响下，推行以产业迁入为主、面向出口的工业化战略；90 年代中后期，推行以产业迁出为主、面向中国等新兴经济体的产业链转移策略；21 世纪初以来，推行产业迁入、产业升级和经济转型措施。参见刘慧悦《东南亚国家产业转移的演进：路径选择与结构优化》，《东南亚研究》2017 年第 3 期。

④ 东南亚国家的城市化进程大致可以分为三个阶段：城市化起步阶段（20 世纪五六十年代）、迅速发展阶段（20 世纪 70~90 年代）及发展和完善阶段（20 世纪 90 年代至今）。参见饶本忠《论东南亚国家城市化的特征及其成因》，《新乡学院学报》（社会科学版）2008 年第 4 期。

东南亚国家的城市化增长速度在1960年至2010年始终超过世界平均水平，也在20世纪80年代以后超越了发展中国家的平均增长率。[①] 21世纪，新一轮国际产业转移[②]激发东南亚国家工业化和城市化的活力，推动东南亚地区经济的高速增长和综合实力的大幅提升，并催生一批中心城市和工业地带。东盟能源中心2022年9月发布的第7版《东盟能源展望（2020~2050）》（*AEO 7*）预测，到2050年，该地区有约66%的人口生活在城市地区。

然而，东南亚地区的城市化水平较低，就规模、功能和不平等而言，这一地区的城乡差距可以说是世界上最大的。[③] 作为高度城市化国家之一，新加坡在20世纪60年代就实现了100%的城市化率。文莱和马来西亚两国的城市化率也达到70%以上，基本完成城市化。缅甸、老挝、柬埔寨和越南等中南半岛国家严重落后于群岛国家，城市化率仅为30%左右。从各国内部来看，除新加坡之外，东南亚各国城市发展不平衡问题严重，由地理位置、工业集聚和产业布局等因素造成的首都一极化[④]现象十分突出，不仅拉大了城乡差距，而且导致了诸多难以解决的城市问题。比如，曼谷城市首位度之高，不仅在东南亚，即使在发展中国家乃至全世界都是绝无仅有的。

---

① 许颖：《要素流动视角下东南亚城乡互动研究》，山西财经大学硕士学位论文，2016，第31页。

② 所谓国际产业转移（International Industrial Transfer），是指一国或地区通过跨境资本转移或跨境投资将产业资本转移到另一国或地区的经济现象。第一次国际产业转移始于19世纪中叶，从英国转往法国、德国、美国等地。第二次国际产业转移发生在20世纪50~60年代，美国国内没有比较优势的劳动力密集型产业移往日本、加拿大和联邦德国。第三次国际产业转移发生在20世纪70~80年代，日本丧失比较优势的劳动力密集型产业转移到中国、韩国等。第四次国际产业转移发生在20世纪末，英国、美国、日本、德国等发达国家一些原本技术领先的产业和部分资本密集型产业转移到了中国等一些具有良好工业和科技基础的国家或地区。第五次国际产业转移发生在2008年国际金融危机后，出现了高低端产业之间双向交互的现象，即在附加值较低的产业群向要素成本更低的地区转移的同时，高技术产业向发达地区回流。参见王晓《国际产业转移的影响分析》，《中国金融》2020年第4期。

③ 史密斯、尼米兹：《东南亚的城市发展：一种历史结构分析法》，史宇航译，《现代外国哲学社会科学文摘》1988年第1期，第61页。

④ 在城市化进程中，人口和经济活动过度集中于首都，其他城市的规模和水平与首都的差距不断拉大。参见饶本忠《东南亚国家的城市一极化现象》，《城市问题》2004年第5期。

1/3的印尼私人投资集中在雅加达，其他岛屿则几乎没有工业。马来西亚的生产力布局相对来说是最好的，但工业和第三产业多集中在人口较为密集的西海岸地区。[①] 东南亚各国政府已经意识到城市发展规划的重要性，采取了一些措施来应对城市化进程中的社会和环境问题。未来，东南亚大多数国家的城市化还有较大发展空间。

表 1-4　东南亚各国的城市化率

单位：%

国家	2000 年	2010 年	2020 年	国　家	2000 年	2010 年	2020 年
新加坡	100	100	100	菲律宾	46.1	45.3	47.4
文　莱	71.2	75.0	78.3	越　南	24.4	30.4	37.3
马来西亚	62.0	70.9	77.2	老　挝	22.0	30.1	36.3
印　尼	42.0	49.9	56.6	缅　甸	27.0	28.9	31.1
泰　国	31.4	43.9	51.4	柬埔寨	18.6	20.3	24.2

资料来源：世界银行 WDI 数据库（截至 2022/7/20）。

① 饶本忠：《论东南亚国家城市化的特征及其成因》，《新乡学院学报》（社会科学版）2008 年第 4 期，第 26~27 页。

第二章　中国—东南亚能源安全压力

能源生产和消费与经济发展之间具有十分密切的关系。能源生产和消费既是经济发展的动力因素，也是经济发展的制约因素。合理的能源生产和消费保证了经济的持续稳定发展。但是，随着经济的不断发展，增长的能源需求与有限的能源生产之间的矛盾日益加深，进而影响经济发展的规模和速度。

从总体上看，通过加快国内能源生产，中国和东南亚能源安全状况得到改善，为国家经济社会发展提供了重要的物质基础。但是，由于能源生产能力有限，而能源消费快速增长，中国和东南亚能源供需缺口不断扩大。21世纪，作为世界经济发展的重要引擎和热点地区，中国和东南亚国家普遍面临能源生产与能源消费双重压力，能源供应不足与需求过旺之间的结构性矛盾成为中国—东南亚能源安全体系不可回避的现实困境。

一　中国能源生产和消费状况

旧中国的能源生产基础非常差，能源生产能力极弱。新中国成立以来，中国的能源产业取得长足发展，生产能力显著提高，产业体系不断完善，有力地促进了经济提质增效和社会持续健康发展。改革开放后，中国能源需求的急剧增长打破了自给自足的能源供应格局。目前，中国已成为世界上最大的能源生产国和消费国。根据《中华人民共和国 2022 年国民经济和社会发展统计公报》，2022 年一次能源生产总量达到 46.6 亿吨标准煤，比上年增长 9.2%；一次能源消费总量达到 54.1 亿吨标准煤，比上年增长 2.9%。能源消费量已远超能源生产量，供需缺口达 7.5 亿吨标准煤，能源自给率为 86.1%。

（一）化石能源生产和消费

受能源资源禀赋和经济发展阶段所限，中国能源结构长期以化石能源为主，煤炭占主导地位。然而，由于储量不足、禀赋较差、结构不合理，中国化石能源生产的增长空间不大。快速崛起的核能和可再生能源产业部分满足日益增长的能源需求，但发展不平衡、不充分的矛盾日益突出。国内能源供应不足与消费增长过快的矛盾将长期存在，局部地区、某一时段能源供应偏紧情况亦时有发生。

1. 煤炭

中国煤炭资源丰富，仅次于美国和俄罗斯，居世界第三位。受能源资源禀赋的影响，中国一次能源生产一直以煤炭为主（中国能源统计以“标准煤”来计算也源于此）。1949 年，中国煤炭产量为 3200 万吨，在一次能源生产中的比重高达 96.3%。1991 年，中国煤炭产量创下 10.8 亿吨的纪录，成为世界最大的产煤国。21 世纪，为满足经济社会发展需要，中国“煤炭产量和产能不断扩大，平均每年增量达 2 亿吨左右”[①]。“2013 年中国原煤产量达到 39.7 亿吨的历史高点后，受经济增速放缓、能源结构调整等因素的影响，煤炭需求逐年下降，供给能力过剩，供求关系失衡，生产开始回落。”[②] 尽管煤炭占比在波动中持续下降，但在相当长时期内，其主体能源地位不会改变。

由于价格低廉且蕴藏丰富，中国的能源消费结构以煤炭为主。中国是世

---

① 武晓娟：《煤炭适度开采提上日程》，《中国能源报》2013 年 11 月 11 日。

② 庞无忌：《去年中国原煤产量同比增长 3.3%，2014 年来首现正增长》，中国新闻网，2018 年 3 月 19 日，http：//www.chinanews.com/cj/2018/03-19/8471328.shtml。

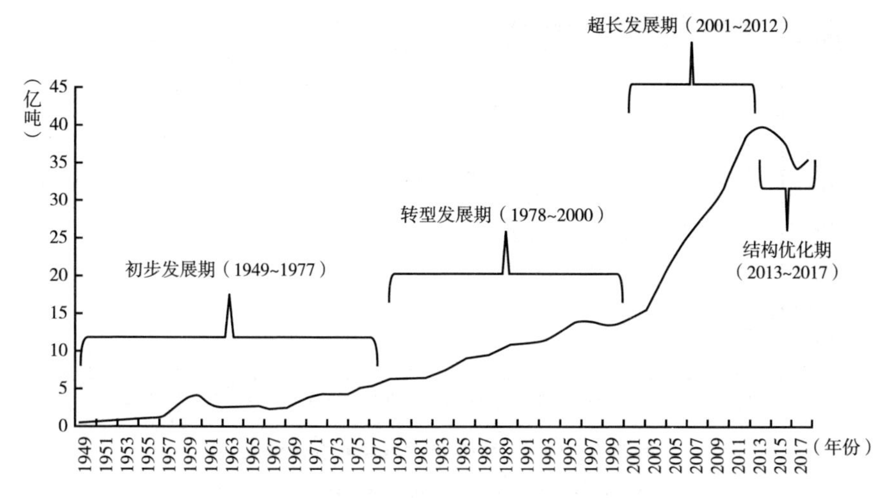

图 2-1　1949~2017 年中国煤炭产量增长与煤炭工业发展阶段

资料来源：朱彤：《中国能源工业七十年回顾与展望》，《中国经济学人》（英文版）2019 年第 1 期，第 37 页。

界上最大的煤炭消费国，煤炭消费量占全球煤炭消费总量的 50%以上。由于价格低廉且蕴藏丰富，中国对煤炭的需求十分旺盛。2013 年，“在经济增速趋缓、经济转型升级加快、供给侧结构性改革力度加大等因素共同作用下”①，煤炭消费总量达峰、增长换挡减速。根据国家统计局数据，2022 年，煤炭为中国提供了 56.2%的一次能源消费和 66.5%的电力消费。作为基础能源和重要工业原料，煤炭强有力地支撑了新中国成立以来国民经济的发展，为国家的现代化建设做出了卓越贡献。

由于经济增长对煤炭具有较高的依赖性，中国煤炭产量虽高，但消费增长的速度逐渐超过产量增速。2009 年，中国由煤炭净出口国转变为煤炭净进口国。近年来，受煤炭需求大幅增加、冬季用煤高峰提前、恶劣天气等因素影响，中国部分区域出现严重的“煤荒”。

2. 石油

中国石油资源相对匮乏。就常规石油而言，自 1959 年大庆油田摘掉中

① 国家发展改革委、国家能源局：《煤炭工业发展“十三五”规划》，2016 年 12 月。

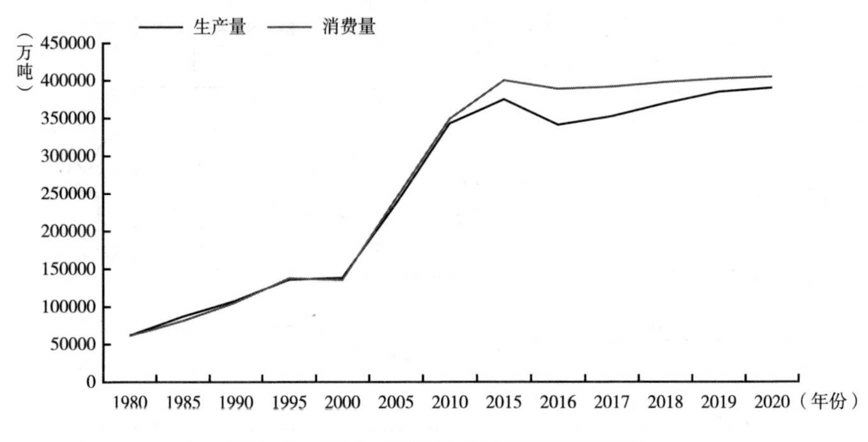

图 2-2　1980~2020 年中国煤炭供需情况

注：电力折算标准煤的系数根据当年平均发电煤耗计算。

资料来源：国家统计局能源统计司编《中国能源统计年鉴 2021》，中国统计出版社，2022。

国“贫油国”帽子之后，在石油地质和地球物理工作者的努力下，胜利、华北、辽河等大型油田横空出世，中国石油产量迅速增长。1978 年，中国原油产量首次突破 1 亿吨，进入世界产油大国行列。然而，经过半个多世纪的开发，陆上大多数主力油田已经进入中后期开发阶段，新油田的开发增产跟不上老油田的衰老减产。国际低油价进一步打击国有能源企业对复杂油气藏的投资。2015 年，中国原油产量达到 2. 15 亿吨的历史高位，之后持续下降。目前，中国石油产量已经登顶，未来不再具有增产的能力。就非常规石油（页岩油和深水油田）而言，中国面临的关键挑战不在于资源的数量，而在于它们的复杂性和相对较高的开发成本。[①] 由于分布稳定性差、非均质性强、流动机制复杂、评价难度大，再加上相关技术与设备落后，中国陆相非常规石油资源勘探开发处于初期阶段，未实现工业化生产。

石油是现代工业的血液。中国工业化的快速发展直接拉动石油消费刚性增长。同时，改革开放 40 多年来，随着人民生活质量的提高，住房、交通以及家用电器等现代生活消费品带动新一轮能源需求。在 21 世纪的前十年，

① 国际能源署：《世界能源展望 2017 中国特别报告》，2017 年 12 月，第 117 页。

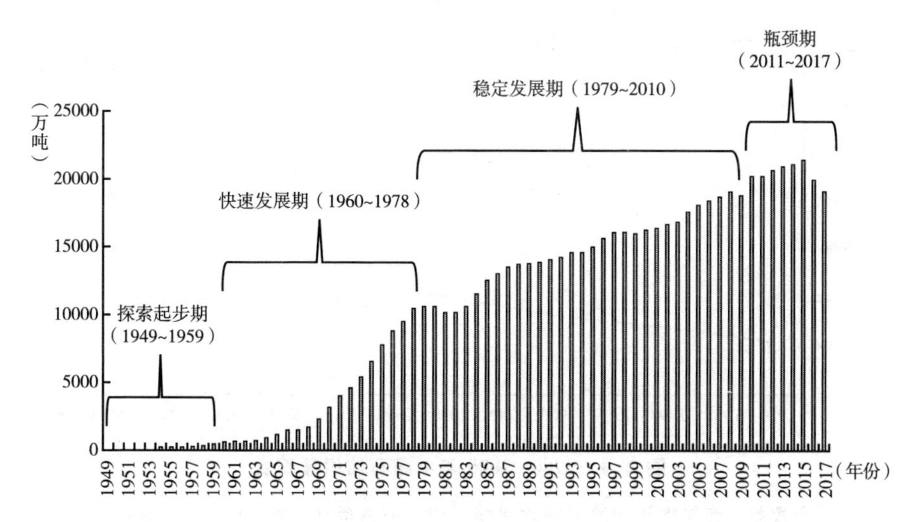

图 2-3　1949~2017 年中国石油产量增长与石油工业发展阶段划分

资料来源：朱彤：《中国能源工业七十年回顾与展望》，《中国经济学人》（英文版）2019 年第 1 期，第 41 页。

中国石油消费高速增长，年均增速达 6.7%。在 21 世纪的第二个十年，随着经济结构转型和经济增长速度放缓，除了 2014 年国际油价暴跌刺激需求短暂反弹之外，中国石油消费增速进入降档阶段。目前，中国是仅次于美国的世界第二大石油消费国。

作为重要的战略资源，石油对中国经济发展、社会稳定、国家安全和全面建成社会主义现代化国家目标的顺利实现具有非常重要的经济、政治和战略意义。然而，国内石油储量有限、开采难度大且成本高、产量持续下降日益成为中国能源安全所面临的最大威胁。自 1993 年起，中国从石油净出口国变为石油净进口国。近年来，由于国内成品油市场供给存在结构性问题，中国多地上演“油荒”。

3. 天然气

中国天然气资源较丰富。就常规天然气而言，新中国成立后，中国天然气工业才得以发展起来。20 世纪 80 年代以来，中国天然气产量一直处于上升的态势，但增幅不大。21 世纪以来，中国迎来天然气开发生产的高峰期。

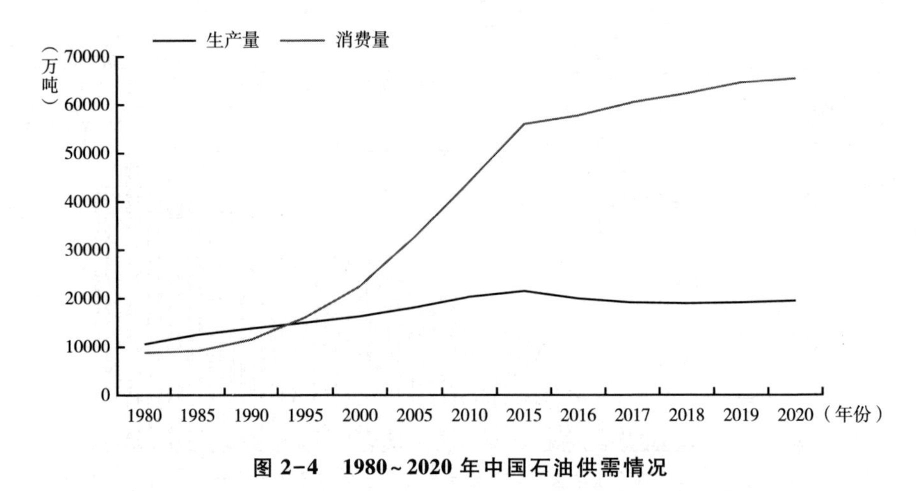

图 2-4　1980~2020 年中国石油供需情况

资料来源：国家统计局能源统计司编《中国能源统计年鉴 2021》，中国统计出版社，2022。

随着天然气勘探开发技术的不断创新进步，相继发现的长庆、克拉 2 号、普光、苏里格、龙岗和安岳等大型气田推动中国天然气产量急剧增长。根据新一轮全国油气资源动态评价成果，中国常规天然气探明程度仅为 19%，还处于勘探早期，未来还有很大的成长空间。就非常规天然气而言，中国储量巨大，勘探开发活跃。致密气开发技术渐趋成熟，已有相当生产规模；煤层气开采已进入大规模商业化运营阶段；页岩气虽处于起步阶段，但通过科技攻关和国际合作，也取得一些明显进展。“2019 年 1 月成功打出了中国第一口百万立方米页岩气井——泸 203H1 井，为川南地区页岩气大开发带来曙光，也使我国成为继美国、加拿大之后，第三个掌握页岩气开采技术的国家，助推了国内天然气产量持续增长。”① 根据中国石油集团经济技术研究院发布的《2050 年世界与中国能源展望》，非常规天然气将成中国天然气增产主力。

2021 年，中国天然气产量达到 2076 亿立方米，已连续第 5 年增产超 100 亿立方米。天然气在一次能源生产中所占的比重节节攀升，2021 年增加

① 《大气磅礴：连续 3 年国内天然气产量超千亿方》，中国石油新闻中心，2020 年 1 月 10 日，http：//news. cnpc. com. cn/system/2020/01/10/001759326. shtml。

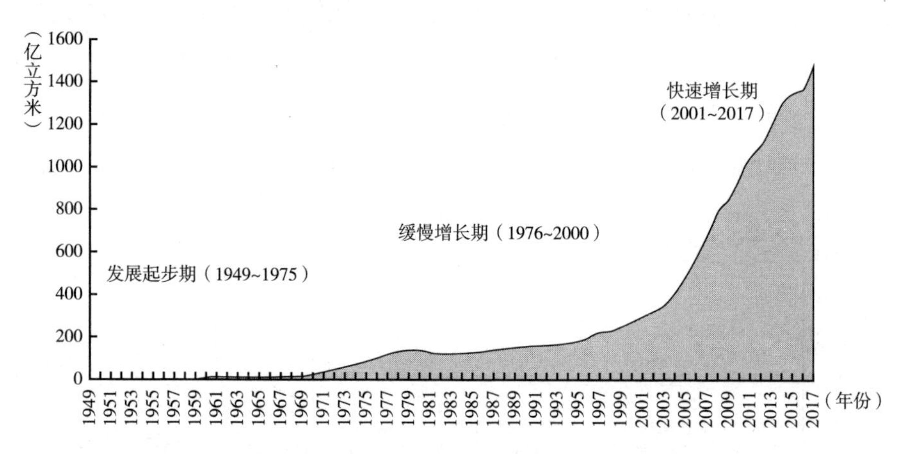

图 2-5　1949~2017 年中国天然气产量增长与天然气工业阶段

资料来源：朱彤：《中国能源工业七十年回顾与展望》，《中国经济学人》（英文版）2019 年第 1 期，第 43 页。

到最高的 6.0%。尽管无法与煤炭抗衡，但已接近原油在一次能源生产中的比重（6.7%），成为中国增幅最大的能源品种。

在国际气候治理和国内环保政策推动下，天然气在能源消费中的比重不断上升，成为中国消费增长速度最快的一次能源。2008 年金融危机后，政府出台积极的宏观经济政策，实施一系列“扩内需、保增长、调结构、惠民生”措施，降低终端用气成本，推进天然气基础设施建设。根据《中国天然气发展报告（2022）》，2021 年，全国主干天然气管道总里程达到 11.6 万千米，扩大了天然气消费区域，缓解了供需分布不平衡问题。2017 年以来，受“煤改气”政策推动，中国天然气消费大幅增长，超过伊朗成为继美国和俄罗斯之后世界第三大天然气消费国。值得注意的是，2019 年，中国天然气消费首次突破 3000 亿立方米，占一次能源消费比重达到 8.1%，但与国际平均水平（23.9%）相比仍有很大差距。随着经济社会的不断发展，未来中国天然气市场的发展潜力巨大。

作为一种优质、高效和清洁的能源和化工原料，天然气是中国优化能源结构、缓解石油供应紧张、改善生态环境，促进国民经济可持续发展的现实选择。然而，与煤炭和石油一样，国产天然气短期内难以满足高速增长的需求，供需缺口不断扩大。自 2006 年开始，中国成为天然气净进口国，国内天然气市场一直处于供不应求状态。近年来，受产业链发展不协调等因素的影响，局部地区部分时段天然气供应紧张或失衡，一度出现“气荒”问题。

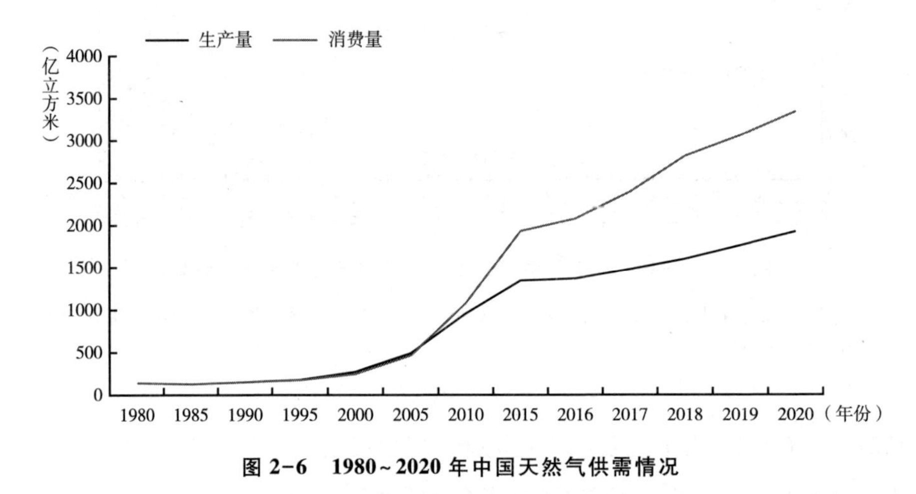

图 2-6　1980～2020 年中国天然气供需情况

资料来源：国家统计局能源统计司编《中国能源统计年鉴 2021》，中国统计出版社，2022。

（二）核能和可再生能源生产和消费

核电和可再生能源是清洁能源[①]。开发利用核能和可再生能源既是中国当前保障能源安全、优化能源结构、加强环境保护和应对气候变化的迫切需

① 国内外关于清洁能源并无统一定义。总体来看，将可再生能源、核能等环境影响较小的能源品种以及能效纳入清洁能源范畴是国际共识。中国政府机构并未在正式文件中给予清洁能源明确的定义，但国家统计局和国家能源局的相关统计报告实质上给出了范围指引。从 2002 年起，国家统计局将水电、核电、风能发电等作为清洁能源进行统计。从 2014 年起，中国国民经济和社会发展统计公报发布清洁能源消费量占能源消费总量的比例，将水电、风电、核电、天然气等列入其中。虽然统计公报中没有列入太阳能，但在公报的解读中将其单独列出。因此，水能、风能、太阳能等可再生能源发电以及核电、天然气等都是中国清洁能源的重要组成，而化石能源的清洁高效利用不属于清洁能源范畴。参见国际清洁能源论坛（澳门）《国际清洁能源产业发展报告（2018）》，世界知识出版社，2018。本文所指的清洁能源包括核能、水能、风能和太阳能等可再生能源。

要，也是中国转变经济发展方式和实现未来能源可持续利用的必然选择。70多年来，“经过引进吸收和自主创新，中国能源系统技术装备水平不断提升，千万吨煤炭综采、三次采油和复杂区块油气开发等技术装备达到世界领先水平；建成了全球最大的清洁煤电体系，大气污染物排放指标跃居世界先进水平；建成了全球规模最大的电网，安全运行水平、供电可靠性位居世界前列；新建三代核电机组综合国产化率达到85%，深水钻探、页岩气勘探开发等技术实现重大突破，一大批代表国际先进水平的重大工程建成投产；‘互联网+’智慧能源、储能、综合能源服务等一大批能源新技术、新业态、新模式加快培育、蓬勃兴起，成为中国创新创造的热点”。[①] 1949 年，中国仅有 16 万千瓦的水电装机。截至 2019 年底，中国可再生能源发电总装机容量 7.9 亿千瓦，约占全球可再生能源发电总装机的 30%。其中，水电、风电、光伏发电、生物质发电装机容量分别达 3.56 亿千瓦、2.1 亿千瓦、2.04 亿千瓦、2369 万千瓦，均位居世界首位。[②]

核能和可再生能源推动了中国能源结构的不断优化。一方面，核能和可再生能源在一次能源生产中的比重逐步提高，由 1980 年的 3.8%提高到 2022 年 20.6%，已超过原油和天然气之和，成为仅次于煤炭的第二大能源生产品种。另一方面，核能和可再生能源在能源消费总量中的比重明显提升，由 1980 年的 4.0%提高到 2022 年 16.7%，成为仅次于煤炭和石油的第三大能源消费品种。

然而，中国核能和可再生能源在高速发展的同时，也产生了系统调节能力不足、易出现连锁故障、网络安全防护能力较差、可再生能源发电侧运维存在安全隐患等一系列风险和挑战。近年来，由于资源地电力消纳能力不足、外送能力有限，东南沿海地区在运核电机组被迫降功率运行，可再生能源资源丰富的“三北”地区（东北、西北和华北）与西南地区弃风、弃水

① 《70 年来艰苦奋斗开拓进取　中国能源发展取得举世瞩目伟大成就》，国务院新闻办公室网站，2019 年 9 月 20 日，http://www.scio.gov.cn/xwfbh/xwbfbh/wqfbh/39595/41802/zy41806/Document/1665059/1665059.htm。

② 国务院新闻办公室：《新时代的中国能源发展》，2020 年 12 月。

和弃光现象频发，极大地影响了核能和可再生能源的进一步发展。要实现 2030 年碳达峰 2060 年碳中和的国际承诺，中国必须及时化解核能和可再生能源发展不平衡不充分的矛盾[①]，特别是其消纳问题。

1. 核电

为推进核能和平利用，中国自 20 世纪 70 年代开始发展核电。从 1985 年自行设计、建造第一座 30 万千瓦秦山核电站起，核电即成为中国能源发展战略的重要组成部分。21 世纪，受 2011 年日本福岛核泄漏事件的影响，中国一度暂停审批核电项目，并开展全国性的核安全检查。随着《核电安全规划（2011~2020 年）》和《核电中长期发展规划（2011~2020 年）》的出台以及全国核电安全检查的结束，中国于 2014 年重新启动东部沿海地区新的核电项目建设。

经过 30 多年的发展，中国已成为世界上少数几个拥有自主三代核电技术和全产业链的国家。华龙一号自主三代核电技术完成研发，大型先进压水堆及高温气冷堆核电站重大专项取得进展，小型堆、第四代核能技术、聚变堆研发基本与国际水平同步。随着“一带一路”的推进，核电走出国门，成为中国高端制造业走向世界的“国家名片”。

截至 2021 年底，中国商运核电机组达到 51 台，总装机容量为 5327.5 万千瓦，仅次于美国和法国，位居世界第三；新开工核电机组 6 台，装机容量 628.3 万千瓦；在建核电机组 20 台，装机容量 2143 万千瓦，在建机组数量和装机容量连续多年保持全球第一。[②] 在碳达峰、碳中和的背景下，核电

---

① 一是资源和需求逆向分布，风光资源大部分分布在“三北”地区，水能资源主要集中在西南地区，而用电负荷主要位于中东部和南方地区，由此带来的跨省区输电压力较大。二是清洁能源高速发展与近年来用电增速不匹配，近年来在国家政策的积极支持下，清洁能源特别是风电、光伏发电的装机整体保持较快的增长速度，远超全社会用电量的增速，供需不匹配问题造成了较大的消纳压力；三是风电、光伏发电的出力受自然条件影响，存在比较大的波动性，大规模并网后，给电力系统的调度运行带来了较大挑战。目前我国电力系统尚不完全适应如此大规模波动性新能源的接入。参见《国家能源局电力司负责同志就〈清洁能源〉答记者问》，国家能源局，2019 年 1 月 15 日，http://www.nea.gov.cn/2019-01/15/c_137744740.htm。

② 张廷克、李闽榕、尹卫平主编《核能发展蓝皮书：中国核能发展报告（2022）》，社会科学文献出版社，2023，第 4~8 页。

将保持较快的发展态势，实现规模化、批量化发展。为适应碳中和目标，"预计到 2035 年，核能发电量在中国电力结构中的占比需要达到 10%左右；到 2060 年，核能发电量在我国电力结构中的占比需要达到 20%左右，与当前 OECD 国家的平均水平相当"。[①]

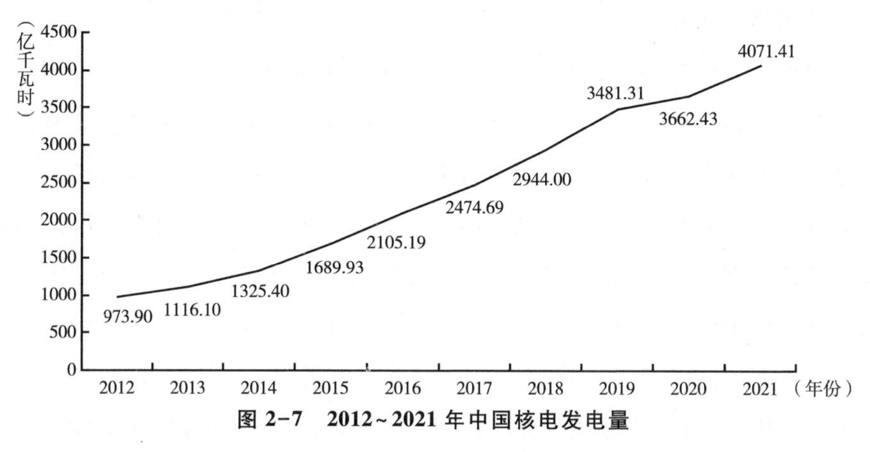

图 2-7　2012~2021 年中国核电发电量

资料来源：张廷克、李闽榕、尹卫平主编《核能发展蓝皮书：中国核能发展报告（2022）》，社会科学文献出版社，2023，第 5 页。

尽管中国核电发展取得了很大成就，但还存在发展不充分、不平衡的问题。从总量看，目前在运核电装机容量仅占全国电力总装机容量的 2.24%，核电发电量仅占全国总发电量的 4.8%，远低于发达国家水平，甚至还不到世界平均水平的一半。从布局看，核电多集中于东南沿海地区，如福建、江苏、广东、浙江和辽宁等省区，中西部多数省份没有核电。从公众认知看，社会公众对核电的认知度和接受度对政府的涉核决策产生负面影响。

值得注意的是，中国核电虽然走向世界，但国内核电发展不容乐观，弃核、核安全和乏燃料处理等问题制约核电的发展。近年来，由于中国经济进入新常态，社会用电量减少，电力供大于求，核电消纳问题日益突出，陷入

① 张廷克、李闽榕、尹卫平主编《核能发展蓝皮书：中国核能发展报告（2022）》，社会科学文献出版社，2023，第 21 页。

边建边弃的尴尬境地。2017 年，国家发展改革委、国家能源局印发《保障核电安全消纳暂行办法》，核电消纳问题得到一定缓解，但没有从根本上解决。在国家大力发展清洁能源的背景下，随着新一轮电改来袭，核电基荷电源角色受到前所未有的挑战。

2. 可再生能源

可再生能源是未来的主流能源，加快开发利用可再生能源已成为国际社会的共识和共同行动。[①] 为了促进可再生能源的开发利用，2005 年 2 月，中国通过了《可再生能源法》，为可再生能源发展提供了宏观政策支持，揭开了大规模开发利用可再生能源的序幕。2007 年 9 月，中国颁布《可再生能源中长期发展规划》，正式提出国家可再生能源发展目标。12 月，中国又发布了《中国的能源状况与政策》白皮书，将可再生能源作为国家能源发展战略的重要组成部分。近年来，在《可再生能源法》和一系列配套政策的推动下，中国可再生能源发展取得令人瞩目的成绩，可再生能源开发步入全面、快速、规模化发展阶段。党的十八大以来，一系列重磅规划和政策密集出台，中国可再生能源实现跨越式发展，装机规模稳居世界首位，发电量占比稳步上升。目前，中国是世界上可再生能源利用第一大国，不仅光伏、风电、水电、生物质发电装机容量和发电量稳居世界第一，还形成较为完备的可再生能源技术产业体系，比如全球最大的百万千瓦水轮机组自主设计制造能力，快速迭代的光伏发电技术，位居世界前列的低风速、抗台风、超高塔架、超高海拔风电技术等。“仅 2021 年，我国可再生能源开发利用规模相当于 7.53 亿吨标准煤，减少二氧化碳、二氧化硫、氮氧化物排放量分别约达 20.7 亿吨、40 万吨与 45 万吨。”[②]

---

① 2004 年，欧洲联合研究中心（JRC）根据各种能源技术的发展潜力及其资源量，对未来 100 年的能源需求总量和结构变化做出预测：可再生能源的比重将不断上升，于 2020 年、2030 年、2040 年、2050 年和 2100 年将分别达到 20%、30%、50%、62%和 86%。其中，化石能源消耗总量将于 2030 年出现拐点，太阳能在未来能源结构中的比重将越来越大。参见国家能源局《国家能源科技“十二五”规划（2011~2015）》，2011 年 12 月 5 日。

② 《我国可再生能源实现跨越式发展》，国家能源局，2022 年 7 月 10 日，http：//www.nea.gov.cn/2022-07/10/c_ 1310639941.htm。

表 2-1　2015~2021 年中国可再生能源装机容量和发电量

单位：亿千瓦，亿千瓦时

年份	类别	水电	风电	光伏发电	生物质发电	总计
2015 年	装机容量	3.0	1.29	0.43	0.10	4.8
	发电量	10985	1863	392	527	13767
2016 年	装机容量	3.32	1.49	0.77	0.12	5.7
	发电量	—	—	—	—	—
2017 年	装机容量	3.41	1.64	1.30	0.15	6.5
	发电量	11945	3057	1182	795	16979
2018 年	装机容量	3.52	1.84	1.75	0.18	7.29
	发电量	12329	3660	1775	906	18670
2019 年	装机容量	3.56	2.1	2.04	0.23	7.94
	发电量	13000	4057	2243	1111	20400
2020 年	装机容量	3.7	2.81	2.53	0.2952	9.34
	发电量	13552	4665	2611	1326	22154
2021 年	装机容量	3.91	3.28	3.06	0.3798	10.63
	发电量	13400	6556	3259	1637	24800

注：《2016 年度全国可再生能源电力发展监测评价报告》无当年可再生能源发电量数据。

资料来源：国家能源局：《全国可再生能源电力发展监测评价报告》（2015~2021 年度）。

然而，可再生能源在中国能源结构中的占比仍然偏低，未来发展仍面临诸多问题和挑战，比如《可再生能源法》中的一些制度规定在实施时相互不够协调、执行不够到位，可再生能源投融资缺口持续扩大，以及可再生能源电力消纳能力有限等，这些问题在一定程度上制约和阻碍了可再生能源的持续健康发展。

与核电一样，可再生能源在快速发展的同时，受市场结构和技术限制等多种因素影响，一定区域内的新能源电源建设速度超出消纳能力，造成“三弃”（弃水、弃风和弃光）问题日益严重。2018 年，中国全年弃水、弃风、弃光电量加起来超过 1000 亿千瓦时，相当于三峡电站 2018 年全年的发电量。[①] 2017 年 11 月、2018 年 10 月和 2019 年 5 月，国家发改委、国家能源局相继印发《解决弃水弃风弃光问题实施方案》、《清洁能源消纳行动计

① 《可再生能源电力消纳有了责任权重》，《人民日报》2019 年 5 月 22 日。

划（2018~2020 年）》[①] 和《关于建立健全可再生能源电力消纳保障机制的通知》等文件，提出可再生能源电力消纳目标，为各省级行政区设定可再生能源电力消纳责任权重[②]，推进可再生能源电力消纳长效机制建设。从国家能源局发布的《2021 年度全国可再生能源电力发展监测评价报告》看，在政府、发电企业、电网企业和用户的共同努力下，可再生能源电力受限严重地区“三弃”状况明显缓解。2021 年，全国风电平均利用率 96.9%，同比提升 0.4 个百分点；光伏发电利用率 98%，与上年基本持平；主要流域水能利用率 97.9%，同比提高 1.5 个百分点。[③]

表 2-2　2018~2020 年中国清洁能源消纳目标完成情况

单位：%

能源	2018 年		2019 年		2020 年	
	消纳目标	实际完成情况	消纳目标	实际完成情况	消纳目标	实际完成情况
风电	88	93	90	96	95	97
光伏	95	97	95	98	95	98
水电	95	95	95	96	95	97

资料来源：国家能源局：《全国可再生能源电力发展监测评价报告》（2018~2020 年度）。

在“双碳”目标下，“十四五”期间，中国可再生能源将迎来大规模、高比例、市场化、高质量发展[④]。《“十四五”可再生能源发展规划》提出，2025 年可再生能源消费总量达到 10 亿吨标准煤左右，发电量增量在全社会用

① 《清洁能源消纳行动计划（2018~2020 年）》提出，到 2020 年确保全国平均风电利用率达到国际先进水平（95%），光伏发电利用率高于 95%，水能利用率高于 95%，全国核电实现安全保障性消纳。2019 年，风电、光伏发电和水电提前一年实现消纳目标。

② 可再生能源电力消纳责任权重是指各省级区域的可再生能源电量在电力消费中的占比目标。参见《可再生能源电力消纳有了责任权重》，《人民日报》2019 年 5 月 22 日。

③ 国家能源局：《2021 年度全国可再生能源电力发展监测评价报告》，2022 年 8 月 27 日。

④ 一是大规模发展，进一步加快提高发电装机占比；二是高比例发展，由能源电力消费增量补充转为增量主体，在能源电力消费中的占比快速提升；三是市场化发展，由补贴支撑发展转为平价低价发展，由政策驱动发展转为市场驱动发展；四是高质量发展，既大规模开发，也高水平消纳，更保障电力稳定可靠供应。参见王轶辰《“十四五”可再生能源发展提速》，《经济日报》2022 年 6 月 8 日。

电量增量中的占比超过50%。然而，中国在对消纳环节至关重要的电力系统调节能力建设和跨省区新能源电力配置方面仍然滞后，局部性弃风弃光演变为消纳问题全局性反弹的可能性仍然存在。在可再生能源进入高质量跃升发展新阶段，应努力解决既要大规模开发，又要高水平消纳，更要保障电力安全可靠供应等多重挑战，协同保障可再生能源发展的规模、效益和安全。

（三）中国能源发展的瓶颈

新中国成立70多年来，中国能源实现了从严重短缺到供需基本平衡的历史性飞跃，为中国社会主义现代化建设做出了突出贡献。近年来，中国经济迈入“三期叠加”（即增长速度换挡期、结构调整阵痛期、前期刺激政策消化期叠加）特殊阶段。在经济由高速增长向高质量发展转变的同时，能源发展也从追求规模扩张向提高发展质量转变。“正处在转变发展方式、优化经济结构、转换增长动力的攻关期”[①]，中国能源安全的结构性矛盾不断暴露，能源为中华民族伟大复兴提供重要物质支撑仍面临严峻挑战。

1. 供需缺口不断扩大

改革开放以来，中国能源发展成就卓著，为国民经济持续快速发展提供了坚实的基础。但是，中国经济总量占世界经济总量的15%，能源消费总量却占到世界能源消费总量的23%，能源需求压力巨大。近年来，能源供需缺口越来越大，成为中国经济社会转型发展过程中能源问题的主要矛盾。

就能源生产而言，新中国成立初期，中国能源生产能力不足、水平不高。据统计，1949年中国能源生产总量仅为0.2亿吨标准煤。其中，原煤产量仅为0.3亿吨，原油产量仅为12.0万吨，天然气产量仅为0.1亿立方米，发电量更是仅有43.0亿千瓦时。[②] 70多年后，中国能源生产不断攻坚克难，实现了跨越式发展，一跃成为世界能源生产第一大国，已经形成了以煤炭为主体、电力为中心、石油天然气和可再生能源全面发展的能源生产体

---

① 《习近平在中国共产党第十九次全国代表大会上的报告》，人民网，2017年10月28日，http：//cpc. people. com. cn/n1/2017/1028/c64094-29613660. html。

② 中国能源报社、中国能源经济研究院：《中国清洁能源发展报告》，2019年9月4日。

系。据统计，2018 年，中国能源生产总量达 37.7 亿吨标准煤，比 1949 年增长 187.5 倍，年均增长 7.6%。其中，煤炭、石油、天然气产量分别是 1978 年的 5.9 倍、1.9 倍和 11.7 倍；发电装机和用电量分别比 1978 年增长 33.3 倍和 26.9 倍，位居世界第一。[①]

当前，中国能源发展正处于转型过程中，能源产量虽稳中有升，但增速逐渐放缓，2016 年甚至出现 21 世纪以来首次负增长。与 2004 年的高增速（15.6%）相比，2010 年以来的能源生产进入低速增长的“新常态”。

就能源消费而言，新中国成立初期，中国能源基础薄弱，供求关系紧张。1953 年，中国能源消费总量仅为 0.5 亿吨标准煤，煤炭和石油分别占 94.3% 和 3.8%。70 多年来，中国能源消费水平不断提高，实现历史性飞跃。21 世纪，中国经济进入新一轮扩张期，工业化和城市化进程的加快以及居民生活消费水平的提高，导致一次能源消费总量大幅增加。2010 年，中国能源消费总量首次超过美国，成为全球第一能源消费大国，占世界能源消费总量的 20.3%和全球净增量的 71%。据统计，2018 年，中国能源消费量已达到 46.4 亿吨标准煤，比 1953 年增长 91.8 倍。其中，煤炭、石油和天然气消费量分别是 1978 年的 6.5 倍、6.8 倍和 20.3 倍，用电量是 1978 年的 27.2 倍。[②]

从增速上看，自 2008 年全球金融危机爆发以来，由于经济增速放缓、产业结构调整和能源效率提高，中国能源消费增长换挡减速。与 2003 年（16.2%）和 2004 年（16.8%）的高增速相比，2010 年以来的能源消费均属于低增速水平。

随着经济的快速发展，能源供应不足成为制约中国发展的瓶颈。自 1992 年起，中国能源生产的增长幅度开始小于能源消费的增长幅度，能源生产与消费之间的缺口不断扩大。近年来，随着居民收入水平的提高、工业

---

① 《能源发展实现历史巨变　节能降耗唱响时代旋律——新中国成立 70 周年经济社会发展成就系列报告之四》，国家统计局，2019 年 7 月 18 日，http://www.stats.gov.cn/tjsj/zxfb/201907/t20190718_1677011.html。

② 《能源发展实现历史巨变　节能降耗唱响时代旋律——新中国成立 70 周年经济社会发展成就系列报告之四》，国家统计局，2019 年 7 月 18 日，http://www.stats.gov.cn/tjsj/zxfb/201907/t20190718_1677011.html。

化和城市化以及交通运输的快速发展，第三产业和居民生活用能逐渐取代传统高耗能产业成为能源消费增长的主要来源。在未来一段时间里，中国对能源的刚性需求还将进一步增大。根据《BP 世界能源展望 2019》（*WEO 2019*）的预测，2040 年中国仍将是全球最大的能源消费国，在全球能源消费中的份额为 22%。

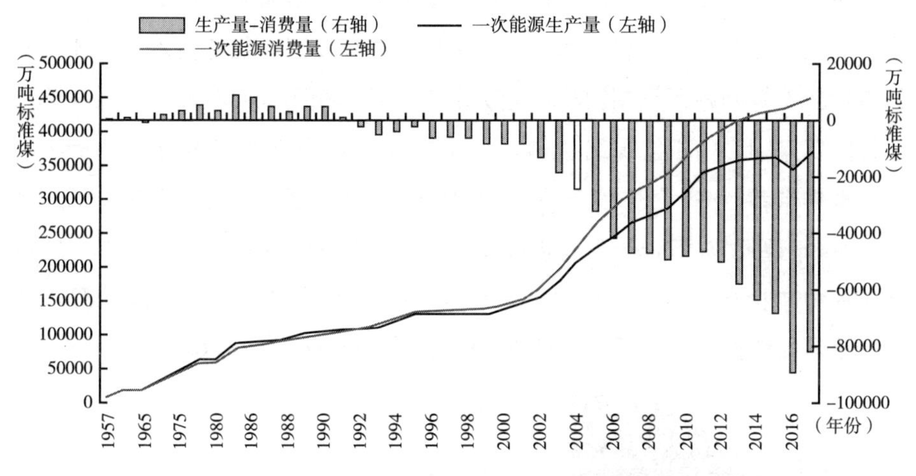

图 2-8　1957~2016 年中国一次能源生产量、消费量与生产-消费差

资料来源：朱彤：《中国能源工业七十年回顾与展望》，《中国经济学人》（英文版）2019 年第 1 期，第 61 页。

"与欧盟、日本、韩国等发达经济体相比，中国的能源自给率仍然处于较高的水平，从总量上来说能源安全还是可控的。但是，中国能源安全的主要软肋在于结构问题突出，能源安全风险主要体现在石油和天然气两个品种上。"①

2. 结构性矛盾较突出

在能源生产和消费持续增长的同时，中国的能源生产和消费结构也不断优化。但是，受资源禀赋所限，中国能源的结构性矛盾难以得到根本性解决。

① 林伯强：《能源对外依存度高不等于不安全》，《环球时报》2019 年 6 月 6 日。

首先，中国的能源资源禀赋决定了国内能源供应以煤炭为主，石油、天然气、核能和可再生能源所占比重偏低。但是，作为能源生产和消费大国，中国资源禀赋与能源消费主流之间的矛盾日益尖锐——中国正处于工业化和城市化快速发展阶段，石油在国民经济发展中的作用越来越大。近年来，在国际气候治理和国内生态环境整治双重压力下，煤炭消费受到严格控制而日益减少，天然气成为中国能源转型的中坚力量，消费量不断增加。此外，核电发展面临的安全问题和消纳问题、可再生能源发展面临的技术水平落后和经济性较差等问题严重制约清洁能源未来发展。相比世界其他主要经济体和能源消费大国，由于能源结构落后，中国能源转型之路必定异常曲折、艰难。根据世界经济论坛发布的《2021 年推动能源系统有效转型报告》(*Fostering Effective Energy Transition 2021*)，中国在能源转型方面取得一定进展，能源转型指数（Energy Transition Index，ETI）稳步提高，但能源系统的环境可持续性仍然滞后，中国在 115 个国家/地区中排第 68 位。

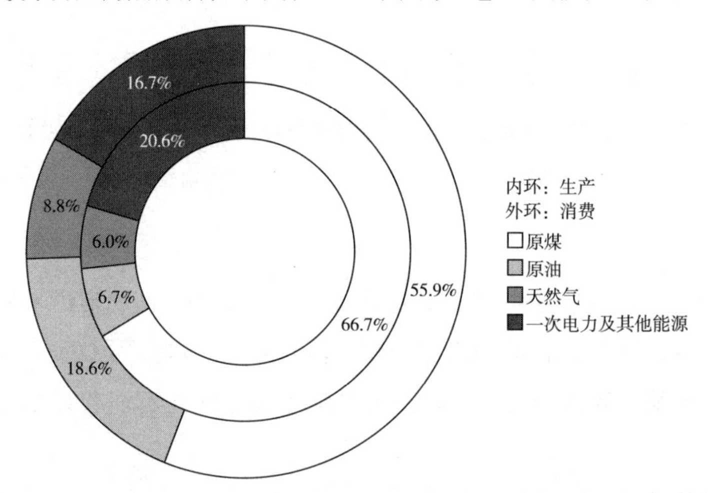

图 2-9　2021 年中国能源生产和消费结构

资料来源：国家统计局能源统计司：《中国能源统计年鉴 2022》，中国统计出版社，2023。

其次，中国能源领域已形成竖井式发展格局——“在民生领域，近年各地大力推行天然气取暖导致冬季频频出现‘气荒’难题；在工商业领域，大量使用电力驱动空调制冷导致多地高温夏季始终面临‘保电’难题；在交通运输领域，长期依赖化石能源造成严重的温室效应和空气污染”①。推进能源生产和消费革命，促进多品类能源的融合、互补、协同，解决“单一”能源消费带来的问题刻不容缓。

最后，受计划经济体制影响，中国的煤炭、石油、天然气、核能和可再生能源五大能源子系统长期以单一系统的纵向延伸为主，能源系统间物理互联和信息交互较少，“这种传统的能源系统在提高能源利用效率、实现能源互补、从整体上解决能源需求问题时面临一些障碍：一是各类能源的特性不尽相同，要在能源生产、运输和使用环节实现互补协调存在技术壁垒，特别是清洁能源和传统化石能源之间的互补协调技术发展滞后。二是各类能源子系统之间在规划、建设、运行和管理层面都相互独立，存在体制壁垒。三是各类能源子系统之间缺乏价值转换媒介和机制，难以实现能源互补带来的经济效益和社会效益，存在市场壁垒”②。因此，要改变传统能源系统建设路径和发展模式，“打通多种能源子系统间的技术壁垒、体制壁垒和市场壁垒，促进多种能源互补互济和多系统协调优化，在保障能源安全的基础上促进能效提升和新能源消纳”③，构建综合能源系统。

3. 能源价格改革缓慢

能源价格一头连着生产和供应，一头连着销售和消费，既是国民经济发展的重要支撑，又与居民生活息息相关。由于历史原因，长期以来，能源被中国列为计划产品调拨分配，遵行严格的能源价格管制政策，不受供求关系的影响。这在保障能源供给和改善民生的同时，也引发了很多矛盾和问题。

改革开放拉开了中国能源价格改革的序幕，能源价格机制开始从计划调节向计划与市场调节相结合再向以市场为取向转变。21 世纪，随着气

① 汤芳：《以综合能源服务为着力点加快推动能源消费转型升级》，《中国经济时报》2019 年 2 月 22 日。

② 曾鸣：《构建综合能源系统　推动我国能源战略转型》，《人民日报》2018 年 4 月 9 日。

③ 曾鸣：《构建综合能源系统》，《中国电力企业管理》2018 年第 10 期，第 57 页。

表 2-3　2009 年以来中国化石能源价格改革

时间	改革领域	主要内容
2009 年	成品油	当布伦特、迪拜和辛塔三地原油连续 22 个工作日移动平均价格变化超过 4%时，相应调整国内成品油价格；“变费为税”，提高成品油消费税单位税额，取消公路养路费等，新增税收收入依次分配给公路养路费等收费支出以及弱势群体补贴
	煤炭	终止一年一度的煤炭订货会，以网络汇总形式召开，鼓励供需企业之间签订 5 年及以上的长期购销合同
2010 年	天然气	提高天然气价格，将第一、第二档天然气出厂气价并轨
2011 年	天然气	在广东、广西进行价格改革试点，按照 60%和 40%加权计算燃料油和液化石油气的等热值可替代能源价格，按 0.9 的折价系数调整，确定最高的门站价格
2012 年	电力	在全国范围内实施居民阶梯电价，各省（区市）将城乡居民每月用电量按照满足基本用电需求划分为三档，电价分档递增
2013 年	成品油	将成品油计价和调价周期由 22 个工作日缩短至 10 个工作日，取消上下 4%的调价幅度限制；根据进口原油结构及国际市场原油贸易变化，相应调整国内成品油价格挂靠油种
	天然气	对全国各省（区市）门站价格实施最高上限价格管理，划分存量气和增量气。增量气门站价按照两广地区试点方案中的计价办法，一步调整到 2012 年下半年以来可替代能源价格 85%的水平，存量气门站价格在 3 年内分步调整完成；民用气不做调整
	煤炭	取消电煤重点合同，取消电煤价格双轨制，煤炭企业和电力企业自主衔接签订合同，自主协商确定价格
	电力	完善煤电联动，规定当电煤价格波动幅度超过 5%时，以年度为周期调整上网电价，电力企业将消化煤价波动比例的 10% 将现行销售电价逐步归并为居民生活用电、农业生产用电和工商业及其他用电价格三个类别，规范各类销售电价的适用范围
2014 年	天然气	要求 2015 年底前所有已通气城市实施居民三档式阶梯气价。第一档用气保障基本生活需求，覆盖 80%居民；第二档用气改善提高合理用气需求，覆盖 95%居民；原则上第一、第二、第三档气价按 1∶1.2∶1.5 的比价安排
2015 年	天然气	将非居民用气由最高门站价格管理改为基准门站价格管理，供需双方可在上浮 20%、下浮不限的范围内，协商确定具体门站价格

资料来源：林伯强、刘畅：《中国能源补贴改革与有效能源补贴》，《中国社会科学》2016 年第 10 期，第 53 页。

候、环境和生态等问题凸显，进一步推进能源价格改革刻不容缓。党的十八大以来，为解决能源发展面临的一些问题，中国先后出台了一系列关于能源价格改革的政策文件。2015 年 10 月 15 日，中共中央、国务院出台《关于推进价格机制改革的若干意见》，为石油、天然气和电力领域的价格改革制定了清晰的时间表。然而，和其他领域的改革相比，由于涉及国企改革、财税体制、央地关系等诸多方面，能源价格改革步伐滞后且缓慢。目前，煤炭价格已经基本实现市场化定价，但是在油气等能源领域，价格改革还因面临体制改革滞后、价格传导机制不完善等障碍，而没有顺利地朝着市场化的方向推进。[①] 2017 年 11 月，国家发改委发布《关于全面深化价格机制改革的意见》，明确了其后 3 年价格改革攻坚“路线图”。

在暂未实现能源价格市场化前，能源补贴[②]成为中国能源价格改革的关键。为支持处境最不利的居民的能源需求，各国政府普遍采用能源补贴的方式缓解能源贫困。然而，政府在能源补贴政策上的初衷与最终效果之间存在很大差距。不合理的能源补贴往往是对公共资金低效甚至无效的使用，导致能源浪费性消费、增加二氧化碳排放和造成生态环境污染，并不能保证能源贫困人口从中真正受益。自 2009 年匹兹堡 G20 峰会以来，废除化石能源补贴已成为一项国际共识。作为最大的能源消费国，中国的能源补贴备受国际社会关注。

只要政府行政定价，就意味着存在补贴。中国目前的许多能源价格改革，其实也是能源补贴改革。[③] 作为发展中国家，中国主要采用消费补贴的形式，同时为化石能源和可再生能源生产提供补贴。随着能源价格机制改革

① 戚潇：《能源价格改革的难点与突破》，《中国产经》2020 年第 4 期，第 107 页。

② 国际社会对能源补贴没有一个共同的定义。能源补贴出于符合公众利益的目的，主要包括直接补贴、预算外支出、收入损失以及隐性补贴。在大多数发展中国家，能源补贴以消费补贴的形式提供。政府通过提供此类补贴使汽油、柴油和电力价格维持在较低水平，从而保证国民可承受对这些能源物品的消费。而在许多发达工业化国家，能源补贴以生产补贴的形式提供，最常见的补贴方式是给予能源生产企业税收减免或优惠政策支持，确保相关产品充足的产量和低廉的价格。

③ 林伯强、蒋竺均：《中国能源补贴改革和设计》，科学出版社，2012，序言。

的推进，特别是 2014 年国际油价暴跌后，中国适时削减了对化石能源生产的补贴，比如逐步取消对页岩气开采的补贴。至 2015 年，财务意义上的补贴已经取消，但是居民部门交叉补贴现象仍然严重。同时，大量的煤炭消费产生高昂的环境外部成本，使得考虑环境外部成本的能源补贴依然存在。①

为履行 2009 年匹兹堡 G20 峰会“在中期内逐步取消并理顺低效化石能源补贴”的承诺，2016 年 9 月，在杭州 G20 峰会上，中美率先完成 G20 框架下关于鼓励浪费的低效化石燃料补贴自愿性同行审议，形成了四份成果文件②。中国在自述报告中列出了 9 项低效化石燃料补贴政策，并给出了取消或改革的时间框架。2021 年 5 月，国家发改委出台《关于“十四五”时期深化价格机制改革行动方案的通知》，围绕助力“碳达峰、碳中和”目标实现，从“持续深化电价改革”“不断完善绿色电价政策”“稳步推进石油天然气价格改革”“完善天然气管道运输价格形成机制”四个方面深入推进能源价格改革，完善能源资源价格形成机制。

然而，中国能源价格形成过程中的不平衡和不充分问题依然存在。考虑到取消能源补贴对社会经济的影响和公众的接受程度，中国能源价格改革尚未涉及居民部门。目前，与工业、农业、交通和公共服务等行业相比，政府对居民天然气和电力的交叉补贴③现象比较严重，且规模庞大。2015 年，中国对居民的能源补贴超过 5000 亿元，其中电力消费补贴 4868.1 亿元，补贴率为 55.27%，占 GDP 的 0.2%；对居民天然气消费补

① 林伯强、刘畅：《中国能源补贴改革与有效能源补贴》，《中国社会科学》2016 年第 10 期，第 52 页。

② 这四份成果文件包括《G20 框架下中美关于鼓励浪费的低效化石燃料补贴自愿性同行审议：中国自述报告》《美国化石燃料补贴自述报告》《中国取消和规范低效化石燃料补贴的努力——G20 框架下中国关于鼓励浪费的低效化石燃料补贴同行审议报告》《美国取消和规范低效化石燃料补贴的努力——G20 框架下美国关于鼓励浪费的低效化石燃料补贴同行审议报告》。

③ 交叉补贴是指因商品定价造成的一部分用户对另外一部分用户的补贴。中国电价交叉补贴主要体现在由工商业用户补贴居民、农业用户，由城市补贴农村，由高电压等级补贴低电压等级。

贴 474.5 亿元，补贴率为 32.15%，占天然气总补贴量的81%。[①] 因此，正确处理“保民生”和“还原能源商品属性”的关系，做好利益受损群体的补偿，将负面影响降到最低成为能源价格改革的关键。总之，能源价格及其改革对中国未来发展至关重要。只要这个主要生产要素价格改革不彻底，中国经济改革就远没完成。[②]

表 2-4　2015 年中国化石能源补贴价格

能源种类	行业	终端消费价格	国内基准价格	进口基准价格	补贴率(%)
汽油（元/吨）	工业	8039.08	6926.61	6100.15	-16.06
	交通	8039.08	7135.62	6309.16	-12.66
	居民	8039.08	7264.25	6437.79	-10.67
柴油（元/吨）	工业	6522.83	5186.58	5439.85	-25.76
	交通	6522.83	5356.15	5609.42	-21.78
	居民	6522.83	5460.51	5713.77	-19.45
天然气（元/米^3）	工业	3.72	3.72	3.84	1.08
	居民	2.58	3.77	3.89	32.15
	公共服务业	3.63	3.76	3.88	4.36
化石燃料电力（元/千千瓦时）	居民	541.50	1210.56	—	55.27
	农业	581.84	746.49	—	22.06
	工商业及其他	781.70	703.68	—	-11.09
煤炭	—	—	—	—	—

资料来源：林伯强、刘畅：《中国能源补贴改革与有效能源补贴》，《中国社会科学》2016 年第 10 期，第 58 页。

政策支持对可再生能源发展尤为重要。按照《可再生能源法》的规定，2006 年中国设立了对可再生能源发电的补贴政策。通过实施“双加工程”“光明工程”“西部省区无电乡通电工程”等示范工程和风电特许权招标项目，出台标杆上网电价、税收优惠、全额保障性收购制度等扶持政策，有力

① 林伯强、刘畅：《中国能源补贴改革与有效能源补贴》，《中国社会科学》2016 年第 10 期，第 58~59 页。

② 张中祥：《中国能源价格改革回溯与展望》，《中国社会科学报》2019 年 6 月 5 日。

表 2-5 2015 年中国化石能源补贴规模

单位：亿元，%

能源种类	消费量	补贴总量	居民部门补贴量	补贴量占 GDP 的比例
汽油	107 百万吨	-949.83	-180.61	-0.14
柴油	173 百万吨	-2036.73	-110.26	-0.30
成品油	280 百万吨	-2986.56	-290.87	-0.44
化石燃料电力	55500 亿千瓦时	1353.17	4868.10	0.20
天然气	1931 亿立方米	585.98	474.50	0.09
煤炭	—			—
合计	—	-1047.41	5051.73	-0.15

资料来源：林伯强、刘畅：《中国能源补贴改革与有效能源补贴》，《中国社会科学》2016 年第 10 期，第 59 页。

地促进了可再生能源产业的快速发展，为实现 2020 年我国非化石能源占一次能源消费总量比重 15%的目标提供了有力支撑。然而，中国可再生能源补贴的资金缺口也越来越大。截至 2019 年，可再生能源补贴缺口已达 3000 亿元以上。……根据彭博新能源估算，将所有目录之外的项目考虑在内，补贴缺口将在 2035 年前后扩大到 1.4 万亿元。[①]

面对可再生能源补贴缺口急剧扩大和“三弃”比例不断攀升的矛盾，中国开始着手制定可再生能源电力配额管理办法，优化和改进对可再生能源发电的补贴政策。2017 年，国家发改委、财政部、国家能源局三部门联合发布《关于试行可再生能源绿色电力证书核发及自愿认购交易制度的通知》，于当年 7 月在全国范围内试行可再生能源绿色电力证书[②]核发和自愿认购。2019 年 5 月，国家发改委、国家能源局联合发布了《关于建立健全可再生能源电力消纳保障机制的通知》，明确将按省级行政区域确定可再生能源电力消纳责任权重，自 2020 年 1 月 1 日起全面进行监测评价和正式考核。2020 年 3 月，前述

① 罗玲艳：《可再生能源补贴拖欠难题何解》，《能源》2020 年第 5 期，第 34 页。

② 绿色电力证书是国家对发电企业每兆瓦时非水可再生能源上网电量颁发的具有独特标识代码的电子证书，是非水可再生能源发电量的确认和属性证明以及消费绿色电力的唯一凭证。

三部门又发布《关于促进非水可再生能源发电健康发展的若干意见》，明确2021 年 1 月 1 日起全面实行配额制下的绿色电力证书交易。至此，在可再生能源电力配额考核方面，中国形成了绿色电力证书和消纳责任权重考核相结合的办法体系。当前，新建陆上风电、光伏发电平均度电补贴强度已由最高时的每千瓦时 0.25 元和 0.83 元分别降至每千瓦时 0.06 元、0.13 元左右（按 2019 年指导价测算）。[①] 未来，可再生能源发展将主要依靠技术创新驱动。2022 年，中国在低碳减排、发展新能源方面的决心日益坚定，多项指向性政策陆续落地。3 月，国家发改委办公厅、国家能源局综合司以及财政部办公厅三部门联合下发《关于开展可再生能源发电补贴自查工作的通知》，在全国范围内开展可再生能源发电补贴核查工作，着力解决长久以来悬而未决的新能源补贴拖欠问题，为相关企业注入长期信心，进而推动整个产业链向前发展。

4. 科技创新亟待加强

“科技决定能源的未来，科技创造未来的能源”。[②] 21 世纪，在能源革命和数字革命的双重驱动下，全球能源科技创新进入持续高度活跃时期，可再生能源、储能、氢能和智慧能源等一大批新兴能源技术取得重大突破，推动和引领全球能源绿色低碳转型，并给世界地缘政治格局和经济社会发展带来重大而深远的影响。

改革开放特别是党的十八大以来，在党中央坚强领导下和全国广大科技工作者的共同努力下，中国能源生产和利用方式发生重大变革，能源科技水平快速提高——“持续推进能源科技创新，能源技术水平不断提高，技术进步成为推动能源发展动力变革的基本力量。建立完备的水电、核电、风电、太阳能发电等清洁能源装备制造产业链，成功研发制造全球最大单机容量 100 万千瓦水电机组，具备最大单机容量达 10 兆瓦的全系列风电机组制

① 国家发改委：《关于政协十三届全国委员会第二次会议第 3911 号（工交邮电类 433 号）提案答复的函》，2019 年 8 月 22 日，http：//zfxxgk. ndrc. gov. cn/web/iteminfo. jsp？ id=16489。

② 国家能源局、科学技术部：《“十四五”能源领域科技创新规划》，2021 年 11 月 29 日，http：//www. gov. cn/zhengce/zhengceku/2022 - 04/03/5683361/files/489a4522c1da4a7d88c4194c6b4a0933. pdf。

造能力，不断刷新光伏电池转换效率世界纪录。建成若干应用先进三代技术的核电站，新一代核电、小型堆等多项核能利用技术取得明显突破。油气勘探开发技术能力持续提高，低渗原油及稠油高效开发、新一代复合化学驱等技术世界领先，页岩油气勘探开发技术和装备水平大幅提升，天然气水合物试采取得成功。发展煤炭绿色高效智能开采技术，大型煤矿采煤机械化程度达 98%，掌握煤制油气产业化技术。建成规模最大、安全可靠、全球领先的电网，供电可靠性位居世界前列。'互联网+'智慧能源、储能、区块链、综合能源服务等一大批能源新技术、新模式、新业态正在蓬勃兴起。"[①]

然而，中国整体上还处于工业化中后期，尚未跻身能源科技创新强国之列[②]，能源科技创新与世界能源科技强国和引领能源革命的内在要求相比还存在明显差距，突出表现为三点。一是部分能源技术装备尚存短板。关键零部件、专用软件、基础材料等大量依赖国外。二是能源技术装备长板优势不明显。能源领域原创性、引领性、颠覆性技术偏少，绿色低碳技术发展难以有效支撑能源绿色低碳转型。三是推动能源科技创新的政策机制有待完善。重大能源科技创新产学研"散而不强"，重大技术攻关、成果转化、首台（套）依托工程机制、容错以及标准、检测、认证等公共服务机制尚需完善[③]。

在世界百年未有之大变局和中华民族伟大复兴战略全局下，中国大力推进能源科技创新工作。为充分发挥能源技术创新在建设清洁低碳、安全高效现代能源体系中的引领和支撑作用，国家发改委和国家能源局 2016 年 6 月发布《能源技术革命创新行动计划（2016～2030 年）》，提出到 2030 年，建成与国情相适应的完善的能源技术创新体系，能源技术水平整体达到国际

① 国务院新闻办公室：《新时代的中国能源发展》，2020 年 12 月 21 日，http://www.scio.gov.cn/zfbps/32832/Document/1695117/1695117.htm。

② 核心技术缺乏，关键装备及材料依赖进口问题比较突出；产学研结合不够紧密，创新活动与产业需求脱节的现象依然存在；创新体制机制有待完善，人才培养、管理和激励制度有待改进；以及缺少长远谋划和战略布局等。参见国家发改委、国家能源局《能源技术革命创新行动计划（2016～2030 年）》，2016 年 6 月 1 日。

③ 国家能源局：《国家能源局科技司、科技部高新司负责同志就〈"十四五"能源领域科技创新规划〉答记者问》，2022 年 4 月 2 日，http://www.nea.gov.cn/2022-04/02/c_1310540855.htm。

先进水平。为加快推动能源科技进步，2021 年 11 月，国家能源局和科学技术部印发《“十四五”能源领域科技创新规划》，提出“能源领域现存的主要短板技术装备基本实现突破；前瞻性、颠覆性能源技术快速兴起，新业态、新模式持续涌现，形成一批能源长板技术新优势；适应高质量发展要求的能源科技创新体系进一步健全；能源科技创新有力支撑引领能源产业高质量发展”等总体目标。科技创新并非一朝一夕之功，需要长远规划、系统考量，以及千万次的坚持与尝试。

二　东南亚国家能源生产和消费状况

东南亚地区是世界上能源资源最丰富的地区之一。目前，东南亚地区的能源需求基本自足。然而，随着工业化、城市化的发展和人口的快速增加，能源需求上升与产量停滞或下降之间的失衡日益加剧，正逐渐推动东南亚成为能源净进口地区。因此，获得安全、经济和可持续的能源供应以支持经济社会的发展已成为东南亚国家现代化进程中的一个重大战略问题。

（一）化石能源生产和消费

总体上看，东南亚地区化石能源资源较丰富。和中国一样，东南亚地区主要依靠化石能源满足迅速增长的能源需求，煤炭、石油和天然气在该地区能源生产和消费中占据重要位置。受资源禀赋和经济发展阶段限制，除石油之外，东南亚地区的煤炭和天然气不仅能自给自足，还有部分产品可供出口。但是，区域一级的供需盈余掩盖了东南亚部分国家化石能源供需缺口扩大的矛盾。而且，随着经济社会发展和人口快速增加，东南亚地区的能源供需形势正在发生逆转。

1. 煤炭

从生产方面看，煤炭是东南亚地区储量最丰富的化石燃料，煤炭产量占东南亚地区一次能源生产总量的 40%。近年来，在印尼的带领下，东南亚地区的煤炭产量呈快速上升趋势，由 2000 年的 1.1 亿吨增加到 2021 年的 6.76 亿吨，增长 5 倍多。

印尼、泰国和越南是东南亚地区的主要煤炭生产国。其中，印尼是世界第四大产煤国，仅次于中国、印度和美国，在东南亚地区煤炭生产领域中处于支配地位，占据该地区煤炭产量 90%以上的份额。2014 年国际煤炭市场产能过剩，导致印尼煤炭产量下滑。直到 2018 年，印尼煤炭产量才重新恢复增长。印尼也是该地区唯一的煤炭净出口国。越南是东南亚地区第二大煤炭生产国。但是，由于生产停滞而需求激增，越南 2015 年从煤炭净出口国转变为煤炭净进口国。除印尼和越南之外，马来西亚在婆罗洲和砂拉越、泰国在北部南邦府、菲律宾在赛米拉岛也有煤矿作业，但煤质较差，仅供国内消费。

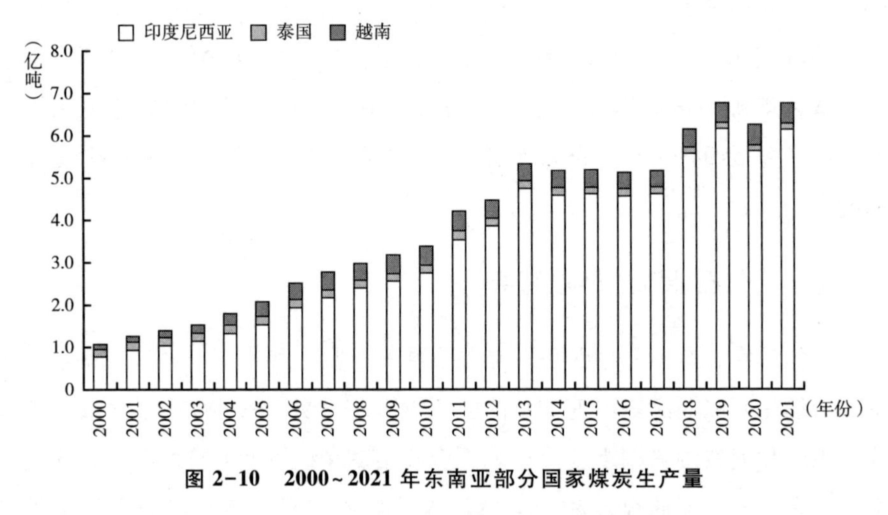

图 2-10　2000~2021 年东南亚部分国家煤炭生产量

资料来源：BP，*Statistical Review of World Energy-all Data*，1965-2021。

从消费方面看，东南亚地区是仅次于印度的全球煤炭需求主要增长中心。由于廉价易得，煤炭支撑了东南亚地区经济发展和工业增长的主体需求，为东南亚地区经济社会发展提供了 20%的一次能源消费和 40%的电力消费。21 世纪以来，在工业生产和电力需求的强劲推动下，煤炭消费量大幅上涨，由 2000 年的 1.35 艾焦（Exajoules1，1 艾焦 = 2390 万吨油当量）

增加到 2021 年的 7.95 艾焦，增长近 5 倍，占世界煤炭消费总量的比重由 1.4%增加到 5.0%。

印尼是东南亚地区最大的煤炭消费国，煤炭消费量占该地区的 2/5。近年来，为满足国内和本地区的需求，印尼下调煤炭出口份额，在国际煤炭市场的地位逐步下降。越南是该地区第二大煤炭消费国。但是，面临出口下降和进口煤炭的严峻挑战，越南逐渐由煤炭出口国转变为进口国，对外依存度不断上升。值得注意的是，为消除供电过度依赖天然气的弊端，“花园之国”新加坡也加入煤炭消费国行列。2009 年 11 月，新加坡开建该国首座燃煤电厂——登布苏热电多联产项目，为裕廊岛上的跨国企业提供包括电力、蒸汽和供水等在内的一站式服务。新加坡煤炭消费量虽少但增速快，2011~2021 年间增速仅次于科威特，达到 61.6%。

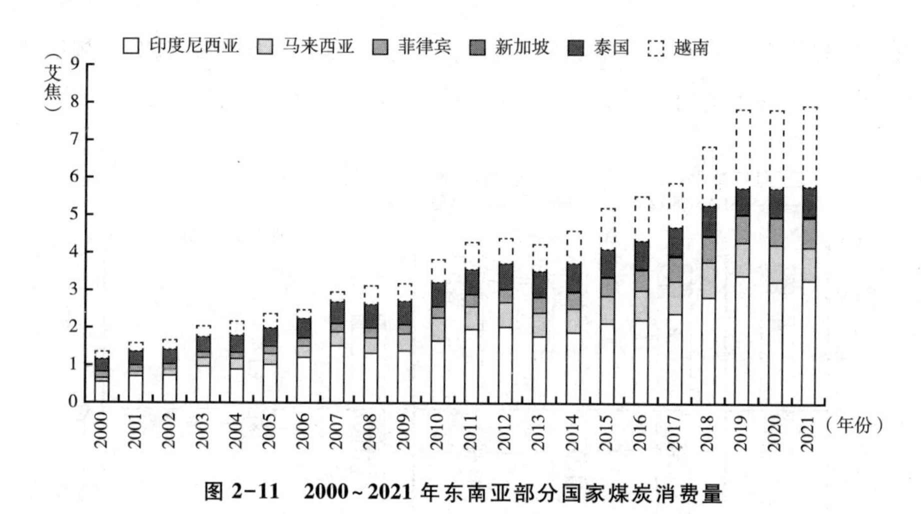

图 2-11　2000~2021 年东南亚部分国家煤炭消费量

资料来源：BP，Statistical Review of World Energy-all data，1965-2021。

由于资源蕴藏量丰富且生产能力持续提升，尽管煤炭消费量不断增加，东南亚地区生产的煤炭仍有大量剩余，这是其作为能源净出口地区的基础。与石油、天然气不同，2020 年东南亚煤炭生产增长出现中断但消费维持正增长。

但是，从长期来看，IEA《东南亚能源展望 2022》预测，尽管需求放

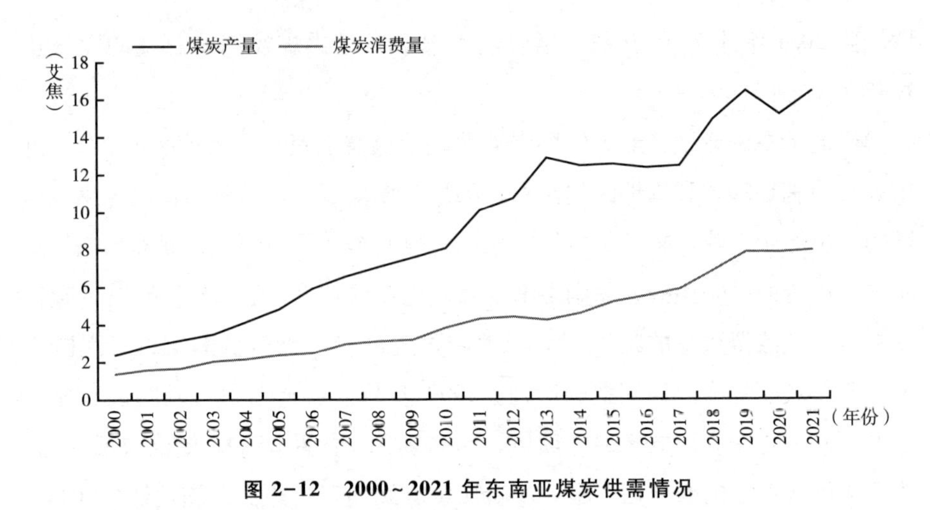

图 2-12　2000~2021 年东南亚煤炭供需情况

资料来源：BP，Statistical Review of World Energy-all data，1965-2021。

缓，但煤炭继续在东南亚能源平衡中发挥着重要作用。随着需求增长和生产放缓，东南亚地区目前的煤炭贸易顺差到 2040 年将接近于零。

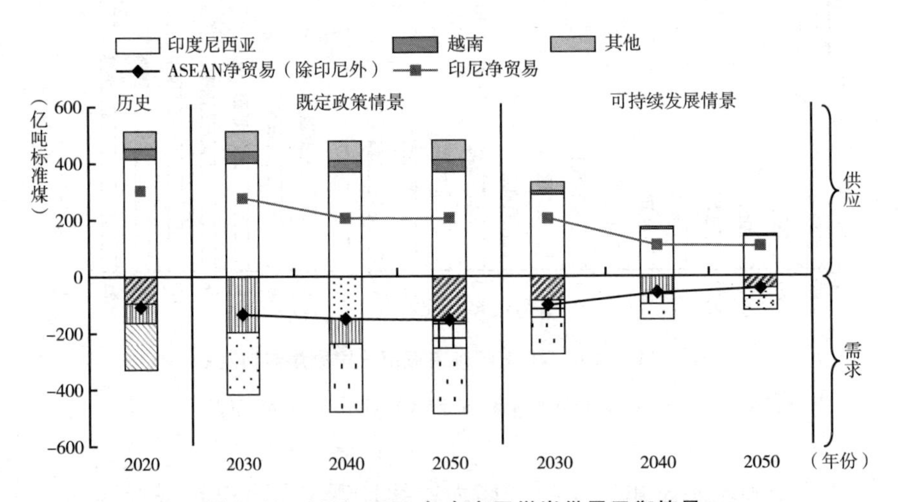

图 2-13　2020~2050 年东南亚煤炭供需平衡情景

注：既定政策情景（STEPS）反映了国家当前的政策设置，基于对已实施或已宣布的具体政策的逐部门评估；可持续发展情景（SDS）是实现了《巴黎协定》的目标，即将升温限制在“远低于 2°C”，以及能源获取和空气污染的目标。

资料来源：IEA，*Southeast Asia Energy Outlook 2022*，May 2022，https：//www. iea. org/reports/southeast-asia-energy-outlook-2022。

2. 石油

从生产方面来看，由于储量有限，东南亚地区的石油产量不高。自2014年国际油价下跌以来，由于新的投资和新油田开发未能跟上成熟产区自然产量下降的步伐，东南亚地区陆上和近海油田产量呈逐渐下降趋势，石油总产量由2000年的近1.29亿吨下降到2021年的不足0.88亿吨。作为一个成熟的产油区，东南亚地区仍有提高产量的潜力。在一些相对未开发的地区可能储藏着大量的石油资源，特别是在深水地区。然而，受到各国法律不协调、资源所有权争端和基础设施落后等因素的限制，这部分资源尚未得到有效开发甚至未开发。

从图2-14可以看出，东南亚石油生产呈下降态势，产量逐年减少，这主要归因于印尼。印尼是东南亚地区唯一石油产量曾超过5000万吨的国家。然而，在油价大幅波动环境下，印尼很难发现新的油田和石油资源，再加上无法及时投资以阻止现有油田的减产，导致石油产量显著减少，由2000年的7181万吨下降到2021年的3377万吨，下降一半多。泰国是东南亚地区唯一石油产量持续增长的国家，但体量小，不足以改变该地区石油产量下降的总趋势。越南储量虽大，但许多油藏位于深水区，开发难度很大，产油量较低，需要更多投资来优化开发。

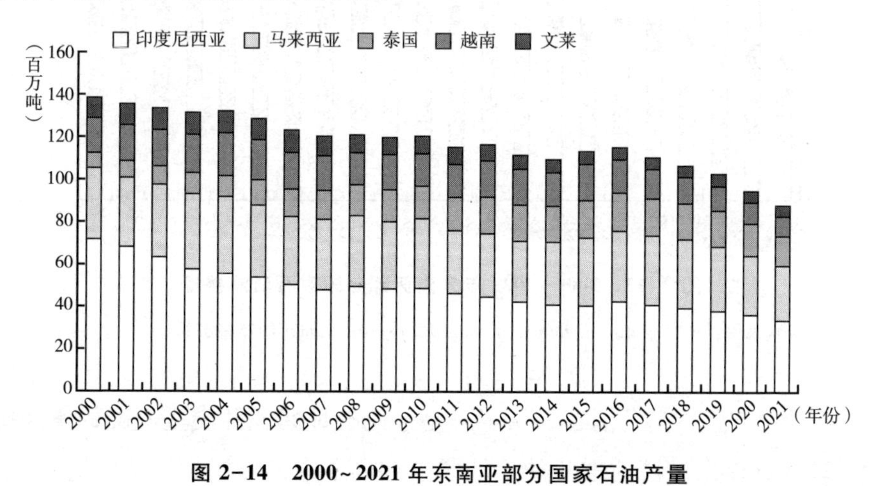

图2-14　2000~2021年东南亚部分国家石油产量

资料来源：BP，Statistical Review of World Energy-all data，1965-2021。

从消费方面来看，石油是东南亚地区最主要的能源消费品种，占能源消费总量的一半以上。一方面，城市化和工业化拉动东南亚各国对优质能源石油消费的刚性需求。另一方面，随着城市中产阶级的崛起，汽车保有量快速增长、流动性和货运需求增加以及家庭电器拥有率提高等因素都成为东南亚地区石油需求增长的主要驱动力。21 世纪以来，东南亚地区的石油消费量大幅增加，由 2000 年的 1.7 亿吨上升到 2021 年的 2.58 亿吨，年增长率为 2.07%，高于世界平均值 0.87%，成为世界上石油消费量增长最快的地区之一。

印尼、新加坡和泰国是东南亚地区的石油消费大国，三国石油消费量之和占该地区的近 3/4。新加坡虽然本土不生产一滴石油，但一直是东南亚地区第二大石油消费国。随着经济的快速发展，石油储产量不多的柬埔寨、老挝、缅甸和菲律宾也在不断扩大石油进口。2020 年，受新冠疫情的影响，东南亚石油消费量下降，为 2015 年以来最低水平。其中，菲律宾和越南的降幅最大。

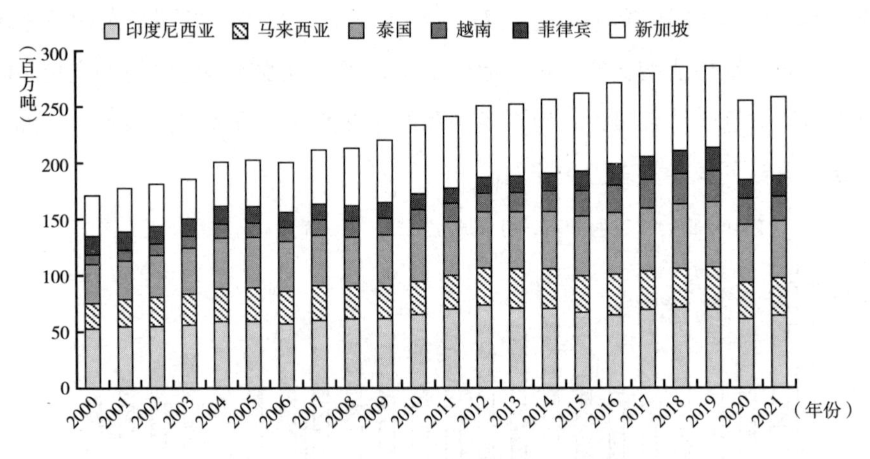

图 2-15　2000~2021 年东南亚部分国家石油消费量

资料来源：BP，*Statistical Review of World Energy-all Data*，1965-2021。

石油储产量不高而消费过快增长是东南亚地区能源安全面临的重要挑战。21 世纪以来，快速增长的石油需求加剧了东南亚国家对进口的依赖，并引发人们对本国能源安全的担忧。根据 IEA《东南亚能源展望 2019》的预测，未来东南亚地区的石油产量将下降1/3多，由2018年的230万桶/日下降到2040年的150万桶/日，而石油需求量将增加近40%，由2018年的650万桶/日上升至2040年的900万桶/日，石油对外依存度将由2018年的65%增加到2040年的80%以上。

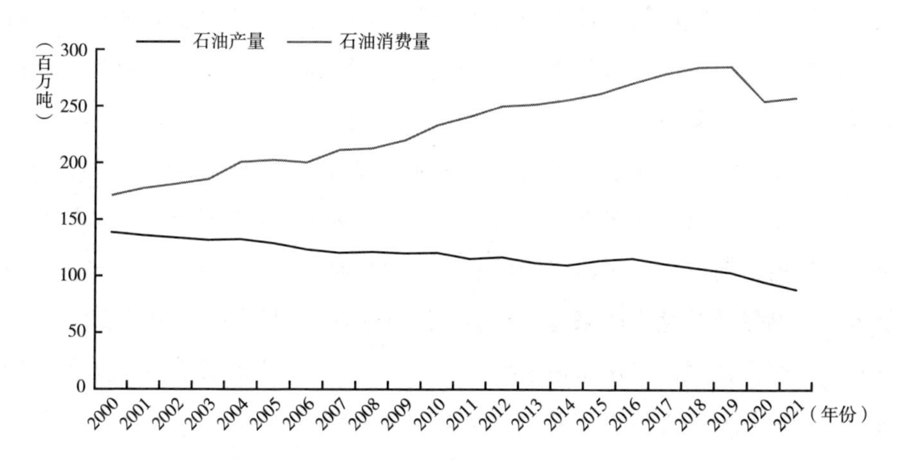

图2-16　2000~2021年东南亚石油供需情况

资料来源：BP，*Statistical Review of World Energy-all Data*，1965-2021。

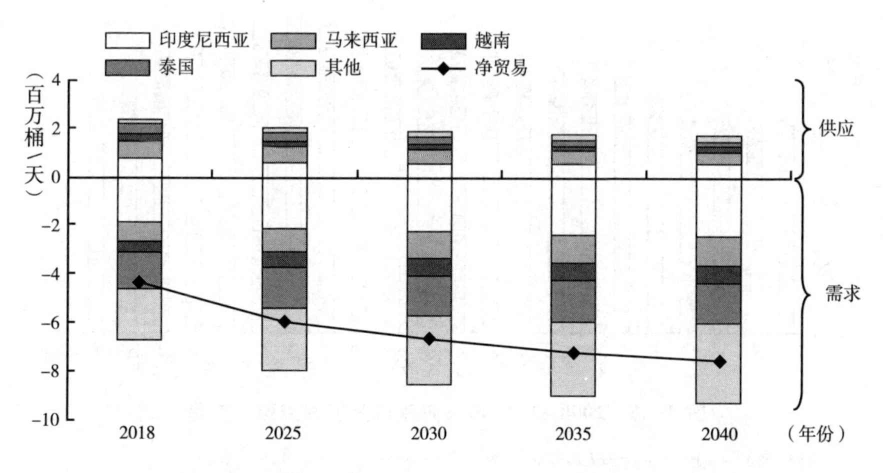

图2-17　既定政策情景下2018~2040年东南亚石油供需平衡情况

资料来源：IEA，*Southeast Asia Energy Outlook 2019*，October 2019，https：//www.iea.org/reports/southeast-asia-energy-outlook-2019。

3. 天然气

从生产方面看，东南亚地区在世界天然气总产量中占比较高。21 世纪以来，随着开采技术的进步和开采规模的扩大，东南亚国家的天然气产量稳中有升，由 2000 年的 1572 亿立方米上升到 2015 年的 2333 亿立方米。近年来，因新发现的气田数量较少、天然气价格较低、天然气基础设施缺乏阻碍了上游投资，以及高 CO_2 含量气田的运营成本较高，叠加经济危机和新冠疫情双重冲击，东南亚国家的天然气生产出现下滑。

从图 2-18 可以看出，印尼和马来西亚是东南亚地区的天然气生产大国，年产量均超过 700 亿立方米，两国合计占该地区天然气生产总量的 65% 以上。值得注意的是，虽然泰国目前是东南亚地区第三大天然气生产国，但从天然气储量及其储产比来看，泰国天然气存在过度开发的问题，增产空间有限，未来天然气的产量将逐渐减少。与泰国相反，越南虽然目前天然气产量不高，但开发潜力巨大，将有可能取代泰国成为该地区第三大天然气生产国。

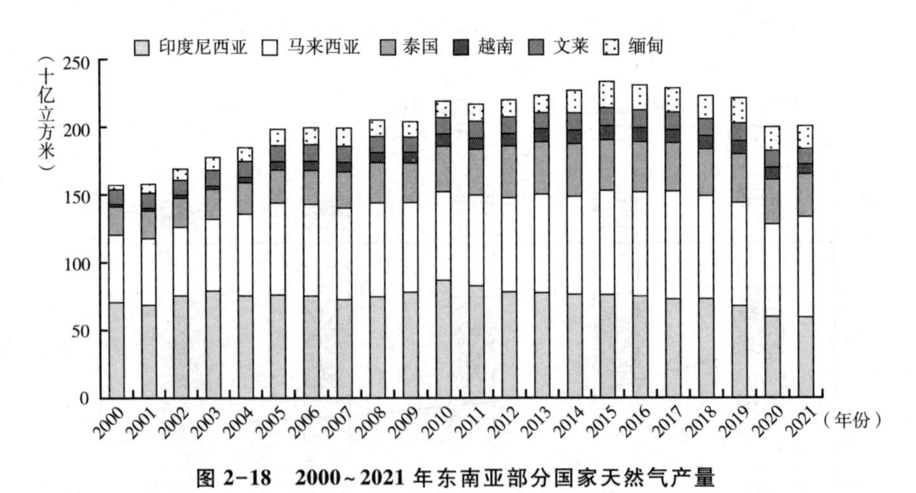

图 2-18　2000~2021 年东南亚部分国家天然气产量

资料来源：BP，*Statistical Review of World Energy-all Data*，1965-2021。

近年来，印尼开始关注非常规天然气（主要是煤层气和页岩气）的开发。就煤层气而言，自 2009 年以来，印尼将煤层气列为最重要的非常规油气资源，并将其视为未来天然气供应重要的替代能源之一。为了促进煤层气的开发，印尼政府制定了有关煤层气开发项目的新法案，将煤层气开发商利润分摊增加到 45%（石油和天然气开发商仅为 15%和 30%），吸引了不少欧美国际石油公司的关注。英国石油公司和意大利埃尼集团（ENI）参与了印尼首个重要煤层气开发项目——东加里曼丹省 Sanga Sanga 区块的开发。但是，由于监管框架改革复杂不清，再加上存在煤层气与煤炭开采权重叠问题，印尼煤层气的利用还处于初始阶段。就页岩气而言，2013 年，印尼启动期待已久的苏门答腊岛 4 个页岩气开发区块的招标，批准了北部区块 2 个页岩气产量分成合同。目前，印尼页岩气开发也处于起步阶段。由于开发成本较高、气田远离需求中心，大规模页岩气开发面临一些亟待解决的突出问题。

从消费方面看，在国际气候变化大背景下，东南亚地区逐渐增加天然气的消费，由 2000 年的 862 亿立方米增加到 2021 年的 1489 亿立方米，增长 70%多，是世界天然气消费量增长较快的地区之一。

从图 2-18 和图 2-19 可以看出，印尼、马来西亚和泰国既是天然气生产大国，又是天然气消费大国，三国天然气消费总量占该地区的 4/5 以上。特别是泰国，2010 年和 2011 年相继超过马来西亚和印尼，成为东南亚地区最大的天然气消费国。

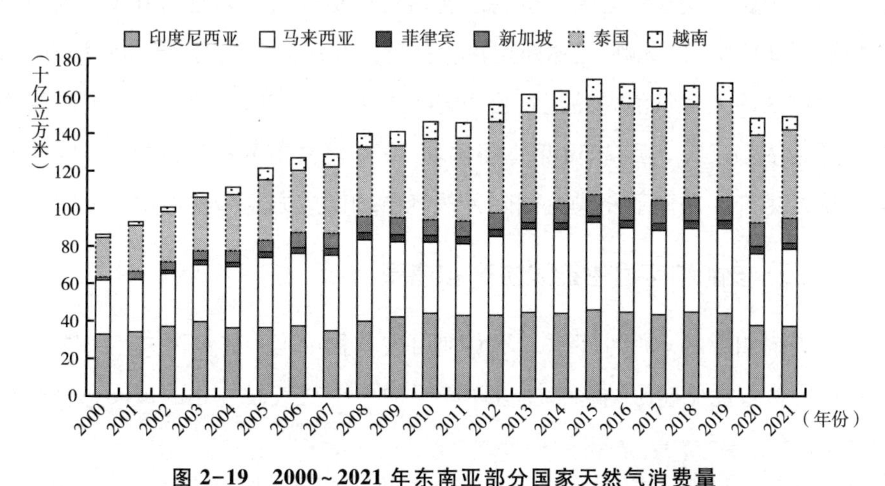

图 2-19　2000~2021 年东南亚部分国家天然气消费量

资料来源：BP，*Statistical Review of World Energy-all Data*，1965-2021。

从总体上看，东南亚地区自 2000 年以来天然气产量增长了 30%以上，天然气市场暂时处于供过于求状态。但是，需求的强劲增长也拉低了东南亚地区的天然气出口顺差。2020 年新冠疫情给东南亚天然气市场带来负面影响：一方面消费量下降约 12%，另一方面当年产量低于 2010 年。

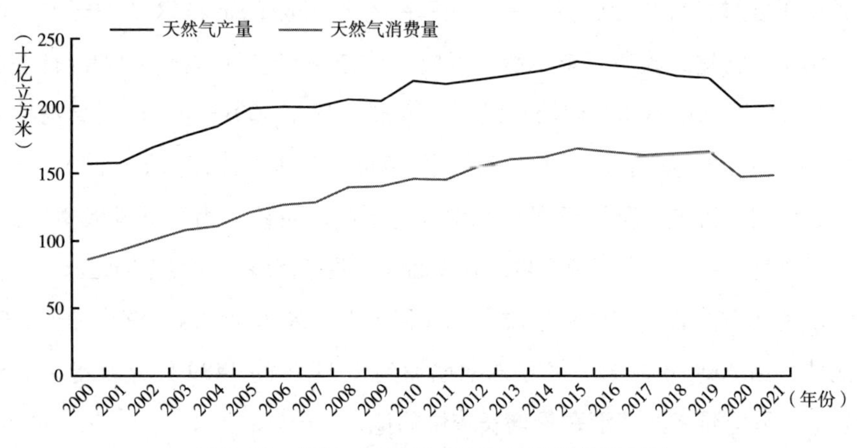

图 2-20　2000～2021 年东南亚天然气供需情况

资料来源：BP，*Statistical Review of World Energy-all Data*，1965-2021。

未来，随着经济的快速发展和基础设施的不断完善，鉴于资源潜力和供应能力有限，东南亚地区天然气将改变供应充足的状态。根据 IEA《东南亚能源展望 2022》的预测，在快速的经济增长和改善空气质量行动的推动下，东南亚地区的天然气消费将出现强劲增长。预计到 2025 年前后，东南亚天然气开始依赖进口，到 2030 年，将出现 1070 亿立方米的需求缺口。[①] 随着需求超过生产，东南亚将失去国际天然气市场供应方的传统地位。

（二）核能和可再生能源生产和消费

在当前和今后一段时间里，开发利用核能和可再生能源是东南亚国家保障能源安全、优化能源结构、加强环境保护和应对气候变化的现实选择。在

① 高骏、张艳飞、陈其慎、于汶加、王小烈：《东南亚油气资源供需形势分析》，《中国矿业》2017 年第 3 期，第 59 页。

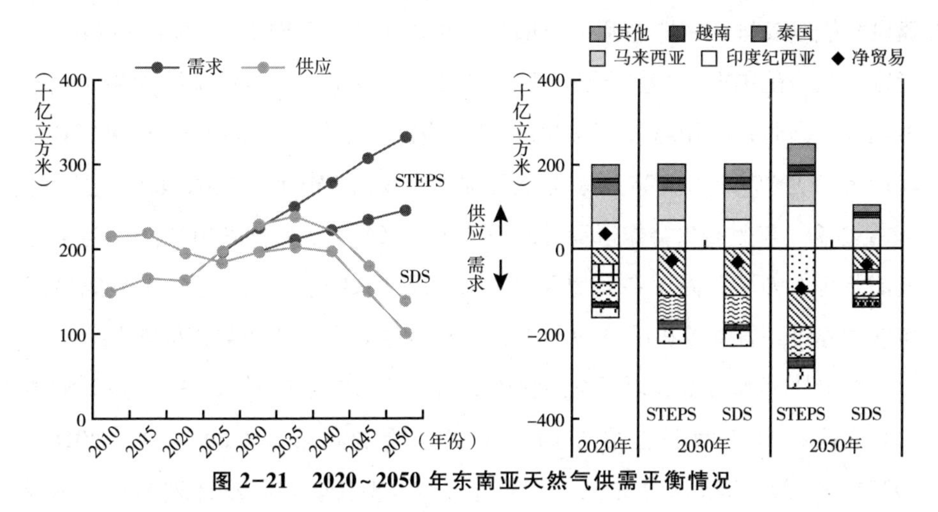

图 2-21　2020～2050 年东南亚天然气供需平衡情况

资料来源：IEA，*Southeast Asia Energy Outlook 2022*，May 2022，https：//www. iea. org/reports/southeast-asia-energy-outlook-2022。

国际原子能机构（IAEA）和一些大国的帮助下，东南亚国家积极推进清洁能源在科普宣传、人力资源开发等方面的能力建设。然而，由于缺乏成熟的政策框架、充足的资金、先进的技术和完善的基础设施，东南亚国家的能源转型受到严重制约，核电站至今仍未建成投产，可再生能源在发电量上的贡献也不大。

1. 核能

核能是清洁、安全、高效的能源。东盟和部分东南亚国家高度重视核能开发利用，主动调整完善核能发展战略规划和核安全政策法规，推进民用核能在科普宣传、人力资源开发等方面的建设。目前，东南亚核能发展目标主要包括地区和国家两个层面。

（1）地区层面

民用核能合作是东盟维护地区能源安全的重要内容。为应对气候变化挑战，第 12 届、第 13 届东盟首脑会议分别于 2007 年 1 月和 11 月在菲律宾宿务和新加坡召开，通过了《东亚能源安全宿务宣言》《东盟环境可持续性宣言》《气候变化、能源和环境新加坡宣言》等一系列文件，提出促进可再生能源、替代能源和民用核能的开发利用，全力打造“绿色东盟”。为落实首脑会议成果文件，东盟能源高级官员会议（SOME）探讨了民用核能的能力建设和机制安排，东盟能源中心增设核能合作子部门网络（NEC-SSN），负责领导东盟范围内的核能合作，促进核能信息交流、提供技术援助和加强能力建设。同时，民用核能还被纳入《东盟能源合作行动计划》（APAEC）。2010 年 7 月 19 日，第 28 届东盟能源部长会议（AMEM）在越南林同省大叻市通过了《东盟能源合作行动计划（2010～2015）》，将民用核能列为第七大能源合作领域。倡议在自愿和非约束原则的基础上，强调“加强成员国核能力建设，开展核电公众宣传教育，构建核安全法律和监管框架”。

为加快能源转型、增强能源韧性，2015 年 10 月 7 日，第 33 届东盟能源部长会议在马来西亚吉隆坡通过了《东盟能源合作行动计划（2016～2025）》，为东盟规划了未来十年的能源合作蓝图。在行动计划的两个不同阶段，东盟分别以“政策、技术和监管方面的能力建设”与“科学和技术方面的人力资源建设”为重点和目标，加快民用核能发展步伐。

从表 2-6 可以看出，东盟虽然将民用核能视为未来的主要替代能源，列入地区能源合作的重点领域，但囿于特殊的地理位置、落后的经济发展水平、多元的民族宗教文化和复杂的地缘政治环境，整体来看，东盟民用核能建设仍处于早期阶段，局限于核电项目的前期准备工作。一方面，核能具有特殊性，虽然能够满足东盟当下及未来经济社会发展和环保低碳减排方面的需要，但受到舆论、技术和安全等方面的制约，东盟对民用核能开发的态度比较谨慎、保守。另一方面，核能具有高度敏感性，关系到国家安全和能源安全。为维护成员国内部团结，东盟奉行不干涉内政和协商一致原则，注重以“东盟方式”[①] 处理包括能源问题在内的地区事务，导致核能合作踟蹰不前，目前并未建立地区核能监管和安保机制。此外，核电是高科技产业，东盟不得不寻求对话伙伴和国际机构的支持与合作，不可避免地受到大国竞争和地缘政治的干扰。

---

① “东盟方式”是东南亚国家在非正式性、包容性、协商咨询、共识建立的基础上寻求以和平方式解决争议和矛盾、促进区域合作的一种机制，也是东南亚各国行为规范和决策制定的行动准则。参见 Ba，Alice D.，“Regional Security In East Asia：ASEAN'S Value Added And Limitations”，*Journal of Current Southeast Asian Affairs*，2010，29（3）：115-130。

表 2-6　东南亚国家联盟成果导向的民用核能战略和行动计划（2016~2025 年）

阶段		内容
第一阶段：2016~2020 年	成果 1:加强决策者和技术人员在核安全监管、核辐射应急响应方面的能力	
	行动计划	a. 针对本地区核安全、公众接受和应急反应问题,与对话伙伴/国际机构开展至少一项活动
		b. 参观考察国际核能机构
		c. 开展核安全技术援助、技术研究,制定应急计划和准备准则,提高核应急响应能力
	成果 2:增进公众对核电的了解	
	行动计划	a. 组织至少一次公共教育活动,提高公众对核电的认识水平
		b. 制定本地区核能公共宣传策略,增进公众对核电的了解
	成果 3:加强本地区核能合作	
	行动计划	a. 对本地区可能达成的核能安排/协定进行研究
		b. 建立核能信息门户网站和数据库,提供核安全监管、核辐射应急准备等信息
第二阶段：2021~2025 年	成果 1:普及核能知识和提高公众参与	
	行动计划	a. 开展公共宣传教育活动,提高公众对核能的认知水平
		b. 组织至少两次公众参与活动,提升公众对核能作为替代能源的接受度
		c. 制定至少一项本地区公共宣传策略和计划,增进公众对核电的了解
		d. 维护和更新核能信息门户网站与数据库
	成果 2:加强地区内外核能合作	
	行动计划	a. 研究制定本地区核能促进与协调机制
		b. 与至少两个对话伙伴/国际机构建立持久合作关系
	成果 3:加强核安全法律和监管框架方面的人力资源建设	
	行动计划	a. 为决策者和监管机构组织至少一次关于核安全法律和监管框架的活动
		b. 组织至少两次对国际核能监管机构的考察访问
		c. 开展核安全法律和监管框架方面的技术援助、技术研究
	成果:4:加强核能科技人力资源建设	
	行动计划	a. 组织至少一次核能科技研发、教育及培训活动
		b. 利用现有核设施,组织至少两项核电能力建设
		c. 与对话伙伴/国际机构合作,为技术人员提供借调锻炼、岗位培训机会
		d. 与对话伙伴/国际机构开展至少两次实训活动

资料来源：ACE, *ASEAN Plan of Action for Energy Cooperation*（*APAEC*）*PHASE I*：*2016-2020*, December 23, 2015, https：//aseanenergy. sharepoint. com/PublicationLibrary/2015/ACE% 20Publications/APAEC%202016-2025-Final. pdf；APAEC Drafting Committee, *ASEAN Plan of Action for Energy Cooperation*（*APAEC*）*PHASE II*：*2021 - 2025*, November 23, 2020, https：//aseanenergy. sharepoint. com/PublicationLibrary/2020/Publication/Booklet%20APAEC%20Phase%20II%20（Final）. pdf。

（2）国家层面

早在 20 世纪 60 年代初，在冷战两极格局下，印尼、菲律宾、泰国和南越等东南亚国家就在美国和平利用原子能计划的帮助下相继建立了一批小型核反应堆，开展核能领域的研究。但是，储量巨大的油气田的发现、民众出于安全考虑的担忧和反对，迫使东南亚各国政府将核电计划暂时搁置起来。90 年代中期，部分东南亚国家再次将发展核能作为国家发展的战略选择，并制定和出台了一些相关政策。不幸的是，受 1997 年金融危机的影响，计划再一次落空。

21 世纪以来，随着能源供需矛盾的日益激烈，以越南、印尼和菲律宾等国为代表，东南亚地区三启新的核能发展战略，并与 IAEA 合作，开展诸如提高公众认识水平和确保安全等核电能力建设活动。东南亚的核能发展计划不仅得到了 IAEA 的支持，许多核电大国也积极介入，希望借此开拓东南亚核电市场。然而，福岛核泄漏事件将东南亚核电开发推上风口浪尖，民间的质疑声和反对潮再起，一些拥有和平利用核能经济能力和技术条件的国家被迫再次按下暂停键。目前，东南亚地区只有一些研究用核反应堆，没有一座正在运营的核电站。

表 2-7　东南亚国家核电计划进展情况

核电进展情况	国家
制定完善的计划，但承诺未决/推迟	印尼、泰国、越南（延期）
积极准备可能的核电计划	老挝、菲律宾
作为政策选项进行讨论	新加坡
目前还不是官方的政策选项	缅甸、马来西亚、柬埔寨

资料来源：WNA，*Emerging Nuclear Energy Countries*（Updated May 2022），https：//www.world-nuclear.org/information-library/country-profiles/others/emerging-nuclear-energy-countries.aspx。

①越南

越南是东南亚地区积极发展核能的国家之一。20 世纪 50 年代末，在美国帮助下，南越政府建造了第一座核反应堆，开启核能探索历程。1995

年，越南正式将发展核能作为解决电力短缺问题的重要途径，并在核电站选址、反应堆技术选择、核安全、核废料处理以及原子能法律等方面进行可行性研究。

21 世纪，越南核电站建设步伐加快。2006 年，越南总理批准《2020 年原子能和平利用战略》，提出在宁顺省（Ninh Thuan）投运首座核电站，到 2020 年建成 2000 兆瓦的核电站。2007 年 8 月，越南政府批准核电发展规划，将核电发展目标提高到 2025 年的 8000 兆瓦。2008 年，越南国会通过《原子能法》，为发展核能提供重要的法律保障。经过大量前期筹备，越南建造核电站的时机日益成熟。2009 年 11 月，越南国会表决通过建造首座核电站的决议，标志着越南正式开启发展核能之门。当年年底，越南与俄罗斯国家原子能集团公司（ROSATOM）签署协议，ROSATOM 将帮助越南建造宁顺第一核电厂（福营 Phuoc Dinh）。通过政府与民间合力推介，日本原子能公司（Japan Atomic Power Co.）于次年获得了越南宁顺第二核电厂（永海，Vinh Hai）的订单。

然而，由于技术和融资限制，越南政府相继于 2014 年和 2015 年推迟核电开发。2016 年 11 月，国会以多数赞成票通过了一项取消核电站项目的政府决议案，越南给出的解释是“基于‘当今我国的经济状况’和较低的需求预测，无限期推迟两座核电站的计划。基于与这些燃料相关的短期成本考虑，到 2030 年，它们将被 6 吉瓦的液化天然气和煤炭发电所取代，并从老挝进口电力和可再生能源作为补充”[①]。至此，越南首个核电项目告吹。

②印度尼西亚

尽管各类能源资源非常丰富，但出于地区大国情结，印尼对发展核能的态度和行动十分积极，“是最早和最热衷于发展核技术的东盟国家之一”[②]。1954 年，印尼成立放射性国家调查委员会（SCIR），开启核能开发与应用进

① WNA, *Nuclear Power in Vietnam*, June 2022, https://www.world-nuclear.org/information-library/country-profiles/countries-t-z/vietnam.aspx.

② 宋效峰：《多重安全视角下的东南亚核问题》，《东南亚研究》2007 年第 5 期，第 23 页。

程。1991 年，印尼着手核电项目的可行性研究。但是，由于公众的反对和纳土纳气田（Natuna）的发现，再加上 1997 年亚洲金融危机的爆发，印尼的核电计划被搁置。

21 世纪，为解决电力短缺问题，印尼将核电建设重新提上日程。根据 2006 年第 5 号总统令，印尼计划到 2020 年和 2025 年核能分别占一次能源结构的 1.2%和 1.7%。2007 年底至 2008 年初，印尼国家电力公司（PLN）[①]与韩国、日本签署合作备忘录，宣布在中爪哇省兴建两座 1 吉瓦的穆里亚 1 号和 2 号（Muria1&2）核电站。然而，由于穆里亚核电站位于一座休眠火山下，在公众的反对声浪中，该计划最终流产。2013 年，在完成对邦加-勿里洞建设核电站的可行性研究后，印尼国家原子能委员会（BATAN）与当地政府签署协议，计划建设两座 1.8 吉瓦的核电站。但是，在福岛核事故后，有关印尼是否适合兴建核电站的争议再起，选址地居民举行了声势浩大的反核游行。迫于压力，印尼国会 2014 年通过新国家能源政策（*KEN*），规定核能是所有能源中“最后的选择”——如果 2025 年不能实现可再生能源目标，将考虑发展核能。

近年来，印尼将注意力转向小型核电站。根据 2017 年发布的《2050 年国家能源总体规划》（*RUEN*），印尼计划“从 2027 年起在巴厘岛、爪哇岛、马都拉岛和苏门答腊岛等人口众多的岛屿建设常规大型轻水堆，并在加里曼丹岛、苏拉威西岛及其他岛屿部署小型高温气冷堆（最高装机容量 100 万千瓦），以提供电力和工艺热”[②]。

③菲律宾

菲律宾是东南亚地区最早建设核电站的国家。1958 年，菲律宾成立核能委员会（PAEC），开始进行核能研究。1963 年，在美国的帮助下，核能委员会下属的核能研究中心（PNRI）建成 PRR-1 型反应堆（后因核泄漏问题而关闭）。第一次石油危机后，为了减少对进口石油的依赖，马科斯总

---

① 印尼国家电力公司（Perusahaan Listrik Negara，PLN）成立于 1965 年，长期垄断印尼电力供应，特别是发电、输电和配电，是按资产计算的印尼第二大国有企业。

② 赵宏、伍浩松：《新晋核电国家一览》，《国外核新闻》2019 年第 10 期，第 20 页。

统拍板上马核电站。1976 年，美国西屋电气公司在菲律宾巴丹半岛（Bataan）设计建造了东南亚地区第一座核电站——巴丹核电站（BNPP）。但是，在切尔诺贝利核事故后，出于资金紧张和与地震有关的安全考虑，这座核电站从未装载核燃料，一直处于闲置状态。

21 世纪，面对日益严重的能源危机，菲律宾重启核电站呼声再起。阿基诺三世总统有意重启核电计划，2008 年委托 IAEA 对巴丹核电站进行安全评估。根据当年能源部制定的能源改革议程，菲律宾“2025 年将有 600 兆瓦核能上网，并在 2027 年、2030 年和 2034 年分别增加 600 兆瓦，达到 2400 兆瓦”[①]。但是，由于菲国内对核电缺乏认可，福岛核事故令这一努力再次搁浅。

④泰国

泰国能源资源相对匮乏，发展核能是解决能源问题的不二选择。20 世纪 60 年代，泰国成立核能委员会（NEC），重金引进 TRR-1 型研究用核反应堆。1966 年，泰国电力部门提出建立核电站的计划，并在 70 年代初获批核电站选址。但是，由于公众的强烈反对，这一计划被迫取消，转向生物燃料等其他替代能源。

21 世纪，随着油气供应锐减，泰国重新讨论搁置多年的核电计划。2007 年，泰国政府公布《电力发展规划（2007~2021 年）》，计划兴建 5 个核电站，其中两个分别在 2020 年和 2021 年投入运营。2010 年，泰国政府批准《电力发展规划（2010~2030 年）》，计划到 2030 年核电装机容量达到 5 吉瓦。在福岛核事故后，泰国国家能源政策委员会（NEPC）将核电机组投运推迟至 2026 年，并将核电装机容量降到 2 吉瓦。2015 年 5 月，泰国国家能源政策委员会批准《电力发展规划（2015~2036 年）》，为未来核电项目预留 5%（装机容量为 2000 兆瓦）的发展空间。

⑤马来西亚

与其他积极发展核能的国家相比，马来西亚显得有点儿滞后，但其对核

---

① WNA, *Nuclear Power in the Philippines*, March 2022, https://www.world-nuclear.org/information-library/country-profiles/countries-o-s/philippines.aspx.

能的态度是比较积极的。1972 年，马来西亚成立核能研究中心（INER），在美国帮助下建成一座研究用 TRIGA－Ⅱ型反应堆。1984 年，马政府颁布《原子能许可法》并设立原子能许可委员会（AELB）。然而，切尔诺贝利核事故令马来西亚核能研究重点转向农业、医疗、健康等非核电技术。1992 年，政府重提发展核能计划，但是，因为担忧核废料的处理问题，马哈蒂尔政府不支持发展核电。此后，马来西亚核能研究处于停滞状态。

21 世纪，随着油气资源储量的减少，马来西亚国内要求发展核电的声音日益增多。2006 年，马政府宣布考虑兴建核电站。2010 年 10 月，在政府颁布的《经济转型计划》中，核能被列为能源领域 12 个重点启动项目之一，计划于 2021 年调试和运营首台核电机组。2011 年，马来西亚核电公司（MNPC）成立，负责推进核能发展计划的落实。然而，福岛核事故令马来西亚核能发展计划被迫放缓，招标工作和投运时间都有所推迟。2018 年，再度当选的马哈蒂尔总理强烈反对核电，给马来西亚的核电进程蒙上一层阴影。

此外，尽管新加坡、缅甸、老挝和柬埔寨核能研究起步晚、能力弱，但在东南亚发展核能大潮中，它们也宣布未来会考虑发展核能。

总之，尽管东南亚国家积极开发核能，但发展核电之路并不平坦。受到舆论、技术与安全等多方面的干扰和约束，核电站建设一波三折，但东南亚国家不会放弃对核电的追求。在长达半个多世纪的时间里，越南、印尼、菲律宾、泰国和马来西亚等领先者已在核能研究及其开发方面付出了大量人力、物力和财力成本，积累了丰富的核能技术经验，并形成了特殊的历史记忆和情感寄托。一旦有适宜的条件和机会，东南亚国家会重启核电项目。比如越南，尽管核电站停建，其仍与澳大利亚核科学技术组织（ANSTO）和俄罗斯国家原子能集团公司合作深化核能科学和技术研究。2020 年 7 月，为摆脱疫情影响、提振国民信心，印尼佐科总统指示相关部门制定核电发展路线图，菲律宾杜特尔特总统授权成立核能计划机构间委员会（NEP－IAC），标志着印尼和菲律宾核电迎来新一轮发展机遇。同时，民意是决定核能未来的一个关键问题。经过多年不懈的宣传，东盟成员国民众日益积极看待本国核能开发计划。根据 Ann Bisconti Research 所做的问卷调查，东南亚民众强烈支持建设核电站的比重已达到了 42%。

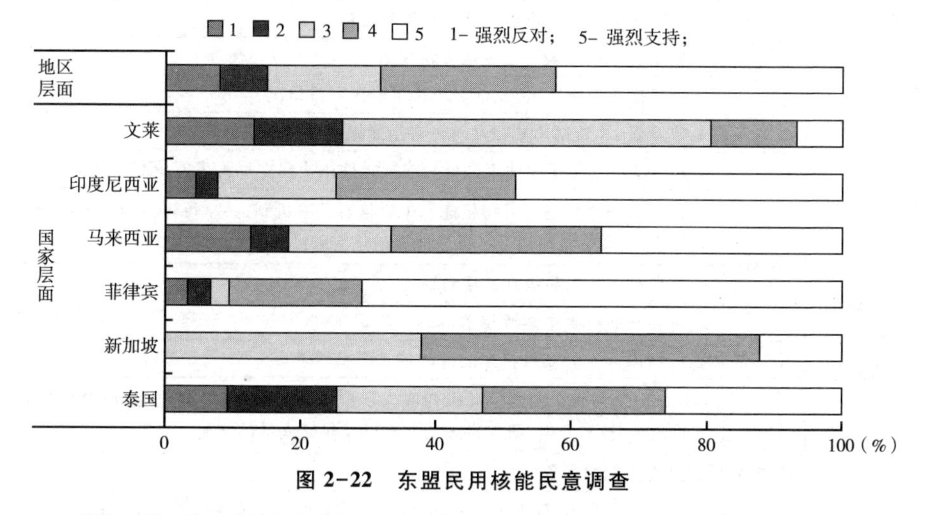

图 2-22　东盟民用核能民意调查

资料来源：The ASEAN Secretariat, *The 7th ASEAN Energy Outlook*（*2020-2050*），Sep. 15, 2022, p. 141。

2. 可再生能源

东南亚可再生能源资源丰富，具有大规模开发的潜力，具备发挥未来主流能源作用的资源基础。自 20 世纪八九十年代以来，东南亚重视开发利用可再生能源，根据国际能源形势变化不断调整战略，提高可再生能源发展目标。同核能一样，东南亚可再生能源发展目标也包括地区和国家两个层面。

（1）地区层面

自 1999 年以来，可再生能源一直是东盟成员国能源合作的重点内容之一。2015 年 10 月，第 33 届东盟能源部长级会议通过了《东盟能源合作行动计划（2016~2025）》（*APAEC 2016-2025*），提出分两个阶段[①]将可再生能源在一次能源结构中的占比提高到 23%。

① 第一阶段（2016~2020 年），在对话伙伴（DPs）和国际组织（IOs）的帮助下，东盟可再生能源在一次能源供应总量中所占份额达到 13.9%；第二阶段（2021~2025 年），东盟从政策制定、技术研发、项目融资、能力建设等方面，大力加强政府、企业、学界三螺旋的国际交流与合作，努力实现 2025 年可再生能源占比 23%的目标。

表 2-8　东南亚国家联盟成果导向的可再生能源战略和行动计划（2016~2025 年）

阶段		内容
第一阶段：2016~2020 年	成果 1:到 2025 年,将可再生能源在东盟能源结构中的比重提高到 23%	
	行动计划	a. 成员国加强落实可再生能源政策和目标
		b. 制定并采用东盟可再生能源路线图
		c. 每年检查成员国增加/部署可再生能源容量情况
	成果 2:提高决策者、私营部门和公众对可再生能源重要性的认识	
	行动计划	a. 到 2020 年,与至少两个区域性或国际性机构建立可再生能源节点网络
		b. 在成员国之间建立可再生能源中心信息共享机制,共享可再生能源数据、政策工具、政策更新和推广可再生能源最佳实践经验
		c. 至少举办两次高级别政策对话
		d. 每年开展可再生能源技术培训
	成果 3:加强区域内开发利用可再生能源的技术研发网络	
	行动计划	到 2020 年,与至少两个研究机构或大学建立节点网络,以促进可再生能源领域的合作、技术开发、研究设施的共享以及研究人员的交流
	成果 4:加大可再生能源融资的推广力度	
	行动计划	a. 与至少两个国家/地区/国际金融机构建立可再生能源融资的节点网络
		b. 制定可再生能源融资支持机制指南
		c. 定期开展可再生能源融资培训
	成果 5:增加生物燃料的商业开发与利用,并提供参考标准,以促进部署	
	行动计划	a. 建立与生物燃料技术知识和研发活动相关的汽车及产业节点网络
		b. 开展市场研究,精准判断生物燃料的商业化潜力
第二阶段：2021~2025 年	成果 1:推动东盟成员国制定可再生能源政策和开发脱碳路径	
	行动计划	a. 发布东盟可再生能源展望
		b. 制定长期可再生能源路线图
	成果 2:开展可再生能源高级别对话,加快能源转型,增强可及性和韧性	
	行动计划	a. 探讨加快可再生能源开发
		b. 邀请至少两个对话伙伴/国际组织参与对话,并制定具体的可再生能源合作规划
	成果 3:加强可再生能源技术研发合作	
	行动计划	a. 与至少两个研究机构/大学/孵化中心建立合作,包括设施共享、人员交流,促进可再生能源技术研发
		b. 与至少两个区域/国际可再生能源机构建立合作
	成果 4:完善可再生能源融资规划和机制,实现更大的创新和合作	
	行动计划	a. 与至少一个国家/地区/国际金融机构建立融资合作
		b. 建立可再生能源融资机制,促进银行担保项目的实施
	成果 5:支持生物燃料和生物能源开发,促进能源可持续发展	

续表

第二阶段：2021~2025 年	行动计划	a. 推动加强生物燃料和生物能源利用方面的技术研发
		b. 研究生物燃料和生物能源对能源部门的脱碳潜力
		c. 开展政策支持和信息共享，加快生物燃料和生物能源开发
	成果 6：促进东盟可再生能源信息交流和能力建设培训	
	行动计划	a. 促进东盟能源中心的信息交流能力
		b. 每年开展专题能力建设和培训
		c. 跟踪东盟各国可再生能源开发利用情况

资料来源：ACE，*ASEAN Plan of Action for Energy Cooperation*（*APAEC*）*PHASE I*：*2016-2020*，December 23，2015，https：//aseanenergy. sharepoint. com/PublicationLibrary/2015/ACE% 20Publications/APAEC%202016-2025-Final. pdf；APAEC Drafting Committee，*ASEAN Plan of Action for Energy Cooperation*（*APAEC*）*PHASE II*：*2021 - 2025*，November 23，2020，https：//aseanenergy. sharepoint. com/PublicationLibrary/2020/Publication/Booklet%20APAEC%20Phase%20II%20（Final）. pdf。

经过努力，东盟可再生能源装机容量占比不断提高。*AEO 7* 指出，2020 年东盟可再生能源发电量为 97.5 吉瓦，占 33.3%，增长 1.7%。到 2025 年，基线情景（the Baseline Scenario）下的再生能源装机容量占比达到 34.5%，东盟成员国目标情景（ATS）和东盟能源合作行动计划目标情景（APS）下占比将分别超过 37.9%和 41.5%。从长远来看，预计到 2050 年，基线情景下可再生能源占比将达到 35.0%，ATS 情景下占比将达到 49.3%，APS 情景下占比将达到 63.2%。

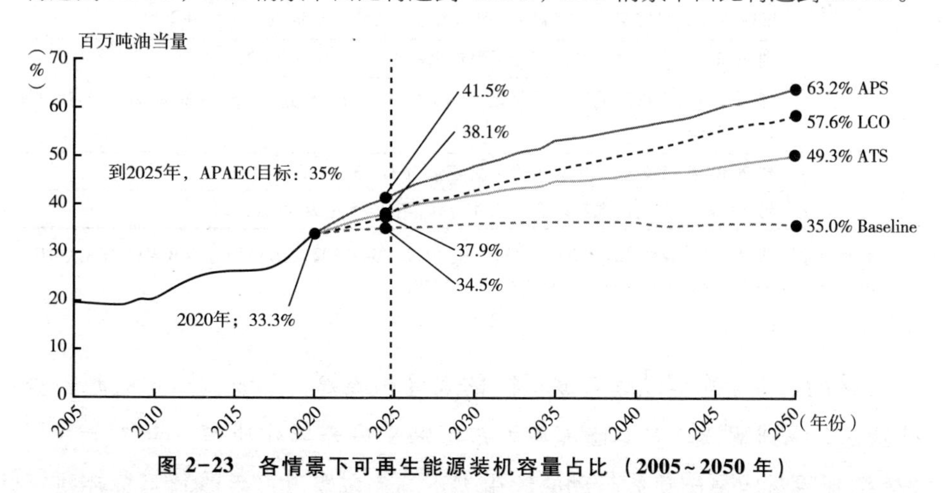

图 2-23　各情景下可再生能源装机容量占比（2005~2050 年）

注：最小成本优化（Least-Cost Optimisation，LCO）。

资料来源：The ASEAN Secretariat，*The 7th ASEAN Energy Outlook*（*2020-2050*），Sep. 15，2022，p. 82。

(2) 国家层面

为落实东盟 2025 年目标和应对国际气候变化，东南亚各国都提出了明确的国家发展目标，并制定了上网电价、项目竞标拍卖、优惠贷款和简化审批许可流程等激励政策和措施，努力扩大可再生能源开发规模。

表 2-9 东盟成员国可再生能源目标

国家	可再生能源目标
文莱	到 2035 年,可再生能源发电量占总发电量的 30%
柬埔寨	到 2030 年,水电占装机总量的 55%,生物质能和太阳能分别占 6.5%和 3.5%
印度尼西亚	扩大新能源和可再生能源在一次能源供应中的份额,到 2025 年达到 23%,到 2050 年达到 31%
	从 2021 年到 2030 年,可再生能源占新增发电量的 52%
老挝	到 2025 年,可再生能源占一次能源消费总量的 30%
马来西亚	到 2025 年,可再生能源占装机总量的 31%
缅甸	到 2025 年,可再生能源占装机总量的 20%
菲律宾	到 2030 年,可再生能源装机容量达到 1500 万千瓦
新加坡	到 2030 年,太阳能光伏装机容量达到 2 吉瓦
泰国	到 2037 年,可再生能源占终端能源消费总量的比例达到 30%;到 2037 年,将可再生能源发电装机容量占比提高到 36%,可再生能源发电量占比提高到 20%
	到 2036 年,将可再生能源在交通燃料消耗中的份额提高到 25%
越南	到 2030 年,可再生能源在一次能源供应总量中的份额达到 15%~20%,2050 年达到 25%~30%
	到 2030 年,太阳能光伏和风能装机容量为 31~38 吉瓦
	到 2030 年,海上风电装机容量为 4 吉瓦,到 2045 年为 36 吉瓦

资料来源：IEA. *Southeast Asia Energy Outlook 2022*. May 2022, HTTPS://WWW.IEA.ORG/REPORTS/SOUTHEAST-ASIA-ENERGY-OUTLOOK-2022.

然而，由于东盟缺乏对成员国的引导和统筹，各成员国对能源安全威胁存在不同解读，对本国能源发展战略采取差异化决策，再加上东盟“软机制”对成员国集体行动的约束力不高，东盟可再生能源目标在执行过程中往往大打折扣或被“束之高阁”。东盟成员国尽管设定了 2030 年或更远年份的量化目标，但侧重点和程度都有所不同。总的来看，多数成员国的目标比较保守。除了老挝、泰国和越南，其他成员国可再生能源发展目标较低。根据第 6 版《东盟能源展望》（*AEO 6*）的统计，到 2025 年，按成员国设定目标，将实现可再生能源占比 17.7%，根本无法支撑东盟整体 23%的目标。此外，从成员国的实际行动看，也无法达成国家设定的预期目标。

从表 2-10 可以看出，东南亚地区可再生能源开发有如下特点。

首先，从世界对比来看，东南亚可再生能源开发起步晚，落后于世界其他地区。除了地热发电之外，其他可再生能源在世界可再生能源装机总量中所占比重不高，特别是风能和太阳能，尚处于起步阶段。

其次，从开发品种来看，东南亚可再生能源开发以水电和现代生物能源（包括生物燃料、生物质能、沼气和来自其他废弃物产品的生物能源）为主。特别是水电，发展迅速，装机容量占可再生能源装机总量1/2以上。非水电可再生能源开发比较落后，在能源结构中的作用相对有限。

最后，从开发情况来看，受资源禀赋所限，东南亚国家可再生能源开发重点不同、开发程度各异。中南半岛的越南、柬埔寨、老挝和缅甸以水电开发为主。特别是越南，在可再生能源开发方面非常积极，处于东南亚地区可再生能源开发的前列，占该地区可再生能源装机和发电总量的的比重超过 40%。泰国积极开发和利用本国丰富的生物质能，在可再生能源装机和发电总量方面仅次于越南。印尼和菲律宾分别是世界第二、第三大地热能生产国，但较高的开发成本和勘探风险不仅阻碍了项目的融资，还影响了政府和公众的开发热情，导致地热能开发规模和速度较慢。特别是印尼，丰富的化石能源储量导致政府对可再生能源的开发和利用重视不足。尽管可再生能源相对匮乏，新加坡在太阳能、燃料电池和生物燃料领域精耕细作，大力发展可再生能源在能源工业中的应用。随着化石能源日益枯竭，文莱将开发可再生能源列为国家能源政策长期目标，大力发展可再生能源，但成效不大。

表 2-10　东南亚国家可再生能源装机容量

单位：兆瓦

国家	水能			风能			太阳能			生物质能			地热能			总计		
	2012年	2020年	2021年	2012年	2020年	2021年	2012年	2020年	2021年	2012年	2020年	2021年	2012年	2020年	2021年	2012年	2020年	2021年
越南	13552	20817	21582	31	518	4118	5	16660	16660	125	384	367	—	—	—	13713	38379	42727
泰国	3568	3667	3667	112	1507	1507	382	2988	3049	2175	4222	4222	—	0	0	5677	11824	11885
印尼	4156	6141	6602	1	154	154	26	185	211	1970	1896	1912	1336	2131	2277	7489	10507	11157
马来西亚	3449	6197	6211	—	—	—	32	1483	1787	768	891	900	—	—	—	4248	8570	8898
菲律宾	3579	3780	3785	33	443	443	2	1058	1370	124	513	827	1847	1928	1928	4849	6986	7617
老挝	2922	7583	8349	—	—		0	34	34	—	105	105	—	—	—	2923	7722	8489
缅甸	2673	3304	3304	—	0	0	3	84	80	45	59	59	—	—	—	2721	3448	3444
柬埔寨	225	1330	1330	0	0	0	5	315	428	34	42	42	—	—	—	264	1687	1800
新加坡	—	—	—	—	0	0	8	336	433	128	218	218	—	—	—	136	554	651
文莱	—	—	—	—	—	—	1	1	5	—	—		—	—	—	1	1	5
总计	34124	52819	54830	177	2622	6222	464	23144	24057	5369	8330	8652	3183	4059	4205	42021	89678	96673
世界	1090156	1335496	1360502	266917	731623	823484	104313	717211	854795	76919	132871	143195	10748	14438	15960	1443957	2808273	3068297
世界占比（%）	3.13	3.96	4.03	0.07	0.36	0.76	0.44	3.23	2.81	6.98	6.27	6.04	29.61	28.11	26.35	2.91	3.19	3.15

资料来源：IRENA，*Renewable Energy Statistics 2022*，April 2022，https：//www.irena.org/-/media/Files/IRENA/Agency/Publication/2022/Apr/IRENA_ RE_ Capacity_ Statistics_ 2022.pdf。

（三）东南亚地区的能源困境

东南亚是一个多样化的、充满活力的区域。21 世纪以来，作为当今世界经济发展最具活力的地区之一，东南亚地区正在塑造全球经济和能源发展前景。然而，东南亚国家普遍面临能源供应趋紧、能源结构性矛盾突出和能源转型乏力等困境，严重制约了各国经济社会持续健康发展，加剧了民众对能源安全的担忧。

1. 供需形势正在逆转

东南亚是世界上最早发现油气资源的地区之一。19 世纪末，荷兰皇家壳牌石油公司（Royal Dutch Shell）在荷属东印度群岛（印尼）发现并生产石油，标志着东南亚地区石油工业的起步。在英、荷等殖民列强的推动下，东南亚地区开启了油气勘探开发进程，并成为 19 世纪仅次于中东和拉美的世界第三大石油生产区域。“二战”后，在独立运动的推动下，东南亚各国纷纷从西方国家手中夺回了石油主权。在西方石油公司的帮助下，东南亚国家的石油工业逐渐摆脱困境，能源生产能力逐步增强。20 世纪 80 年代，东南亚地区石油产量首次突破 1 亿吨。在很长一段时间里，以印尼为代表的东南亚资源国对全球能源生产和分配格局产生一定影响。21 世纪以来，东南亚地区的化石能源产量逐渐达到峰值，开始出现波动下降趋势（见图 2-24），其主要原因在于印尼的产量逐渐减少，而其他资源国产量增幅不大。

根据 BP《世界能源统计年鉴 2022》，2021 年东南亚地区主要能源生产国的煤炭、石油和天然气产量分别为 6.8 亿吨、0.9 亿吨和 2006 亿立方米，分别占世界能源总产量的 8.3%、2.0%和 5.0%。

从表 2-11 可以看出，与“富煤贫油多气”的资源禀赋相一致，东南亚地区煤炭生产拥有相对优势，在世界化石能源总产量中的比重高于油气资源。同时，煤炭、石油和天然气产量占世界的比重（8.3%、2.0%、5.0%）明显高于三者的储量占比（3.7%、0.6%、1.9%），说明该地区能源资源存在开发强度过大、后备储量不足的问题。此外，印尼、马来西亚、泰国、越南、文莱和缅甸是东南亚地区主要化石能源生产国，但各国的生产能力差距

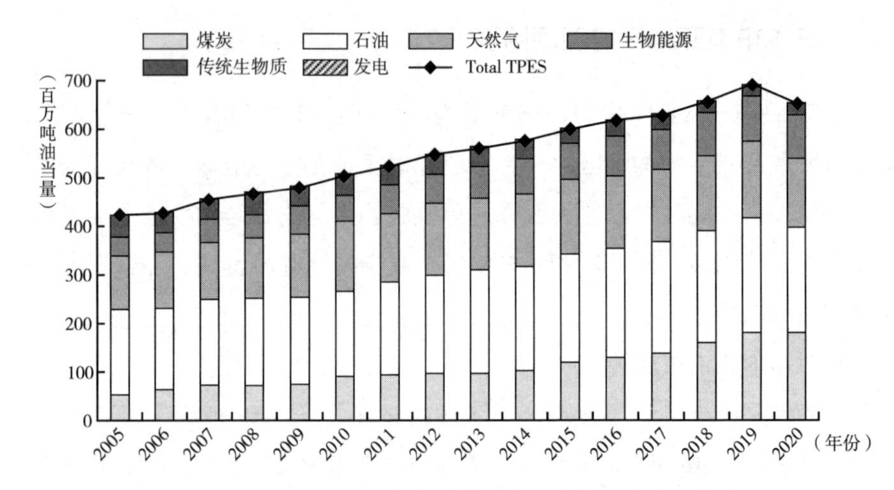

图 2-24　2005~2020 年东盟按燃料分类的一次能源供应

注：可再生能源不包括家庭使用的传统生物质。

资料来源：The ASEAN Secretariat, *The 7th ASEAN Energy Outlook* (*2020 - 2050*), Sep. 15, 2022, p. 32。

较大。其中，印尼和马来西亚是东南亚地区的能源生产大国。特别是印尼，在该地区能源生产领域占据主导地位。

表 2-11　2021 年东南亚国家化石能源产量和占世界比重

国别	煤炭		石油		天然气	
	产量（百万吨）	世界占比%	产量（百万吨）	世界占比%	产量（十亿立方米）	世界占比%
印　尼	614.0	7.5	33.8	0.8	59.3	1.5
马来西亚	—	—	25.9	0.6	74.2	1.8
泰　国	14.2	0.2	13.9	0.3	31.5	0.8
越　南	47.8	0.6	9.3	0.2	7.1	0.2
文　莱	—	—	5.2	0.1	11.5	0.3
缅　甸	—	—	—	—	16.9	0.4
总　计	676.1	8.3	88.2	2.0	200.6	5.0

资料来源：BP, *Statistical Review of World Energy*, June 2022。

21 世纪，东南亚国家经济社会发展驶入快车道，带动能源需求快速增加，由 2000 年的 12.56 艾焦增加到 2021 年的 27.35 艾焦，年增长率达 4.1%，高于世界平均水平（2%）。其中，化石能源是主导能源，2021 年消费 24.52 艾焦，占东南亚地区一次能源消费量的 90%以上。

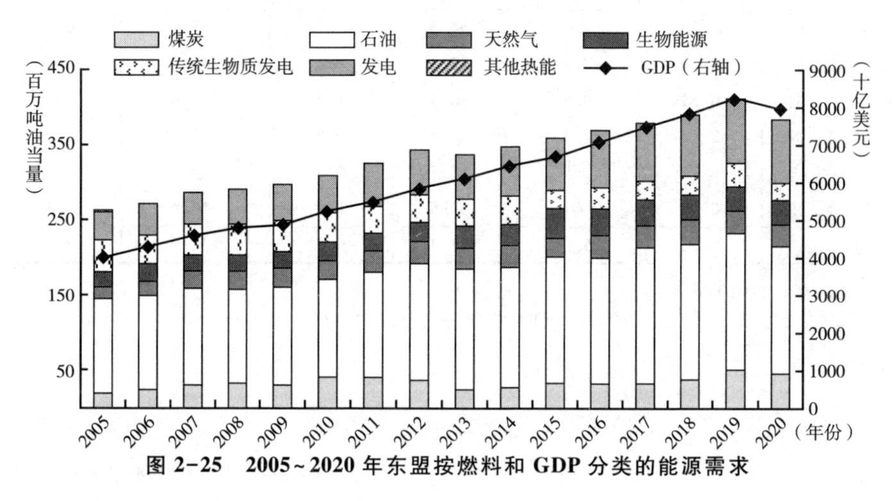

图 2-25　2005~2020 年东盟按燃料和 GDP 分类的能源需求

注：2017 年购买力平价。

资料来源：The ASEAN Secretariat，*The 7th ASEAN Energy Outlook*（*2020-2050*），Sep. 15，2022，p. 31。

根据 BP《世界能源统计年鉴 2022》，2021 年东南亚地区主要能源消费国的煤炭、石油和天然气消费量分别为 7.95 艾焦、2.577 亿吨和 1489 亿立方米，分别占世界能源消费总量的 5.0%、6.1%和 3.7%。

从表 2-12 可以看出，尽管储产量不高，但石油是东南亚地区主要化石能源消费品种，其消费量的世界占比不仅远远超出其自身储量和产量的世界占比（0.6%和 2.0%），而且高于煤炭和天然气消费量的世界占比（5.0%和 3.7%）。同时，印尼、马来西亚、泰国、越南、菲律宾和新加坡是东南亚地区主要化石能源消费国。特别是印尼，不仅是能源生产大国，也是能源消费大国，其消费量占该地区能源消费总量的 30%以上。泰国紧随其后，占 20%。此外，东南亚各国的能源消费结构不同，煤炭是越南的主要能源消费品种，“贫油”的新加坡是东南亚地区第一大石油消费国，马来西亚的能源消费以天然气为主。

表 2-12　2021 年东南亚国家化石能源消费量和占世界比重

国别	煤炭		石油		天然气	
	消费量（艾焦）	世界占比(%)	消费量（百万吨）	世界占比(%)	消费量（十亿立方米）	世界占比（%）
印　尼	3.28	2.0	64.3	1.5	37.1	0.9
马来西亚	0.89	0.6	33.0	0.8	41.1	1.0
泰　国	0.81	0.5	50.5	1.2	47.0	1.2
越　南	2.15	1.3	21.7	0.5	7.1	0.2
菲律宾	0.79	0.5	18.7	0.4	3.3	0.1
新加坡	0.03	◆	69.5	1.6	13.4	0.3
总　计	7.95	5.0	257.7	6.1	148.9	3.7

注：◆低于 0.05%。
资料来源：BP，*Statistical Review of World Energy*，June 2022。

长期以来，东南亚是国际上重要的油气生产和供应地区之一。以能源当量计算，东南亚煤炭和天然气的出口量超过了石油的净进口量（见图 2-26）。目前，东南亚地区的能源需求基本自足。但是，近年来，需求上升与产量停滞或下降之间的失衡日益加剧，该地区在国际能源供应市场上的地位不断下降。

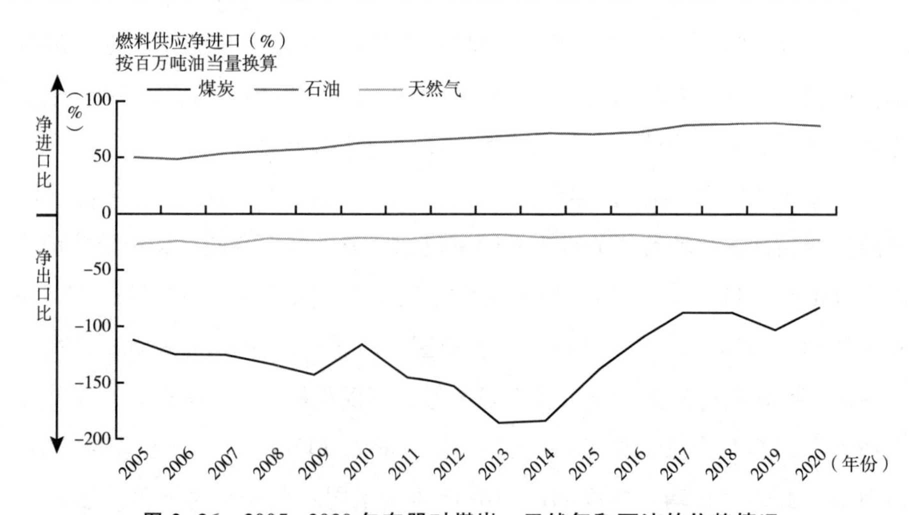

图 2-26　2005~2020 年东盟对煤炭、天然气和石油的依赖情况

资料来源：The ASEAN Secretariat，*The 7th ASEAN Energy Outlook*（*2020-2050*），Sep. 15，2022，p. 33。

考虑到6亿多东南亚居民的人均能源使用量仍然非常低（仅为全球平均水平的一半），东南亚未来的能源需求将进一步大幅增长。《东南亚能源展望2022》预测，在基准情景下，到2025年，最终能源消费总量将从2020年的378.4百万吨油当量增加到473.1百万吨油当量，增长约25%；到2050年，该地区的能源需求预计将是2020年水平的3倍。由于产量无法满足需求，东南亚地区将分别在2025年和2039年成为天然气和煤炭净进口地区（见图2-27）。这对该地区的能源安全构成了重大挑战，因为对化石燃料进口的严重依赖可能会影响能源的可负担性，而价格波动又会加剧这种情况。

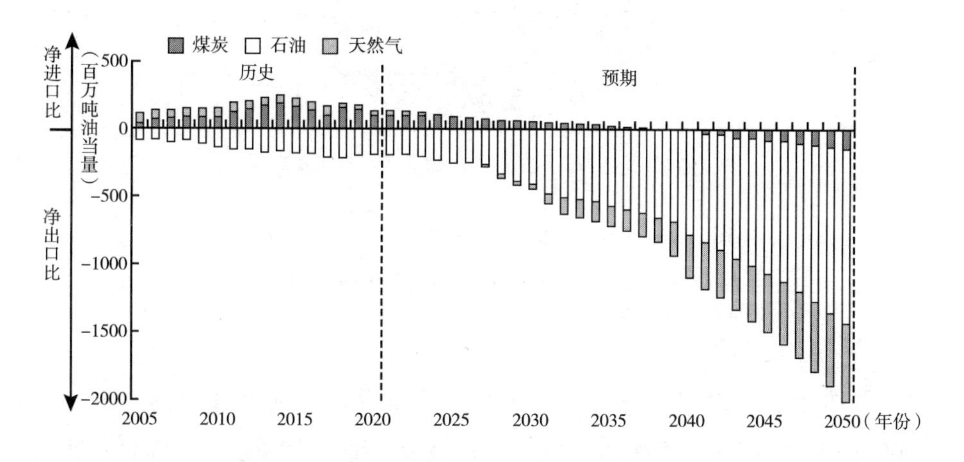

图2-27　基线情景下东盟能源进出口平衡和预测

资料来源：The ASEAN Secretariat, *The 7th ASEAN Energy Outlook*（*2020－2050*）, Sep. 15, 2022, p. 80。

2. 结构性矛盾突出

与中国一样，受资源禀赋所限，东南亚地区能源生产和消费存在严重的结构性矛盾，与经济社会发展需要不协调。东南亚地区化石能源生产以煤炭为主、天然气为辅，石油和可再生能源所占比重偏低。然而，能源生产侧资源禀赋与能源消费侧分布存在严重的不匹配问题。

就能源消费的部门来看，受外国直接投资推动，汽车、电器、钢铁和化

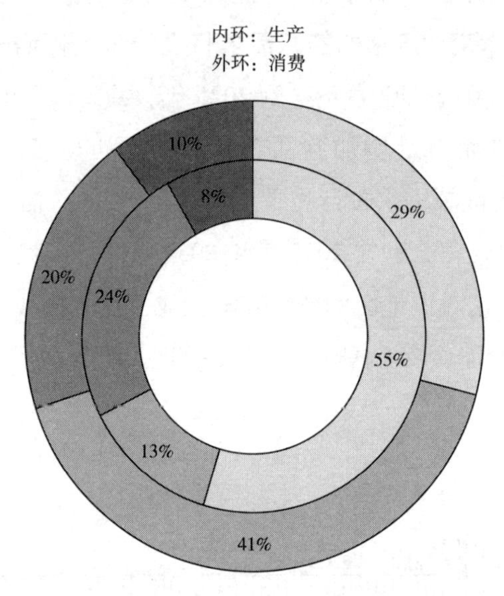

图 2-28　2021 年东南亚地区能源生产和消费结构

资料来源：BP，Statistical Review of World Energy - all Data，1965-2021。

工等制造业快速发展。蓬勃发展的制造业推动了工业对能源的需求。自 2000 年以来，工业引领终端用户的能源消费，增长 70%以上。同时，城市化进程的加快和中产阶级家庭的增加推动了人们对流动性，以及对住宅和服务行业一系列电器的需求。《东南亚能源展望 2022》预测，在基线情景下，到 2050 年，工业和交通在最终能源消费总量中的份额将分别增长 3.8 个百分点和 3.6 个百分点，而住宅和商业的比例将比 2020 年下降 10.1 个百分点和 0.5 个百分点。

就能源消费的品种来看，东南亚地区的能源消费长期以化石能源为主。特别是煤炭，由于廉价易得，增速最快，成为推动东南亚能源消费增长的重要引擎。可再生能源在理论上潜力巨大且具有环境和社会效益，在政府的推动下有较大幅度的增长，但在一次能源消费中的比例不高，而且随着现代能

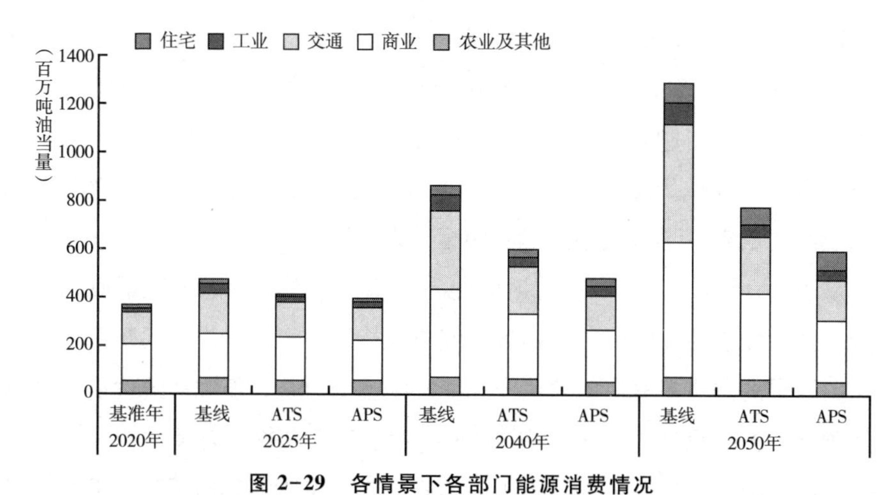

图 2-29　各情景下各部门能源消费情况

资料来源：The ASEAN Secretariat，*The 7th ASEAN Energy Outlook*（*2020-2050*），Sep. 15，2022，p. 67。

源服务和炊事条件的改善，传统生物质燃料的利用[①]逐渐减少，可再生能源的比例呈下降趋势（见图 2-30）。

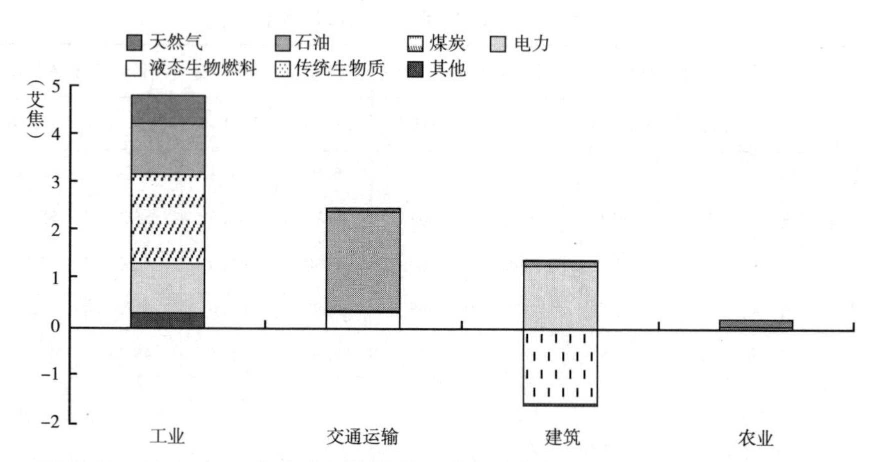

图 2-30　2000~2020 年东南亚按燃料、终端消费部门划分的最终能源消费情况

资料来源：IEA，*Southeast Asia Energy Outlook 2022*，May 2022，https：//www.iea.org/reports/southeast-asia-energy-outlook-2022。

① 传统生物质燃料的利用是指采用原始方式使用固体生物质，比如在三块石头上生火，通常没有烟囱或烟囱运行不佳。

2019 年 3 月 25 日，世界经济论坛发布《推动能源系统有效转型（2019 年）》（*Fostering Effective Energy Transition 2019*）。报告指出，在 115 个国家的能源转型指数（ETI）中，尽管东南亚许多国家提高了使用可再生能源的比例，但“持续使用煤炭发电、大宗商品价格上涨、能源密集程度改善速度低于必要水平”导致该地区能源转型陷入停滞①。

从表 2-13 可以看出，新加坡的能源转型指数在东南亚地区最高，并在能源系统性能表现和能源转型准备程度方面均取得了突出进展。东南亚其他国家所取得的进步多来自能源获取和能源安全的改善，能源系统性能表现高于能源转型准备程度。2020 年新冠肺炎疫情带来的多米诺骨牌效应进一步影响了东南亚能源转型进程。除了柬埔寨之外，东南亚其他国家的 ETI 排名都出现下降；虽然大部分 ETI 国家得分都有所提高，但整体能源转型指数较低，位列发达经济体和独联体国家之后，仍处于早期发展阶段，预计短期内无法改变，仍将在很长一段时间里继续依赖化石能源。

表 2-13　2019 和 2021 年东南亚国家能源转型指数

国家	世界排名		能源转型指数得分		能源系统性能表现		能源转型准备程度	
	2019 年	2021 年	2019 年	2021 年	2019 年	2021 年	2019 年	2021 年
新加坡	13	21	67%	67	68%	67.1	65%	66.9
马来西亚	31	39	61%	64	68%	68.5	55%	59.5
文莱	39	82	59%	60	67%	64.0	52%	55.4
泰国	51	55	57%	57	63%	61.0	51%	54.0
越南	56	65	55%	57	62%	66.5	49%	47.0

① 世界经济论坛自 2012 年以来连续发布《推动能源系统有效转型》系列报告，提出了能源转型指数（Energy Transition Index，ETI），帮助人们了解转型国家能源系统的表现和准备情况。它由两个同等权重的次级指数组成：当前能源系统性能表现（System Performance，SP）和实现能源转型准备程度（Transition Readiness，TR）。前者包括经济发展与增长、能源获取与安全、环境可持续三个要素，后者包括资本与投资、法规和政府承诺、机构和治理、基础设施和创新型商业环境、人力资本与消费者参与、能源系统结构六个维度。

续表

国家	世界排名		能源转型指数得分		能源系统性能表现		能源转型准备程度	
	2019 年	2021 年	2019 年	2021 年	2019 年	2021 年	2019 年	2021 年
菲律宾	59	67	55%	56	62%	67.8	49%	44.8
印　尼	63	71	55%	54	64%	57.8	46%	49.7
柬埔寨	100	93	45%	52	46%	58.4	44%	44.7

注：自 2021 年起，《推动能源系统有效转型》更新研究方法，国家能源转型指数改为 0~100，不用百分数表示。

资料来源：World Economic Forum，*Fostering Effective Energy Transition*，2019&2021。

《东南亚能源展望 2022》预测，到 2050 年，石油在最终能源消费总量中占最大份额，达到 47.4%，其后依次为电力（20.3%）、煤炭（14.5%）和生物能源（9.2%）。

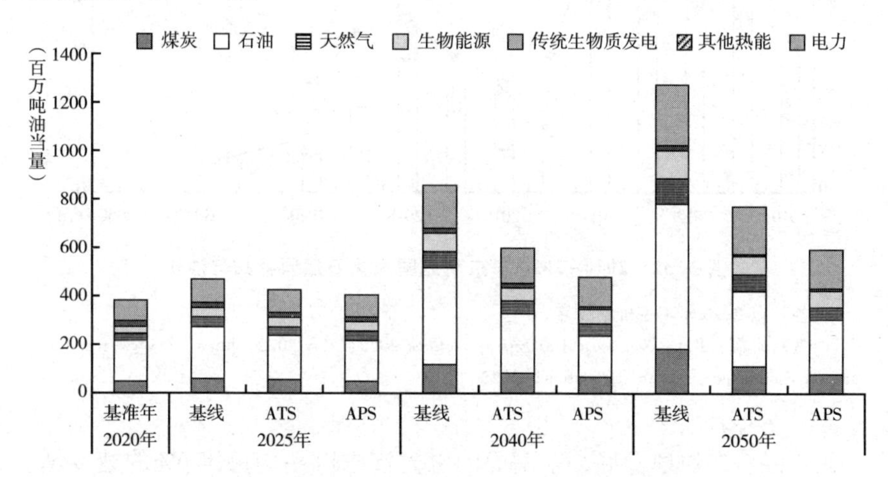

图 2-31　东盟按燃料划分的最终能源消费总量预测

注：AMS Targets Scenario，ATS（东盟成员国目标情景）、APAEC Targets Scenario，APS（东盟能源合作行动计划目标情景）。

资料来源：The ASEAN Secretariat，*The 7th ASEAN Energy Outlook*（*2020 - 2050*），Sep. 15，2022，p. 65。

3. 能源补贴负担加重

为提高能源普及率、保护弱势消费者免受国际油价起伏造成的影响，印尼、马来西亚和泰国等东南亚国家纷纷实行化石能源补贴政策。为推动更可持续的能源消费和投资决策，自 2014 年年中以来，东南亚国家利用油价下跌的机会在减少和取消化石能源补贴方面加快改革步伐，取得了一定进展，但这一进程尚未完成。2018 年，东南亚各国政府提供了总计约 350 亿美元的化石能源补贴，相当于该地区 GDP 的近 0.5%。

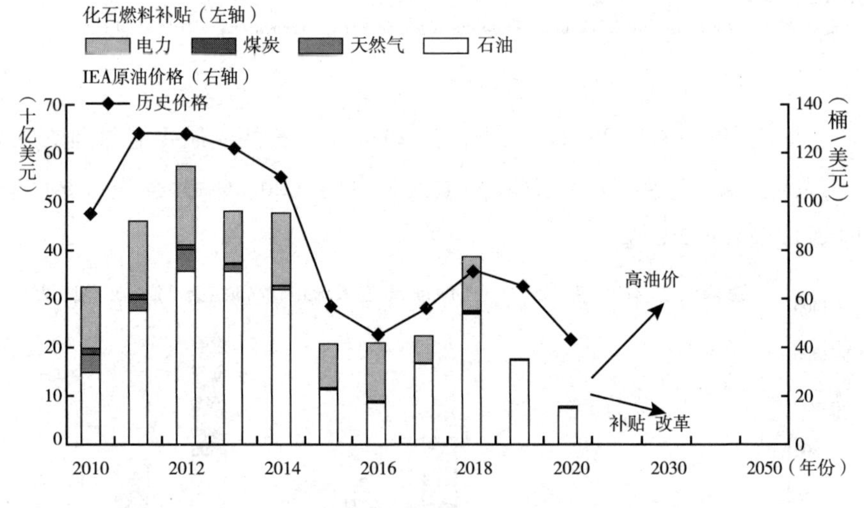

图 2-32　2010~2020 年东南亚国家化石燃料补贴与油价

注：以 2020 年不变价格计算。

资料来源：IEA，*Southeast Asia Energy Outlook 2022*，May 2022，https：//www.iea.org/reports/southeast-asia-energy-outlook-2022。

由于经济的快速发展，东南亚的电力需求以平均每年 6% 的速度增长，是世界平均水平的两倍。然而，由于电力市场由政府主导，电价与成本不匹配，东南亚一些国家普遍存在发放补贴降低居民生活用电价格的政策，如生命线电价补贴①、交叉补贴等。特别是印尼，由于人均收入低其电价低于供

① 生命线电价（lifeline price）指政府对低收入居民提供特殊照顾的一种电价。对在生命线用电量以下的每户每月用电量，规定一个较低电价；对超过生命线用电量限额的用户，按合理电价收费；再超过某一用电量限额时，按高于合理电价收费。

电成本，印尼国家电力公司（PLN）不得不亏本售电，严重依赖政府补贴。然而，这些补贴政策对低收入人群的保障有限，不仅抑制对能源效率的投资并助长消费性浪费，而且给政府造成巨额的财政负担。

《东南亚能源展望 2017》预测，如果不进行电力补贴改革，到 2040 年，东南亚国家将面临超过 200 亿美元的年电力补贴费用和 3500 亿美元的累计电力补贴费用。

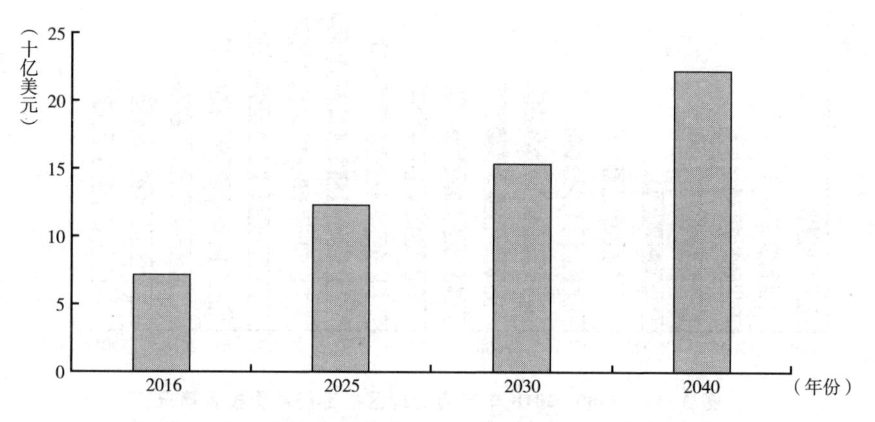

图 2-33 电价未改革情况下东南亚国家居民用电补贴

资料来源：IEA，*Southeast Asia Energy Outlook 2017*，October 2017，https：//www.iea.org/reports/southeast-asia-energy-outlook-2017。

4. 能源投资持续下降

自 2015 年以来，受金融危机和油价下跌等因素影响，东南亚地区能源投资下降了近 1/5。IEA 发布的《东南亚能源展望 2019》指出，东南亚各国目前的投资水平不仅远低于既定政策情景下的预期需求，比可持续发展情景下的需求还低 50%以上。

受影响最明显的就是油气投资，特别是印尼，尽管 2018 年油气需求逐渐回升，但是上游并未出现明显的增长迹象。为满足日益增长的电力需求，东南亚地区的能源投资主要转向电力部门，电力投资占该地区能源投资的一半以上。目前，火力发电厂（包括燃煤和燃气）占电力投资的大部分（见图 2-34）。可再生能源投资有所增加，但资金来源主要为有限的公共财政所主导。由于大多数国家金融市场或资本市场不发达，再加上可再生能源投资风险高、回报低，东盟大部分资本银行不愿为可再生能源提供投融资。此外，自 2010 年以来，东南亚地区与电网相关的投资出现下降趋势，不利于推动可再生能源利用和提升电气化水平。

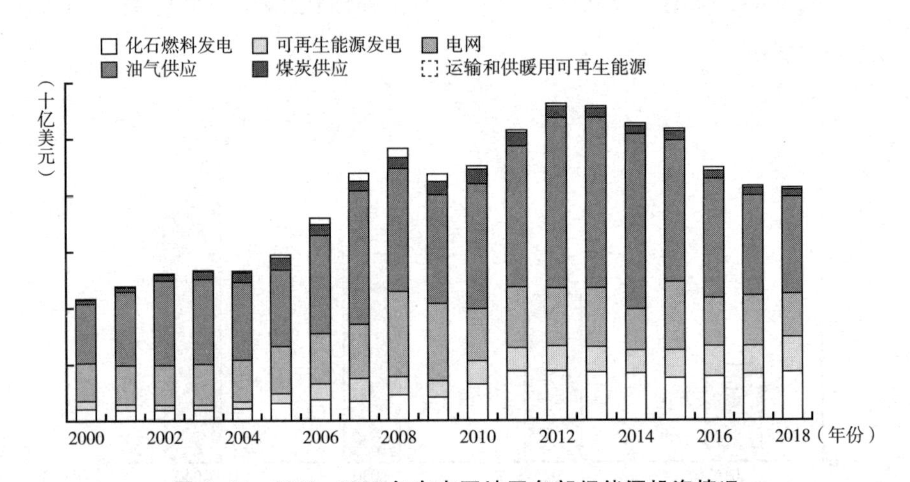

图 2-34　2000~2018 年东南亚地区各部门能源投资情况

资料来源：IEA，*Southeast Asia Energy Outlook 2019*，October 2019，https：//www. iea. org/reports/southeast-asia-energy-outlook-2019。

由于没有投入足够的资金来支持其日益增长的能源需求和实现可持续发展目标，东南亚能源投资的人均水平和占 GDP 的比重在国际上均处于较低水平（见图 2-35）。

2020 年新冠肺炎疫情波及世界能源投资，进一步恶化东南亚地区的能源投资环境。投资减少不仅导致东南亚地区能源供需形势更加紧张，而且拖慢能源转型步伐。根据 IRENA 的测算，要真正达到可再生能源占比 23%的能源转型目标，东盟国家可再生能源领域投资总额需要达到 2900 亿美元以上，也就是 2018 年投资总额的 10 倍。[①] 这对于在新冠肺炎疫情和经济危机中挣扎求生的东南亚国家来说，无异于是一项“不可能完成的任务”。

① 李丽旻：《东南亚绿色能源转型乏力》，《中国能源报》2019 年 5 月 13 日。

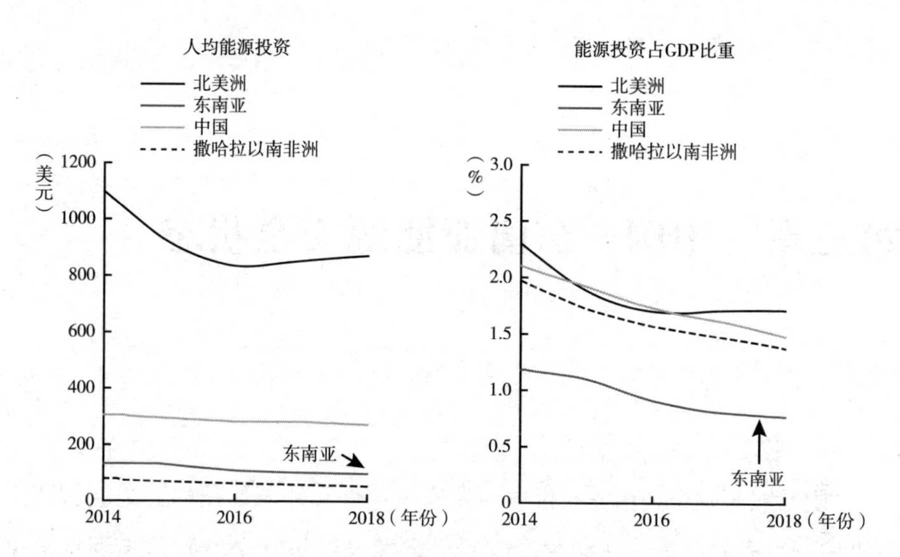

图 2-35 部分国家和地区能源投资情况比较

注：GDP 以 2018 年美元和购买力平价（PPP）表示。

资料来源：IEA，*Southeast Asia Energy Outlook 2019*，October 2019，https：//www.iea.org/reports/southeast-asia-energy-outlook-2019。

第三章　中国—东南亚能源安全状态

“国家能源安全是由能源供应保障的稳定性和能源使用的安全性这两个有机部分组成的。第一，能源供应的稳定性（经济安全性）是指满足国家生存与发展正常需要的能源供应保障稳定程度。第二，能源使用的安全性是指能源消费及使用不应对人类自身的生存与发展环境构成任何威胁。”① “能源供应稳定性可以从能源的可获得与可支付两个维度进行度量，而能源使用安全性则从能源使用的经济效率、社会福利②和环境保护 3 个维度进行度量。”③

在能源安全驱动力和能源安全压力的双重作用下，中国和东南亚国家能源供应的稳定性和使用的安全性极易波动，能源供应和消费呈现不安全状态。与欧美发达国家相比，中国和东南亚国家利用和配置世界资源的能力相对较弱，能源供应受国际能源价格波动、运输通道安全和地缘政治风险等因素的影响大。同时，以煤炭为主的能源结构迫使中国和

---

① 刘立涛、沈镭、张艳：《中国区域能源安全的差异性分析——以广东省和陕西省为例》，《资源科学》2011 年第 12 期，第 2387 页。

② 福利经济学相关理论认为，能源消费品种越多，能为国民提供的选择面越广，进而在一定程度上带来国民福利的改善。从此视角考虑，社会福利可以采用能源生产/消费多样性来衡量，即一国能源生产/消费种类越丰富，则各种能源资源对能源总供应/需求影响越微弱，能源生产/消费多样性有助于能源供应/需求稳定性的提升。

③ 刘立涛、沈镭、高天明、刘晓洁：《中国能源安全评价及时空演进特征》，《地理学报》2012 年第 12 期，第 1634 页。

东南亚国家不得不面对由此衍生出的环境、生态和气候变化等诸多问题。

一　中国和东南亚国家能源供应的稳定性

在经济全球化的当下，开放合作是不可逆转的大趋势。为满足不断增长的能源需求，中国和东南亚国家立足自身发展，积极深化国际能源合作，在国际能源贸易中的参与程度逐步增强。然而，大量的能源进口也导致中国和东南亚部分国家的能源对外依存度持续走高。这不仅折射出能源安全供给的不稳定性，而且加剧人们对未来的担忧。同时，由于应对国际能源风险和配置世界资源的能力较弱，中国和东南亚国家极易受能源价格波动、能源运输安全和地缘政治风险等因素的影响，海外能源供应的不稳定性和不确定性增大。

（一）中国的能源贸易

改革开放后，中国能源消费进入快速增长期。在对外开放思想指引下，中国统筹利用国内国际两个市场、两种资源，保障能源充足、稳定供应。进口能源为中国保障能源供应发挥了重要作用，不仅弥补了能源总量的不足，还调整了能源结构和布局，减轻了资源环境压力。然而，“作为世界能源进口第一大国，中国能源进口仍存在以下问题：对外依存度偏高、价格波动较大、对国际能源市场缺乏影响力、进口来源过于集中等”①。

1. 煤炭贸易

中国煤炭资源丰富，一直是煤炭出口大国。2003 年，中国煤炭出口达到高峰。之后，为了保护国内煤炭资源，出口量逐渐下降。2006 年，中国实施供给侧结构性改革，国内煤炭供应不足，煤炭进口量大增。2009 年，

① 何迎、邢园通、刘岩婉晶、汲奕君：《中国能源进口贸易的问题及建议》，《价值工程》2020 年第 12 期，第 52 页。

中国由煤炭净出口国转变为煤炭净进口国。2011 年，中国煤炭进口量突破 2 亿吨，超过日本成为世界第一大煤炭进口国。煤炭进口有效弥补了国内特别是东部沿海地区煤炭供应缺口，大大降低了煤炭运输通道和港口的运输压力，部分消除了产能急剧扩张带来的资源、环境、安全等重重隐患。

近年来，中国进口煤炭量逐年增加，由 2005 年的 2622 万吨增加到 2020 年的 30361 万吨，增加 10.6 倍。目前，进口煤炭在中国煤炭消费总量中所占比例不高，2019 年中国煤炭对外依存度约为 7%（见图 3-1）。2020 年，疫情蔓延和防控措施对煤炭生产、运输和消费产生极大影响，国内煤炭供应偏紧，煤炭进口剧增。2021 年，中国共进口 3.23 亿吨煤炭，同比增速超过 6%。

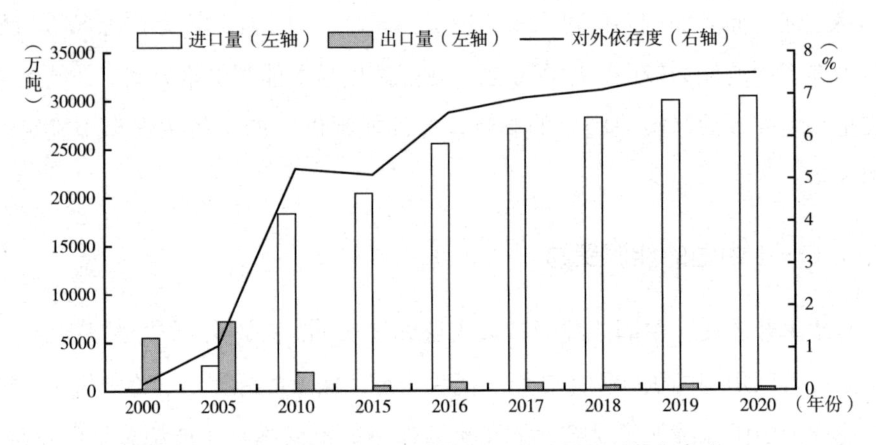

图 3-1　2000~2020 年中国煤炭进/出口量和对外依存度

资料来源：国家统计局能源统计司编《中国能源统计年鉴 2021》，中国统计出版社，2022。

随着煤炭出口量逐年减少、进口量不断增加，中国煤价[①]对于国际煤价的影响趋于减弱，而国际煤价对中国的影响趋于增强。2004 年之后，世界经济形势好转，再加上国际油价长期居高不下，世界主要煤炭市场价格由平

① 中国没有统一煤价，只有三个高度相关的关键价格指标：山西坑口价格（也叫大同价格指数），反映中国重要矿区的市场动态；华南地区交货价格，反映中国进口动力煤现货到岸交货价格；秦皇岛离岸价格，也叫秦皇岛现货价格，是中国煤炭贸易中最重要的价格指数，不仅煤炭交易量大，还体现国内市场和国际市场的结合。

稳转向暴涨。然而，2008 年国际金融危机重挫世界经济，国际煤炭价格出现大幅下跌。此后，由于世界经济复苏乏力，国际煤炭价格虽然在 2009~2011 年和 2015~2018 年两次出现复苏迹象，但是总体呈现上下震荡态势。

从图 3-2 可以看出，在 2009 年以前，中国秦皇岛现货价格总体低于其他国际煤炭市场价格。但是，从 2009 年至 2016 年，随着煤炭需求的增加，中国从国际市场购买煤炭的价格一跃超过其他国际煤炭市场价格。这表明，一方面，作为世界最大的煤炭生产国、消费国和进口国，中国的需求影响着国际煤价的走势；另一方面，中国尚未具备足够的国际定价权掌控能力，存在“中国需要什么，国际市场就涨什么”的定价悖论。

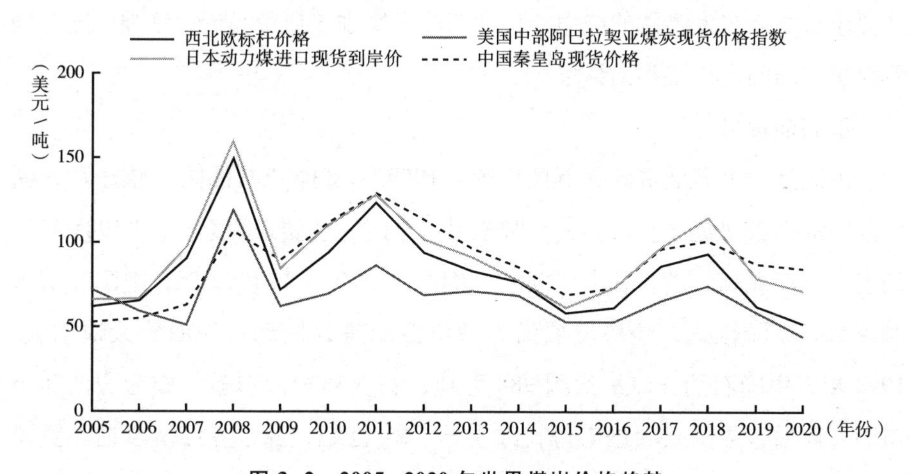

图 3-2　2005~2020 年世界煤炭价格趋势

资料来源：BP，*Statistical Review of World Energy*，July 2021。

中国煤炭进口来源比较集中。自 2009 年以来，中国是澳大利亚最重要的煤炭出口市场。但是，中国在澳大利亚煤炭市场上的市场势力不升反降，买方市场份额的提升并没有相应地增强中国的买方市场势力，没有提升中国的议价能力，反而在某种程度上拉动了需求，刺激了价格的上涨。[①] 2018 年，

① 左韵琦：《中国进口煤炭国际定价权问题研究》，东北财经大学，硕士学位论文，2014，第 28 页。

在中国强劲的煤炭需求下，澳大利亚动力煤价格升至2012年以来的高位。经过结构调整，2021年中国煤炭进口来源排在前三位的国家变为印尼、俄罗斯和蒙古。其中，印尼是中国最大的煤炭进口来源国，占进口总量的60%。

由于暴雨天气和新冠肺炎疫情，印尼煤炭主产区（苏门答腊省和加里曼丹省）的生产和出口有不同程度的下降。印尼政府收紧煤炭出口，印尼煤价呈上涨的态势。再加上俄乌冲突等因素的影响，国际煤价转向高位运行，给中国煤炭进口带来一定程度的冲击。但由于进口煤炭只占中国煤炭需求总量的很小一部分，对中国煤炭供需平衡的影响较小。沿海地区的煤炭进口主要取决于国产和进口煤炭的价格差。中国应推动煤炭产业高质量发展，增强应对重大突发事件的能力，科学调控煤炭进出口贸易量，增强中国在国际煤炭市场的定价权和话语权。

2. 石油贸易

中国是一个石油资源贫乏的国家。1959年摘掉“贫油国”帽子后，新中国原油产量快速上涨，并成为国家出口创汇的主要来源之一。“1985年石油出口创汇最高，占全国出口创汇总额的26.9%。”[①] 1992年，中国经济体制改革向纵深推进，经济发展潜力被释放出来，拉动石油消费大幅增长。1993年，中国石油进口量达到988万吨，首次超过出口量，成为石油净进口国。此后，中国原油进口量直线上升。21世纪，受世界经济衰退和贸易保护主义的影响，中国石油消费增速开始放缓，原油进口增幅也逐渐回落。2014年，国际油价大幅下跌，中国加大石油进口和储备力度，超过美国成为世界第一大石油进口国。从2016年到2019年的4年时间里，中国原油净进口量相继突破4亿吨和5亿吨大关。随着石油进口量的快速增长，中国石油对外依存度由1993年的6.7%攀升至2020年的70%（见图3-3）。2020年，受新冠肺炎疫情影响，中国石油进口量在年初出现下滑。随着经济从疫情带来的冲击中走出，中国石油贸易恢复增长，7月中国石油进口量飙升至创纪录水平。

① 《中国石油工程百年发展历程》，中国石油新闻中心，2009年4月16日，http://center.cnpc.com.cn/bk/system/2009/04/16/001233460.shtml。

毋庸置疑，长期依赖进口石油来满足国民经济持续发展需要已成为一个不可逆转的现实。作为重要的战略资源，石油成为中国能源安全的软肋。在当前和未来相当长一段时期内，保障中国石油安全的关键就是确保石油进口安全。

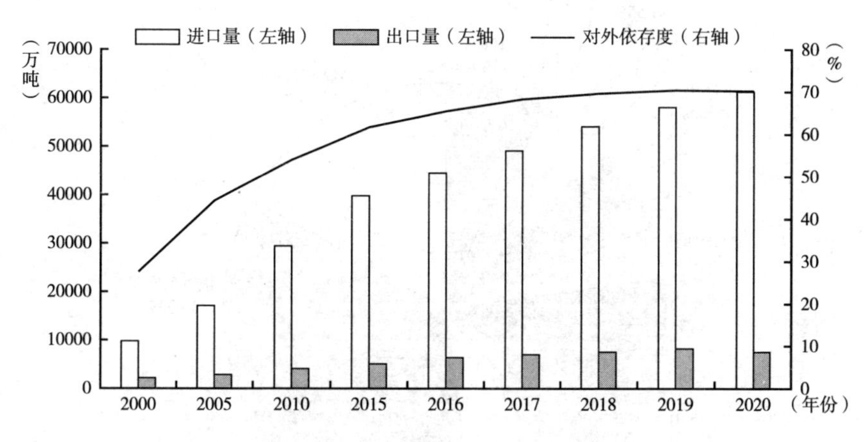

图 3-3　2000~2020 年中国石油进出口量和对外依存度

资料来源：国家统计局能源统计司编《中国能源统计年鉴 2021》，中国统计出版社，2022。

中国主要从中东、非洲和俄罗斯等少数国家和地区进口石油，进口集中度高。根据 2021 年国民经济和社会发展统计公报，2021 年中国从沙特、俄罗斯、伊拉克和阿曼等近 50 个国家进口 5.13 亿吨原油，总价值达 1.7 万亿元。其中，沙特、俄罗斯、伊拉克和阿曼占比过半（见图 3-4）。过高的进口集中度意味着中国对国际经济形势、地缘政治和地区安全形势更加敏感。这些国家和地区大部分存在政治、军事动荡，石油供应链极易受到影响。自“阿拉伯之春”爆发以来，阿拉伯地区动荡和叙利亚政局变化造成供应中断，利比亚、苏丹等北非地区的石油也严重减产。阿曼湾油船遇袭事件不久后，2019 年 9 月 14 日，沙特国家石油公司（阿美石油公司）布盖格和胡赖斯两处石油设施遭无人机袭击，超 500 万桶/日产能暂停引发国际油价大幅波动。俄乌冲突以来，对国际石油供应紧张的担忧推高油价，国际石油市场脆弱的平衡状态再度被打破。这些事件提示我们，传统能源安全风险并未消失。与此同时，网络安全、极端天气、疾病疫情等新能源安全风险不断涌现。中国应对世界石油供应风险的能力较弱，石油供应中断和减产对中国的影响特别大。

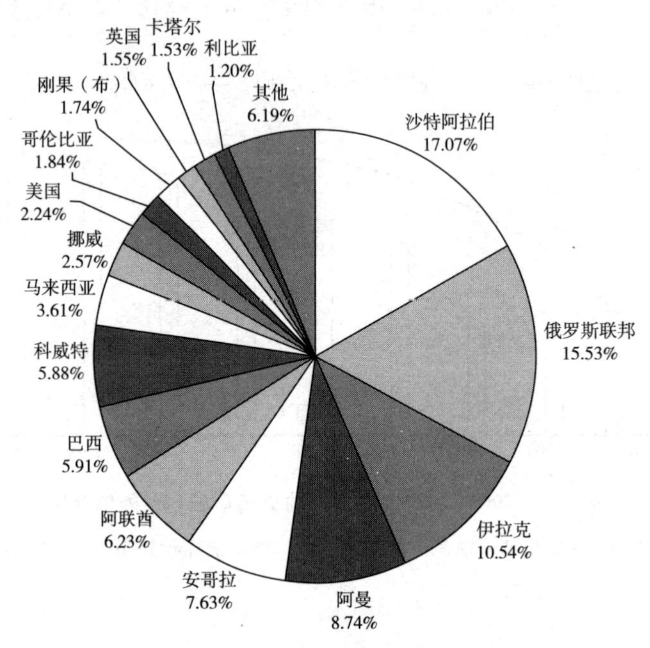

图 3-4　2021 年中国原油进口来源

资料来源：海关总署。

除了俄罗斯，其他石油供应地距离中国较远，不仅增加了运输成本，还需要经过狭窄的直布罗陀海峡、霍尔木兹海峡、马六甲海峡、苏伊士运河和巴拿马运河，自然灾害、轮船事故、恐怖主义或海盗活动等各种突发事件很容易导致这些海峡出现运输中断，进而给战略石油储备起步较晚且能力较弱的中国带来无法预测的严重后果。

高波动性是国际原油价格的显著特征。21 世纪以来，国际油价不断上扬，从 2004 年的 30 美元/桶增长至 2008 年的 147. 27 美元/桶的历史最高点。作为世界上最大的石油进口国，中国对国际油价没有定价权和话语权。中国从非洲、俄罗斯和欧洲等进口的原油主要以北海布伦特原油（Brent）作为基准油进行定价；从中东地区进口的原油以迪拜原油（Dubai）为基准油进行定价。这两种原油价格不仅不能准确、客观反映中国的供需情况，且普遍高于美国西得克萨斯轻质原油价格。由于没有国际原油定价权，中国不得不接受“亚洲溢价[①]”，并每年为此多支付几百亿美元外汇。由于缺乏石油战略储备和没有进行石油套期保值，为了抑制国际油价上涨对国内经济的影响，政府每年还需支付成品油生产商巨额油价亏损补贴。油价高涨还带动了进口原材料价格和制造成本的大幅上涨，对中国制造业造成严重影响。

2008 年国际金融危机爆发，国际油价停涨暴跌。特朗普上台后，中东地缘风险上升，国际油价上演“过山车”。中国民营企业由此陷入生存危机，中国制造业也滑到了改革开放 30 年以来的最低谷。

新冠肺炎疫情和国际能源转型给国际石油市场带来剧烈冲击，世界石油需求下降和 OPEC +的价格战导致国际油价“崩盘”。然而，俄乌冲突导致油价再度飙升。在这一背景下，中国要在增加石油进口和战略储备的同时，在国际石油市场争得与经济规模和实力相称的地位，提升中国在国际石油体系中的影响力和话语权。

3. 天然气贸易

中国拥有较丰富的天然气资源。21 世纪，作为中国能源转型的重要推动力，天然气消费进入快速增长期。由于国产天然气短期内难以满足高速增长的需求，供需缺口不断扩大，扩大进口成为必然的选择。自 2006 年开始，中国成为天然气净进口国（见图 3-5）。此后，国内天然气市场一直处于供不应求状态，进口量逐年上升。2018 年，中国天然气进口总量达到 9039 万吨，同比增长 31. 9%，超过日本成为世界最大的天然气进口国。随着进口大幅增加，天然气对外依存度进一步提高。2020 年以来，新冠肺炎疫情对天然气利用领域的城市燃气、工业燃料、发电等

① “亚洲溢价”即中东原油“亚洲溢价”（Asian Premium）。中东一些石油输出国对同一时间出口到不同地区的同一原油采用不同的计价公式，出口欧洲地区参照布伦特原油价格（Brent），出口北美地区参照西得克萨斯中质原油价格（WTI），出口亚太地区参照阿曼原油价格（Dubai）。

行业造成不同程度影响。中国进口天然气增长动力不足，天然气进口增长放缓，但进口量仍然突破 1 亿吨，对外依存度达到 43%。2021 年，中国进口天然气 12136 万吨，比上年增长 19.9%。

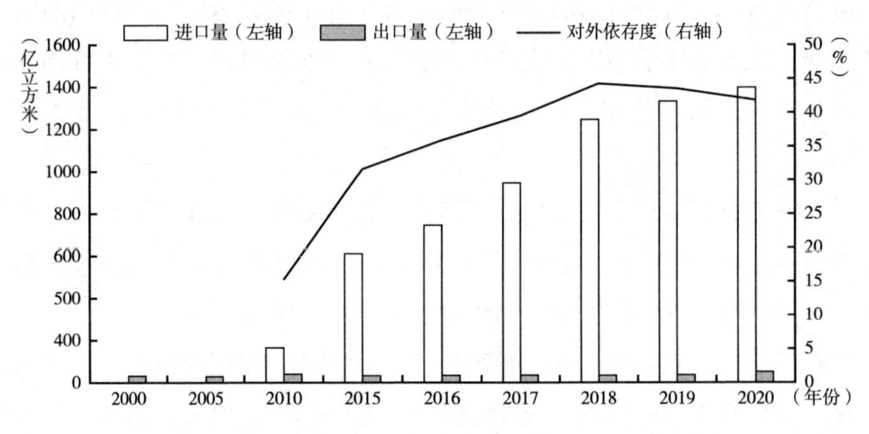

图 3-5　2000~2020 年中国天然气进/出口量和对外依存度

资料来源：国家统计局能源统计司编《中国能源统计年鉴 2021》，中国统计出版社，2022。

中国天然气进口有两大来源——液化天然气（Liquefied Natural Gas，LNG）和管道天然气。自 2003 年中海油上马国内首个 LNG 项目后，中国液化天然气进口量稳步增长。2021 年，中国超过日本成为全球最大的液化天然气进口国。截至 2021 年底，中国投产运行的 LNG 接收站已达 22 座，形成了 10800 万吨/年的接收能力。由于 LNG 可用于应急调峰，预计还会有更多的中小型 LNG 接收站相继兴建。与管道天然气相比，LNG 进口存在船舶造价高、运输成本高、运输容量有限的问题，而且易受全球局势影响，价格极不稳定。此外，LNG 进口来源比较集中。根据海关统计，2021 年，中国从澳大利亚、美国、卡塔尔、马来西亚和印度尼西亚等 27 个国家总计进口 7893 万吨 LNG，占当年天然气进口总量的 65%。其中，澳大利亚是中国最大的 LNG 进口国，占比为 39.3%，其次是美国（11.6%）。

中国管道天然气进口起步较晚。中国管道天然气进口有三大通道：以中亚（土库曼斯坦、哈萨克斯坦和乌兹别克斯坦三国）为气源的西北通道、以中缅管道为基础的西南通道和以中俄天然气管道为主的东北通道。2009年12月15日，来自土库曼斯坦的天然气通过中亚天然气管道A线率先进入中国。根据中国与土库曼斯坦、哈萨克斯坦和乌兹别克斯坦签署的协议，未来中国从中亚三国进口的天然气每年将达到850亿立方米。2013年10月20日，中缅油气管道全线建成投产，年输气能力为120亿立方米。2014年5月21日，中俄克服天然气价格、投资方式和管线规划三大障碍，签署4000多亿美元的天然气合作协议，约定俄罗斯每年通过中俄天然气管道[①]向中国供应380亿立方米天然气，期限为30年。根据海关统计，2021年，中国从上述5个国家进口管道天然气4248万吨，占当年天然气进口总量的35%。其中，土库曼斯坦占主导优势（56%），其次是俄罗斯（18%）。

国际天然气没有统一价格，存在北美、欧洲和亚太三个主要市场。由于区域定价机制不同，三大天然气市场价格[②]有很大不同。北美地区价格完全由市场竞争形成，欧洲地区主要采用净回值定价，与油价挂钩，同时考虑替代能源价格和需求状况，而亚太地区的LNG进口价格与日本进口原油加权平均价格（JCC）挂钩。[③] 亚太地区消费量的快速增加拉高该地区的天然气市场价格，页岩气革命又促使北美地区的价格出现下跌。2008年以来，亚太天然气市场气价远高于美国纽约商品交易所（HH）和欧洲伦敦洲际交易所（NBP）价格，存在不合理的天然气“亚洲溢价”（见图3-6）。2018年，日韩液化天然气现货到岸价（JKM）上升至9.76美元/百万英热单位，而英

---

① 中俄天然气管道，又称“西伯利亚力量”（Power of Siberia），分为东线和西线两部分，东线管道经俄远东地区输送到中国东北地区。两条管道总输气量为每年680亿立方米，其中东线380亿立方米，西线300亿立方米。东线2014年9月1日开工，全长8111公里，2019年12月2日正式通气。东线通气后，搁置已久的西线也提上日程。西线管道全长2800公里，将运送西西伯利亚开采的天然气，进入中国新疆与西气东输管道连接。

② HH（Henry Hub）是在美国纽约商品交易所（NYMEX）交易的天然气期货合约交割的价格点；NBP（the National Balancing Point）是在伦敦洲际交易所（ICE）交易的天然气期货合约交割的价格点；JKM（Japan Korea Maker）是普氏能源推出的LNG基准价，是衡量全球特别是亚太地区LNG现货价格走势的权威指标之一。

③ 段盈：《聚焦亚洲溢价，审视全球液化天然气定价机制》，《现代经济信息》2015年第15期，第358页。

国国家平衡点价格 NBP 为 8.06 美元/百万英热单位，美国亨利港价格 HH 仅为 3.13 美元/百万英热单位。

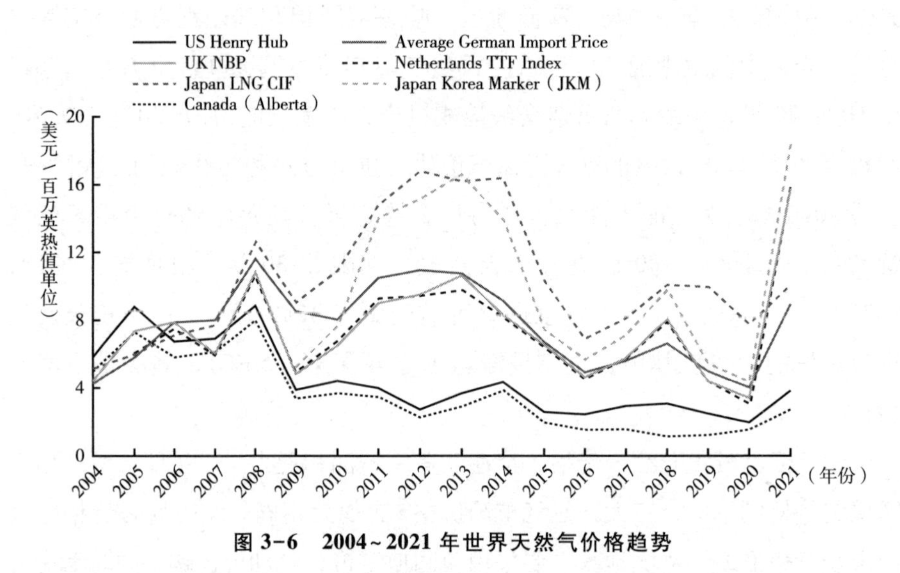

图 3-6　2004~2021 年世界天然气价格趋势

资料来源：BP，*Statistical Review of World Energy*，June 2022。

亚洲天然气市场虽大却不成熟，包括中国在内的亚洲国家在进口气价上无话语权。再加上国际社会对中国等新兴经济体天然气进口量大幅增加预期的存在，国际天然气市场从过去的买方市场转为卖方市场。2013 年 6 月，在全球 LNG 市场的淡季，印尼将 LNG 对华出口价格提升至 7 美元/百万英热单位左右，较 2006 年价格上涨近 1 倍。与此同时，澳大利亚也以“遭遇台风”“生产装置轮修”等理由克扣中国 LNG 的计划供应量，积极谋求涨价。中国反制能力弱，面对印尼的涨价和澳大利亚的减供，只能加大卡塔尔 LNG 的进口。由于卡塔尔现货价格高于印、澳长协价格，这意味着中国不得不为此支付更多的进口成本。

近年来，新冠肺炎疫情重创石油市场。低油价导致全球天然气区域性价格差异缩小，与油价挂钩的亚洲、欧洲的天然气价格与北美天然气价格的差距大大缩小，为中国推动天然气价格机制改革、实现天然气定价机制统一提供了条件和契机。然而，好景不长，俄乌冲突带来的地缘政治紧张和市场恐慌情绪迅速推高油价和气价，给中国经济运行和居民生活带来一定的负面影响。

4. 清洁能源贸易

中国在清洁能源方面起步晚，但走得最快。目前，中国不仅是清洁能源生产大国，还是全球最大的清洁能源应用市场。新中国成立70多年来，中国在清洁能源领域不仅实现了装机容量从少到多的进步，在装备制造、技术水平和设计建设等多个领域也成绩斐然。"在装备制造能力上，截至2018年末，全球十大风力发电机制造商中，中国企业有5家；全球十大太阳能组件制造商中，中国企业占据9家；全球十大太阳能电池片制造商中，中国企业占据8家。在技术能力上，中国建设了全球最大的水电站——长江三峡水电站，设计制造了全球最先进的水电机组，研究开发了全球领先的核电技术，发展出了全球规模最大、技术领先的太阳能相关制造业。在设计建设上，中国已经发展出全球一流的能源电力设计和建设队伍，像中国能建、中国电建、葛洲坝集团等企业无论是在建设工程规模上还是在能力上，都已经达到了世界领先水平。"① 2017年11月，汤森路透（Thomson Reuters）首次公布业内全球能源领导者前100强（Top 100 Global Energy Leaders）榜单。在可再生能源子行业的25强排名中，中国国电科技环保集团有限公司（第7名）、江苏艾科维科技有限公司（第10名）、东方日升新能源股份有限公司（第14名）、上海航天汽车机电股份有限公司（第15名）、阳光电源股份有限公司（第19名）和湘潭电机股份有限公司（第25名）共6家企业上榜。

与化石能源不同，中国的清洁能源不仅自产自销，而且外销创汇。作为世界清洁能源领域的引领者，中国不仅出口清洁能源产品、装备和技术，助力世界能源转型，还与周边国家开展跨国电力贸易，促进国家间的能源优化配置。中国可再生能源多分布于内蒙古、新疆、甘肃、青海和宁夏等省份，跨国电力贸易有助于实现本国可再生能源的消纳。目前，中国已与俄罗斯、蒙古、越南、老挝、缅甸等周边国家实现了部分电力的互联。此外，自"一带一路"倡议提出以来，中国企业"走出去"实施大规模可再生能源投资计划，以股权投资形

---

① 中国能源报社、中国能源经济研究院：《中国清洁能源发展报告》，2019年9月。

式参与运营沿线国家的风电、光伏和水电项目，给东道国带来显著的经济、社会、能源与环境效益，为落实《巴黎协定》和实现联合国可持续发展目标提供了动力。其中，东南亚是中国海外风电、光伏的重点投资区域。

然而，欧美及日本等发达地区在清洁能源研发和应用领域处于领先地位，掌握核心技术和关键料源。比如，风电领域主要由欧洲主导，而太阳能则是日本和德国主导。中国虽是世界上最大的太阳能电池板生产国，但中国生产太阳能电池的原材料——多晶硅，主要从美国的道康宁（Dow Corning）和德国的瓦克公司（Wacker）进口。同时，随着中国清洁能源在国际市场所占份额越来越大，欧美国家针对中国清洁能源的围剿和打压也纷至沓来。为争抢"绿色经济"商机和主导权，它们不仅为中国发展清洁能源设置了多重障碍，还以"用于军事"为借口阻碍中国在该领域的研发。面对本国企业在可再生能源产业竞争力下降的威胁，欧美国家还向中国挥舞贸易战大棒，对中国清洁能源产品加征关税、开展"双反"调查（即反倾销和反补贴）、发起知识产权诉讼等。早在国际金融危机期间，德国电池生产商就提出对中国太阳能光伏产业进行反倾销调查。2010 年 10 月，应美国钢铁工人联合会申请，美国贸易代表办公室宣布对华清洁能源启动 301 调查。2011 年 10 月，美国修改"双反"措施相关规定，对中国太阳能电池板发起"双反"调查。11 月，美国清洁能源业明星企业超导公司对中国风力发电机制造商华锐风电提起诉讼，成为中国当时最大的知识产权诉讼案之一。欧盟也对我国光伏制造业开展"双反"调查，并加征关税。这些打压造成中国光伏产业陷入危机。

新冠肺炎疫情导致全球能源转型出现短暂倒退。全球清洁能源上游厂家停工、中游物流中断、下游消费市场低迷，相关投资或建设项目被延迟。新冠肺炎疫情也给中国清洁能源产业造成明显的短期冲击。但是，中国只要坚定不移地大力推进清洁能源转型，协调好短期经济利益与长期战略目标之间的平衡，就有极大的潜力成为清洁能源投资及低碳经济领域真正意义上的全球领袖。①

---

① 《涂建军〈新冠疫情对中国能源行业影响的初步分析〉》，搜狐网，2020 年 6 月 5 日，https：//www. sohu. com/a/400024463_ 357198。

（二）东南亚国家的国际能源贸易

21 世纪，作为拥有世界近 1/10 人口的地区，东南亚快速增长的经济正在塑造全球经济和能源前景。根据 IEA《东南亚能源展望 2019》，自 2000 年以来，该地区的能源需求增长了 80%以上，占全球能源需求的近 5%。尽管目前东南亚仍是一个能源净出口地区，但个别国家从区域外进口的能源越来越多。能源安全离不开国际合作。尽管资源禀赋、消费模式和经济发展阶段各异，但是东南亚各国，无论是能源生产国还是能源消费国，都积极开展国家间或区域性的能源贸易，构筑多元化的能源供给格局。

1. 煤炭贸易

东南亚地区煤炭资源丰富。由于廉价易得，煤炭引领东南亚地区一次能源需求的增长。目前，东南亚地区煤炭供应充足，大于需求。但是，在资源储量有限而供需持续扩张的情况下，煤炭供需盈余状况无以为继。特别是煤炭资源大国印尼，随着国内煤炭需求日益增长，煤炭净出口国的地位在逐步下降。

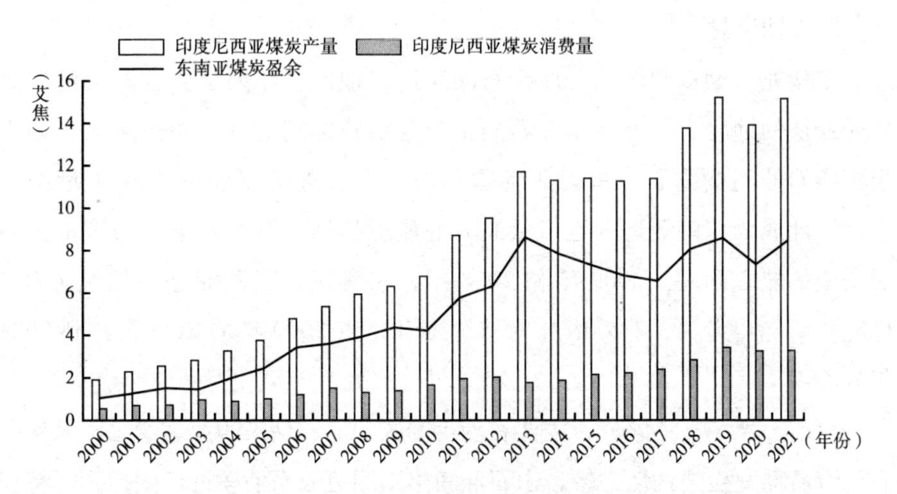

图 3-7　2000~2021 年印尼煤炭产量、消费量和东南亚煤炭供需盈余

资料来源：BP，Statistical Review of World Energy-all Data，1965-2021。

同时，区域一级的供需盈余掩盖了东南亚国家煤炭供需缺口扩大的差异。除印尼之外，其他煤炭生产国都无法满足国内煤炭需求。越南是东南亚地区第二大煤炭生产国，由于生产停滞而需求激增，2015 年越南从煤炭净出口国转变为煤炭净进口国。随着经济发展，越南煤炭进口量不断增加，对外依存度不断上升，2021 年达到 47.4%。泰国对煤炭的消费远远超过其国内供应能力，2021 年对外依存度达到 81.5%，超过其石油对外依存度。受经济增长的推动，菲律宾、马来西亚和新加坡等国都越来越倾向于到国际煤炭市场寻求供应以满足国内能源需求。

澳大利亚和印尼是东南亚国家主要煤炭进口来源国。其中，从印尼进口的煤炭占东南亚地区煤炭进口总量的一半左右。2020 年，疫情防控和煤价大跌使印尼煤炭投资、生产和出口遭受重创。4 月，印尼巴彦资源公司（Bayan Resources）宣布旗下 Bara Tabang 和 Fajar Prima Sakti 煤矿停产，运营商 Pratama 公司经营的业务暂停。与此同时，东南亚其他国家煤炭进口需求亦持续下降，东南亚煤炭市场陷入低迷状态。2022 年，随着经济复苏和国内煤炭需求回升，印尼正在收紧煤炭出口，煤炭价格也出现上涨迹象。

2. 石油贸易

东南亚石油资源匮乏，属于石油净进口地区。作为世界上石油消费量增长最快的地区之一，东南亚石油生产与消费之间的缺口越来越大。为满足国内石油消费需要，东南亚各国不得不大量进口石油资源。21 世纪以来，石油成为东南亚地区进口量最大的能源品种，石油安全成为该地区能源安全的核心问题。2009 年和 2018 年，东南亚地区石油进口相继突破 1 亿吨和 2 亿吨大关，对外依存度持续攀升，由 2000 年的 20% 骤升到 2021 年的 66%。

目前，除了文莱之外，主要石油生产国印尼、马来西亚、泰国和越南的石油贸易均发生结构性逆转，由石油净出口国迈入石油净进口国行列。特别是印尼，作为 OPEC 成员国中唯一的东南亚国家，2004 年成为石油净进口国。2021 年，印尼石油对外依存度达到 47.5%。近年来，泰国和越南的石油消费量也不断上涨，2021 年对外依存度分别达到 72.4% 和 56.9%。值得

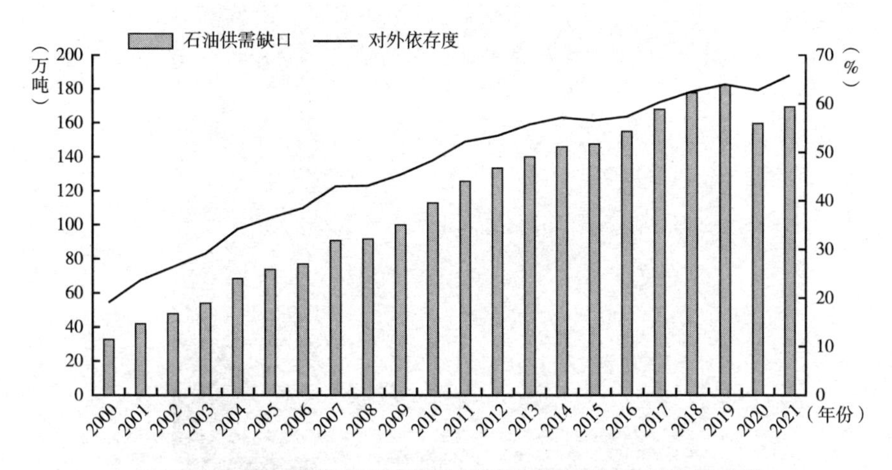

图 3-8 2000~2021 年东南亚地区石油供需缺口和对外依存度

资料来源：BP，Statistical Review of World Energy-all Data，1965-2021。

注意的是，新加坡虽然本土不生产一滴石油，但一直是东南亚地区的石油消费大国，占该地区石油消费量的 1/4 以上。随着经济的快速发展，石油储量和产量不多的柬埔寨、老挝、缅甸和菲律宾也在不断扩大石油进口。

和中国一样，东南亚地区的石油主要从中东地区进口，进口集中度高，容易受到石油供应中断的潜在影响（见图 3-9）。然而，目前，东南亚地区缺乏健全的石油战略储备体系，很多国家石油战略储备严重不足（见表 3-1）。因此，东南亚国家抗风险能力极弱，石油供应中断和减产对东南亚国家的影响特别大。1986 年 3 月，东盟能源部长在第 14 届东盟首脑会议上就应对能源危机曾达成《东盟石油安全协议》（*ASEAN Petroleum Security Agreement*，APSA）。该协定规定，一旦进口石油的东盟国家的石油供应降至国内需求的 80%或者更少的时候，“东盟各国要采取降低国内石油需求的短期措施，并在成员国之间建立紧急反应机制”[①]，出口石油的东盟国家印尼、马来西亚、文莱和越南将优先向东盟其他成员国供应石油。但是，这一协议从未实施过，其有效性不得而知。

① 《东盟道脑会议与会各国签署石油安全协定》，《中国石油石化》2009 年第 6 期，第 10 页。

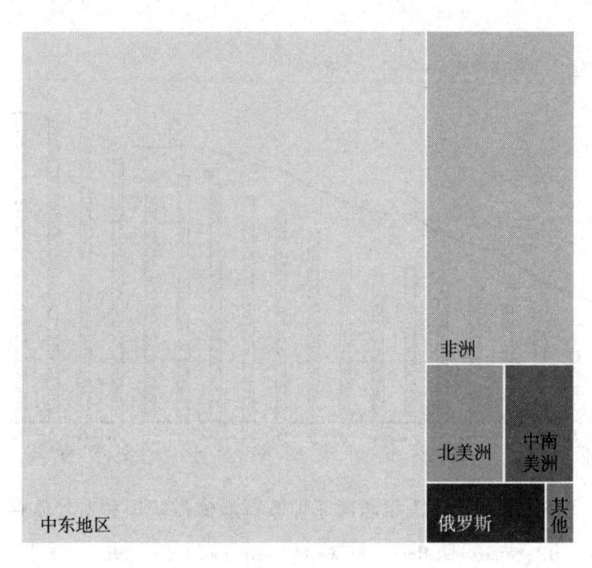

图 3-9　2020 年东南亚石油进口情况

资料来源：IEA，*Southeast Asia Energy Outlook 2022*，May 2022，https：//www.iea.org/reports/southeast-asia-energy-outlook-2022。

表 3-1　东南亚石油公司和炼油厂石油库存

国家	石油库存
文莱	炼油厂 31 天
柬埔寨	石油进口公司 30 天
印尼	国家石油公司原油 14 天，成品油 23 天
老挝	石油进口公司 21 天，分销商 10 天
马来西亚	国家石油公司 30 天
缅甸	石油公司 6 天
菲律宾	石油进口公司炼油厂（原油）30 天，成品油 15 天
新加坡	电力公司（成品油）90 天
泰国	炼油厂和分销商原油 21.5 天，成品油 3.5 天
越南	石油公司原油 10 天，成品油 40 天

资料来源：IEA，*Southeast Asia Energy Outlook 2022*，May 2022，https：//www.iea.org/reports/southeast-asia-energy-outlook-2022。

快速增长的石油需求导致东南亚国家石油和石油产品进口费用的增加。作为世界重要的石油消费地区之一，东南亚国家不仅对国际油价没有话语权和定价权，还不得不接受不合理的“亚洲溢价”。“亚洲溢价”的存在提高了东南亚国家进口成本，削弱了东南亚的比较优势和产业竞争力，不利于该地区承接国际产业转移。众所周知，石油是“工业的血液”，是制造业企业在生产过程中必要的生产投入要素。对于东南亚国家来说，对进口石油的高依赖性使其国内制造业对国际油价变化非常敏感。油价高企对企业的成本和收益产生负面影响[①]，进而影响外商的投资决策。

2014 年 6 月以来，国际油价结束持续上涨、高位震荡的行情，开始持续下跌。对于东南亚地区的石油生产国来说，油价下跌抑制了企业的生产投资，对石油生产造成了不可挽回的消极影响。由于油价下跌，一些西方石油巨头相继撤资，东南亚石油生产国石油行业陷入不景气，石油产量大幅下降。由于东南亚地区多是“褐色油田”（即维持产量的油田），而不是“绿色油田”（即可提高产量的油田），一旦油井被撤资闲置，就很难恢复到原来的产量水平。2020 年新冠肺炎疫情再度给印尼、马来西亚、文莱等石油出口国以沉重打击。

对于东南亚地区的石油消费国来说，油价下跌是一柄双刃剑。一方面，它给东南亚石油消费国带来了喘息之机。为应对短期的供应中断，消费国纷纷扩大石油进口规模，增加石油储量。2014 年 9 月，新加坡投资 9.5 亿新元在裕廊岛建成东南亚首个地下储油库。但是，进口大幅增长也导致石油对外依存度持续上升。另一方面，它意味着市场不确定性增加，东南亚各国面临输入性通缩压力。由于全球经济增速放缓、外需停滞，东南亚各国经济复苏也面临更大的困难。

3. 天然气贸易

东南亚地区天然气资源相对丰富。然而，由于基础设施缺乏、市场改革进展缓慢，东南亚地区的天然气消费水平总体较低，低于同期该地区天然气产量的增速。目前，东南亚地区天然气产量尚大于消费量，总体上有盈余

① Thorbecke W., “How oil prices affect East and Southeast Asian economies: Evidence from financial markets and implications for energy security”, *Energy Policy*, 2019, 128 (MAY): p. 638.

(主要来自印尼、马来西亚、文莱和缅甸)，消费量维持在其产量的 70% 左右（见图 3-10）。然而，由于气田枯竭和缺乏新的上游项目，主要生产国印尼（包括管道天然气和 LNG）和马来西亚（LNG）的出口量逐渐减少，二者作为亚洲市场天然气出口国的地位正在下降。缅甸（管道天然气）和文莱（LNG）出口量占产量的比重也在降低。

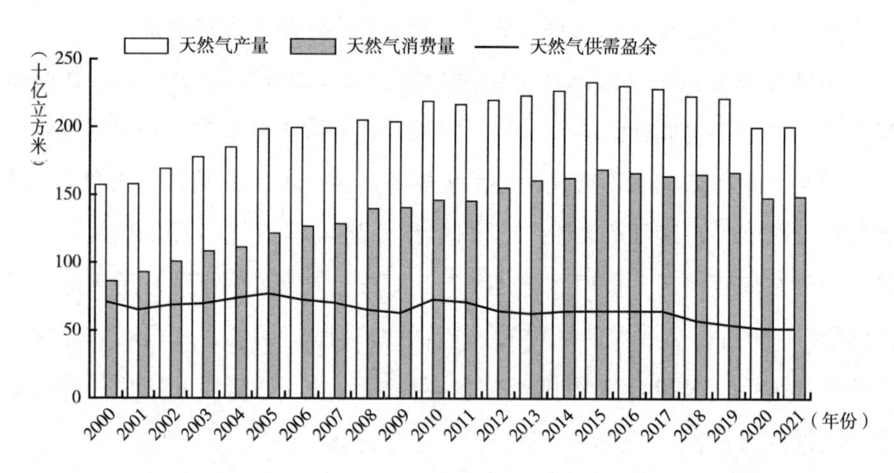

图 3-10　2000~2021 年东南亚天然气产量、消费量和供需盈余

资料来源：BP，*Statistical Review of World Energy-all Data*，1965-2021。

同煤炭一样，区域一级的供需盈余掩盖了东南亚部分国家天然气供需缺口扩大的矛盾。泰国既是天然气生产国，也是天然气消费国。2010 年和 2011 年，泰国相继超过马来西亚和印尼，成为东南亚地区最大的天然气消费国。泰国天然气生产无法满足国内需求，成为东南亚地区天然气生产国中唯一需要进口天然气的国家，其对外依存度亦不断升高。2021 年，泰国天然气对外依存度达到 32.9%。菲律宾和新加坡的天然气消费量在东南亚地区占比不高，但是增速很快，两国占东南亚地区天然气消费量的比重已由 2000 年的 2%增长到 2021 年的 11.2%。

在气价上，不管是天然气供应国还是天然气需求国，东南亚国家同样没有话语权和定价权。考虑到区域内天然气生产即将无法满足需要，东南亚国家推动区域内天然气跨境运输，加快跨东盟天然气管道[①]建设。但是，由于印尼和马来西亚等生产国的气田多已趋向成熟，产量下降，对修建跨东盟天然气管道积极性不大。再加上政府对天然气进行补贴，导致企业投资兴趣不足。因此，跨东盟天然气管道并没有作为一个整体广泛连接。同时，东南亚国家大力增建 LNG 再气化终端，成为国际 LNG 市场的重要参与者。根据中华油气项目数据库《世界 LNG 进口接收站项目报告》，截至 2021 年 12 月，东南亚地区 LNG 进口接收站共 24 个，其中，印尼 12 个，菲律宾 3 个，马来西亚、缅甸、泰国和越南各 2 个，新加坡 1 个。[②] 由于世界天然气需求强劲，近年来 LNG 价格大幅跃升，东南亚国家为此支付了更多的进口成本。

疫情冲击叠加油价暴跌，导致国际天然气市场呈现供大于求局面，东南亚天然气市场机遇与挑战并存。一方面，天然气价格下跌冲击东南亚地区天然气出口国印尼、马来西亚和文莱等国，使其产业链上游承压，给相关企业生存造成巨大压力，并使东南亚地区拟建和在建的 LNG 项目面临融资延迟问题，出现停工现象。疫情过后，随着需求恢复和增长，未来不排除出现天然气供应紧张情况。另一方面，天然气价格下跌使国际天然气市场从卖方市场转向买方市场。2020 年 4 月，天然气价格首次与煤炭价格持平。这有力地提高了天然气竞争力，有助于推进东南亚地区能源转型。同时，国际气价持续低位徘徊，且世界各区域天然气价格逐渐趋同，有利于东南亚国家健全天然气来源多元化海外供应体系，提高买家在天然气定价方面的话语权，消除“亚洲溢价”带来的负面影响。

4. 清洁能源贸易

面对社会、环境等多方面挑战，东南亚国家推进能源系统的清洁低碳发

---

① 1999 年，东盟制定《跨东盟天然气管道总体规划》，投资 142 亿美元修建一条总长度为 4500 公里的跨东盟天然气管道（TAGP），预期在 2020 年前投产。截至 2018 年，泰国、缅甸、印尼、新加坡、马来西亚和越南 6 个成员国通过 13 条总长度为 3673 公里的天然气管道相互联通。

② 中华油气项目数据库：《世界 LNG 进口接收站项目报告》，http：//www.chinagasmap.com/downloads/statistics/Project% 20Report% 20 -% 20World% 20LNG% 20Import% 20Terminals% 20Chinese.pdf。

展势在必行。

（1）核能合作

出于政治、经济和环保等方面的考虑，东南亚国家纷纷制定核能发展计划。由于在核能发展程度上仍处于初级阶段，东南亚国家积极与一些掌握核电技术的大国开展合作。面对东南亚核电“大蛋糕”，俄罗斯、日本、美国、法国、韩国等核电出口大国积极抢滩布局。

俄罗斯长期专注于东南亚核电市场，在竞争中独占鳌头。目前，俄罗斯曾与越南签订核电建设合同（2016 年被取消），已与泰国、印尼、新加坡、老挝、柬埔寨和缅甸开展交流学习、人才培训和能力建设等，为后续核电市场开发奠定坚实基础。

日本不仅获得越南第二座核电站建设合同（2016 年被取消），还积极为越南、泰国提供核电人才培养、技术交流和支持服务等。福岛核事故后，在国内市场萎缩的情况下，日本核电企业将重心转向海外市场，已与多个东南亚国家达成合作意向。此外，日本与美国、法国整合核电企业优势资源，针对东南亚目标国不同的情况和要求，争取核电项目的参与权。

作为全球核电装机容量最大和在运机组最多的国家，美国曾帮助菲律宾建成东南亚唯一一座核电站，并与越南签署和平利用核能合作协定。奥巴马在任期间提出“美国-东盟能源合作工作计划”（U.S. -ASEAN Energy Cooperation Workplan）[①]，聚焦包括民用核能在内的清洁能源合作。为应对“中国挑战”，特朗普与日本建立战略能源伙伴关系（JUSEP），将两国在东南亚地区的能源基建合作“作为推进印太战略、应对中国‘一带一路’倡议的重要举措”[②]。2021 年 3 月，在东盟-美国联合合作委员会（JCC）第 12 次会议上，美国与东盟签署《落实美国-东盟战略伙伴关系行动计划（2021~2025 年）》（Plan of Action to Implement the ASEAN-U.S. Strategic

---

① 《简报：美国-东盟战略伙伴关系》，美国驻华大使馆和领事馆，2020 年 9 月 11 日，https://china.usembassy-china.org.cn/zh/united-states-asean-strategic-partnership-zh/。

② 韦宗友：《美日在东南亚地区能源基础设施建设合作：举措、动因与制约因素》，《南洋问题研究》2020 年第 3 期，第 2 页。

Partnership 2021-2025)[1]，将包括民用核能在内的替代、清洁能源合作列为优先领域。

韩国、法国和加拿大也不甘落后。韩国积极开展核电外交，继俄罗斯、日本之后，获得越南第三座核电站优先谈判权。法国也与越南、印尼等国签署协议，为其核电开发和利用提供全面支持和合作。

中国尊重东盟各国和平利用核技术的权利，在"绿色发展观和可持续发展理念"指导下，扎实推进与东南亚有意发展核电国家的合作。自2013年以来，在核电"走出去"战略指导下，中国企业突出重点、循序渐进，为东南亚目标国提供多样化解决方案。在政府推动下，中国已与越南、泰国和柬埔寨等国签署和平利用核能合作协定，核能合作步入新阶段。其中，中泰核能合作取得显著进展。2015年5月，泰国启动对"华龙一号"核电技术的独立评审，将"华龙一号"作为可选技术纳入泰国发展核电的"短名单"，并派遣工程技术人员到中国学习相关技术。12月，在政府支持下，泰国国家电力公司子公司RATCH入股广西防城港核电二期项目，为泰国核电发展培养人才、积累经验。2022年9月16~18日，首届中国-东盟和平利用核技术论坛以线上线下结合方式在广西南宁正式召开。该论坛有助于深化中国与东盟各国核技术交流合作，推动中国—东盟自由贸易区高质量发展。

(2) 可再生能源贸易

东南亚核电发展踟蹰不前，可再生能源亦举步维艰。为达成可再生能源占比23%的能源转型目标，东南亚国家纷纷制定了可再生能源发展政策和预期目标，根据各自资源优势大力发展可再生能源产业和市场。在各国的努力下，东南亚地区可再生能源（不包括传统生物质能）在一次能源需求中所占的份额有所上升，但仅能满足该地区15%的能源需求。而且，风能和太阳能的贡献很小，水电和生物能源是东南亚地区可再生能源消费的主力。

[1] U. S. Mission to the Association of Southeast Asian Nations Participates in the 12th ASEAN-U. S. Joint Cooperation Committee Meeting, March 17, 2021, https://asean.usmission.gov/u-s-mission-to-the-association-of-southeast-asian-nations-participates-in-the-12th-asean-u-s-joint-cooperation-committee-meeting-2/.

东南亚国家较早开展水力资源的开发利用。目前，除了文莱和新加坡之外，水电是东南亚各国可再生能源结构中的主体。特别是中南半岛的老挝，拥有得天独厚的水力资源，水电是其电力的主要来源（80%）。但水力受季节影响大，发电不稳定，老挝在雨季出口电力（主要是泰国、越南和柬埔寨），在旱季则不得不从邻国（主要是泰国、中国和越南）进口电力。因为旱季进口电价高于雨季出口电价，老挝在电力进出口贸易中反而形成大额逆差。近年来，随着南欧江一期水电站等具有调节能力的大型水电项目的运营，老挝发电量大幅增加，电力出口出现重大突破。利用水力资源丰富的优势，老挝确立了建设“东南亚蓄电池”的发展目标。根据老挝《国家电力发展规划（2010~2020）》，未来老挝将向泰国、越南、缅甸和中国出口总计 6~18 吉瓦电力。老挝与邻国开展电力贸易有利于促进本国和区域经济发展。但是，老挝存在电源结构不科学、跨境电网建设迟缓和线路设备老化、损耗率高等问题，跨境电力贸易还面临很多问题。

除了水力资源，东南亚地区的生物质资源潜力巨大。由于生物质资源可以“就地取材”，对远离主网的偏远地区来说更为经济可行。除文莱之外，东南亚国家均积极开发生物能源，生物能源成为该地区可再生能源结构中的另一重要支柱。值得注意的是，东南亚地区是棕榈油的主要产地之一，印尼、马来西亚和泰国的棕榈油资源十分丰富。为减少进口石油，从 2010 年开始，印尼、马来西亚和泰国致力于生物燃料的开发利用。根据 BP《世界能源统计年鉴 2022》，2021 年印尼是世界第三大生物燃料生产国，仅次于美国和巴西，占世界生物燃料总产量的 8%。泰国是亚太地区第三大生物燃料生产国，仅次于印尼和中国。然而，欧盟 2018 年出台生物燃料新规，令印尼和马来西亚的棕榈油生产和出口受到一定影响。

总体而言，受技术限制、融资约束和政策不力等因素影响，东南亚地区的清洁能源开发面临着诸多障碍，东南亚国家的实际行动远远滞后于预期目标。2020 年爆发的新冠肺炎疫情进一步破坏了东南亚地区可再生能源的发展势头。一方面，世界可再生能源供应链中断，不仅影响了东南亚可再生能源领域的投资，而且减缓了该地区可再生能源项目的建设；另一方面，化石能源价格下降导致可再生能源价格相对上升，由于东南亚可再生能源目前仍处于需要政府补贴的初级发展阶段，可再生能源价格升高将导致可再生能源领域发展面临倒退风险。除了越南的风能装机容量有较大幅度增长之外，东南亚其他国家的可再生能源开发基本处于停滞状态。

二　中国和东南亚国家能源使用的安全性

“能源供应保障是国家能源安全的基本目标所在，而能源使用安全则是更高的目标追求。”[①] 由于能源生产和使用方式落后，能源生产、转换和使用效率低，中国和东南亚国家的能源浪费情况非常严重。同时，受资源禀赋和经济发展阶段所限，在当前以及未来很长一段时间里，中国和东南亚地区的能源结构仍将以化石能源特别是煤炭为主。单一品种主导的能源消费给中国和东南亚国家带来许多严重的环境问题。化石能源开发、利用和燃烧排放的二氧化硫（SO_2）和氮氧化物（NO_X）形成了酸雨，排放的粉尘烟雾引起了雾霾，排放的二氧化碳产生了温室效应等，对大气环境和人类生存产生不利影响。

（一）中国能源使用的安全性

经过几代人不懈的艰苦奋斗，中国已经形成了煤炭、电力、石油、天然气、新能源和可再生能源全面发展的能源供应格局，能源自给率不断提高。目前，中国能源安全正从以供应保障的稳定性为主向以使用的安全性为主转变。中国能源使用的不安全性主要表现为能源利用效率[②]较低、能源生产/消费结构不合理、污染物和碳排放量激增等方面。

---

① 张雷：《中国能源安全问题探讨》，《中国软科学》2001年第4期，第7页。

② 能源利用效率也称“能源效率”（Energy Efficiency），是能源投入与产出之比，是衡量能源利用技术水平和经济性的一项综合性指标。能源效率和能源强度是两个不同的概念。能源强度（Energy intensity）是指单位GDP的能源消耗。但是，国际能源署、世界银行等国际机构常把能源效率和能源强度等同起来。为了保持统计的一致性，本文也使用能源强度表示能源效率。参见王昆《能源强度与能源效率的国际比较》，《中国矿业》2012年第4期，第21~24页。

1. 能源利用效率

提高能源利用效率是缓解能源供应紧张的有效办法之一。作为一个能源紧缺国家，如何提高能源利用效率已成为中国当前及未来经济发展的一个紧迫问题。

从纵向来看，改革开放之后，中国摒弃“高能耗、低产出”的发展模式，启动了能效提升工作，能效水平不断提高，单位 GDP 能源强度呈现下降趋势。以 1998 年《中华人民共和国节约能源法》（以下简称《节约能源法》）实施为标志，中国出台了若干综合能效政策法规，并建立了完善的节能工作管理体系，以推动全社会能效工作的展开。2008 年施行的新《节约能源法》进一步将节约能源确定为中国的基本国策，并提出实施节约与开发并举、把节约放在首位的能源发展战略。自“十一五”时期以来，中国将单位 GDP 能耗下降作为约束性指标纳入国民经济和社会发展规划。在政府的大力推动下，“‘十一五’时期，单位 GDP 能耗 2010 年比 2005 年降低目标为 20%左右，实际下降 19.3%；‘十二五’时期，单位 GDP 能耗 2015 年比 2010 年降低目标为 16%以上，实际下降 18.4%；‘十三五’时期，单位 GDP 能耗 2020 年比 2015 年降低目标为 15%，2018 年比 2015 年已下降 11.4%。”① 2018 年 10 月，IEA 发布《能源效率 2018——分析及 2040 展望》（*Energy Efficiency 2018-Analysis and Outlooks to 2040*）指出，“中国在能源效率方面取得了巨大进步。如果没有自 2000 年以来的能效提升，中国 2017 年的能耗将增加 12%。”

然而，从横向来看，由于经济结构不合理、高耗能产业发展快、经济增长方式粗放等历史和现实原因，中国能源利用效率低，能源经济效益差，能源利用系统的技术和管理落后的局面没有得到根本转变②。中国各区域能源利用效率差别很大：东部的能源消耗产出效率高于全国平均水平，中部地区

① 《能源发展实现历史巨变　节能降耗唱响时代旋律——新中国成立 70 周年经济社会发展成就系列报告之四》，国家统计局，2019 年 7 月 18 日，http：//www.stats.gov.cn/tjsj/zxfb/201907/t20190718_ 1677011.html。

② 国家计委、国家经贸委、国家科委：《中国节能技术政策大纲》，1996 年 5 月 13 日。

能源消耗产出效率基本与全国平均水平持平，西部能源消耗产出效率低于全国平均水平且下降幅度较快[①]。能源消耗产出效率最低的省份，如宁夏、贵州和青海等，效率不足40%，拉低了中国整体能源利用效率。

此外，从全球范围来看，虽然近年来中国的能源强度下降较为明显（见图3-11），在所有国家中下降最快，但是工业部门特别是高耗能行业很多产品的单位产品能耗水平与国际先进水平相比，仍有10%~30%的差距。[②]按照世界平均能源效率计算，中国目前的能源消费量可以创造比现在多1倍的GDP；以美国的能源效率计算，可以创造相当于现在3倍多的GDP；以日本、英国的能源效率计算，则可以创造相当于现在6~8倍的GDP。[③] 根据IEA发布的《能源技术展望2020》（*Energy Technology Perspectives 2020*），按购买力平价计算，中国1000美元的产出需要0.12吨油当量的能源，而美国和欧洲分别仅需要0.10吨、0.07吨油当量。

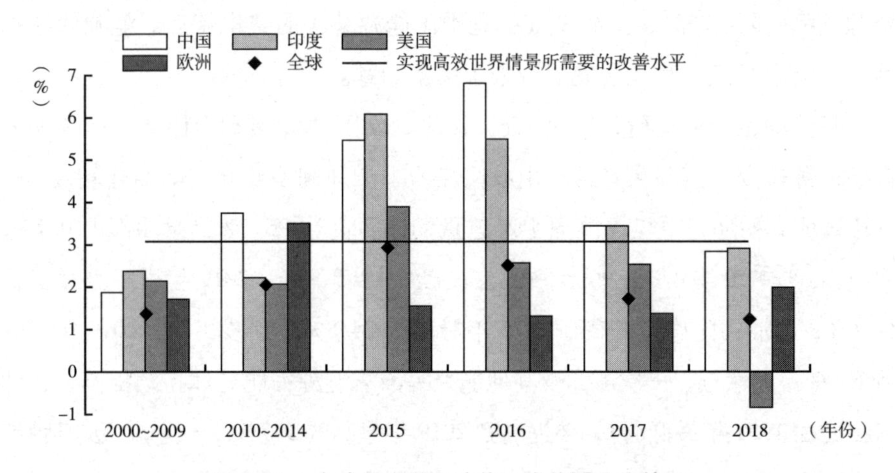

图3-11　全球及主要经济体一次能源强度情况

资料来源：中国能效经济委员会（CCEEE）：《能效2019》（中文精华版），2020年7月3日，第3页。

---

① 陈星星：《中国能源消耗产出效率的测算与分析》，《统计与决策》2015年第23期，第118页。

② 中国能效经济委员会：《中国能效2018》，2019年1月25日。

③ 史丹：《经济增长和能源消费正逐渐脱钩》，《人民日报》2017年7月3日。

在全球能源转型背景下，能源效率是第一能源已成为全球共识。《节约能源法》实施 20 多年来，中国在节能降耗领域取得巨大成效：1998~2017 年，中国能源消费强度持续下降，总体下降幅度近 40%[①]。但是，由于传统能源产能结构性过剩，不同能源系统集成互补、梯级利用程度不高，以及随着使用时间推移出现的设备老旧、技术落后等问题，中国能源效率提升速度缓慢，不适应中国构建清洁低碳、安全高效现代能源体系的总体发展要求，需要综合运用法律、经济和行政等手段，促进节约能源和能效提高。

2. 生产/消费多样性

众所周知，能源结构多元化有利于能源风险的降低。能源结构合理与否是衡量一个国家和地区经济发展状况的重要指标，也是评判一个国家和地区经济发展是否具有可持续性的重要指标。在世界能源消费结构中，石油、天然气、煤炭和其他能源的占比大体相当，可以说是“四分天下”。但是，受资源禀赋所限，“富煤贫油少气”是中国能源结构的突出特点。能源的结构性缺陷给中国经济和社会发展带来了诸多问题。

从能源生产结构看，“十一五”以来，中国“发展动力由传统能源加速向新能源转变，能源生产结构由以原煤为主加速向多元化、清洁化转变”[②]。新中国成立初期，原煤占能源生产总量的比重高达 96.3%，原油仅占 0.7%，水电占 3%。70 多年来，原煤占比在波动中持续下降，2019 年下降到最低的 68.6%；原油占比稳步提高到 1976 年最高的 24.8%后逐步下降，2019 年下降到 6.9%；天然气、一次电力及其他能源等清洁能源占比总体持续提高，天然气占比由 1957 年最低的 0.1%提高到 2019 年最高的 5.7%，一次电力及其他能源占比由 1949 年的 3.0%提高到 2018 年最高的 18.8%[③]。

---

① 中国能效经济委员会：《中国能效 2018》，2019 年 1 月 25 日。

② 《能源发展实现历史巨变　节能降耗唱响时代旋律——新中国成立 70 周年经济社会发展成就系列报告之四》，国家统计局，2019 年 7 月 18 日，http://www.stats.gov.cn/tjsj/zxfb/201907/t20190718_1677011.html。

③ 《能源发展实现历史巨变　节能降耗唱响时代旋律——新中国成立 70 周年经济社会发展成就系列报告之四》，国家统计局，2019 年 7 月 18 日，http://www.stats.gov.cn/tjsj/zxfb/201907/t20190718_1677011.html。

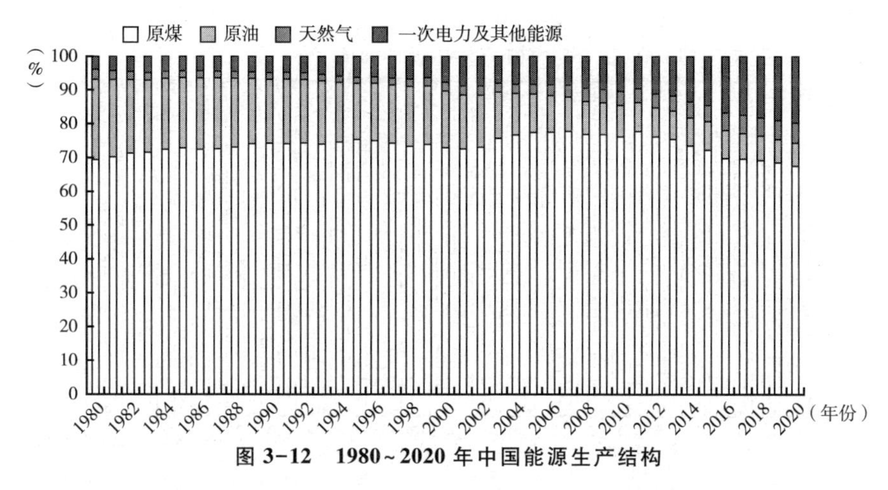

图 3-12　1980~2020 年中国能源生产结构

资料来源：国家统计局能源统计司编《中国能源统计年鉴 2021》，中国统计出版社，2022。

总体而言，中国的能源生产快速发展且结构不断优化。但是，中国的能源资源禀赋决定了国内能源供应以煤炭为主，石油、天然气、核能和可再生能源所占比重偏低。作为基础能源的煤炭正面临越来越严峻的挑战，资源储量不足、增产困难的石油和基础设施薄弱、有待政策扶持的天然气还无法满足当前和未来经济快速发展的需要，而亟待统一规划、大力发展的核电和可再生能源短期内无法取代传统化石能源。因此，构建充足的、经济的、清洁的、安全的能源供应体系，不仅是关系现代化建设的经济问题，还是关系中国未来发展的战略问题。

从能源消费结构看，"十一五"以来，中国推进能源消费革命，能源消费结构得到有效优化（见图 3-13）。煤炭占比总体呈现下降趋势，由 1953 年最高的 94.4%下降到 2018 年最低的 59.0%；石油占比在波动中提高，由 1953 年最低的 3.8%提高到 2018 年的 18.9%；天然气、一次电力及其他能源等清洁能源占比总体持续提高，天然气占比由 1957 年最低的 0.1%提高到 2018 年最高的 7.8%，一次电力及其他能源占比由 1953 年的 1.8%提高到 2018 年最高的 14.3%[①]。

① 《能源发展实现历史巨变　节能降耗唱响时代旋律——新中国成立 70 周年经济社会发展成就系列报告之四》，国家统计局，2019 年 7 月 18 日，http://www.stats.gov.cn/tjsj/zxfb/201907/t20190718_1677011.html。

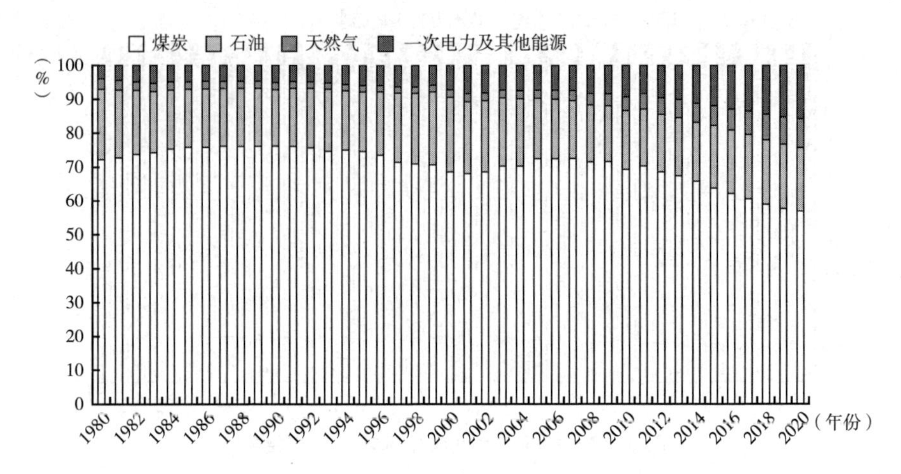

图 3-13　1980~2020 年中国能源消费结构

资料来源：国家统计局能源统计司：《中国能源统计年鉴 2021》，中国统计出版社，2022。

总体而言，中国能源消费快速增长且结构不断优化。但是，“煤炭多用于发电且利用率低，同时缺乏新技术支撑，是大气污染的主要来源；石油资源短缺且油品质量不高，对外依存度不断攀升，难以提供化工基本原料，严重制约下游精细化工行业发展”[①]；受勘探和开采技术与能力所限，国产天然气短期内难以满足高速增长的需求，供需缺口不断拉大；太阳能、风能等可再生能源并网率低，难规模化利用，水能、核能相对过剩[②]。因此，在新一轮能源竞争中，重塑节能环保、绿色低碳的能源消费体系已成为中国经济社会可持续发展的迫切要求。

3. 污染物和碳排放量

化石能源是二氧化硫、氮氧化物、烟（粉）尘和温室气体等的主要来源。作为世界上最大的能源消费国，中国因能源开发与利用而产生的污染物和碳排放越来越多。目前，中国是全球空气污染较为严重的国家之一，也是世界上新增碳排放量较多的国家之一。根据 2020 年 6 月 10 日生态环境部、

① 刘中民：《构建多能融合的能源体系》，《中国能源报》2019 年 8 月 19 日。

② 刘中民：《构建多能融合的能源体系》，《中国能源报》2019 年 8 月 19 日。

国家统计局、农业农村部公布的《第二次全国污染源普查公报》，与2007年第一次全国污染源普查数据同口径相比，2017年二氧化硫、化学需氧量、氮氧化物等污染物排放量比2007年分别下降了72%、46%和34%，污染防治取得巨大成效。但是，中国各类污染物排放量绝对数量均位居世界第一，超出中国环境承载能力。

中国大气污染以煤烟型污染为主，与以煤为主的能源消费结构密切相关。与美日等西方国家相比，中国电源结构不合理，化石能源占主导地位（见图3-14），达到70%以上，其中煤炭占67.2%。在冬季用煤高峰期，季节性燃煤造成污染物排放量剧增，多地频繁出现大范围雾霾天气。

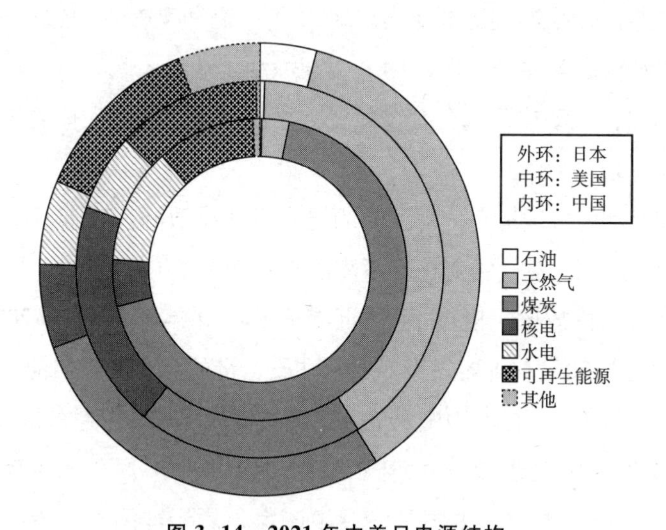

图3-14　2021年中美日电源结构

资料来源：国家统计局能源统计司：《中国能源统计年鉴2022》，中国统计出版社，2023。

大型工业项目和数量庞大的工厂是中国空气污染严重的主要“贡献者”。煤炭是重工业的首选燃料，特别是水泥和炼钢行业。石油是“工业的血液”，现代工业和现代制造业离不开石油。70多年来，伴随从依靠“洋油”到自给自足再到世界石油消费和进口大国的发展历程，中国工业从一穷二白到建立门类齐全的现代工业体系再到成为世界工厂，创造了波澜壮阔、举世瞩目的奇迹。“十二五”期间，中国跨入工业化后期，工业内部结构不断升级和优化，工业的石油消费增速有所放缓。目前，中国正在从基本实现工业化向全面实现工业化推进，工业占据石油消费较大比重的状况还将继续。

此外，机动车排放是中国城市污染的主要源头。经济社会的发展和人民生活水平的提高带动了交通运输的新需求。21 世纪，中国私人汽车的保有量增速一直保持在 10%以上。2008 年全球金融危机爆发后，中国政府为了鼓励居民消费，相继出台了《汽车产业调整和振兴规划》等多项优惠措施。从 2009 年开始，私人汽车生产和销售异常火爆，带动石油消费快速增长，国内汽油和柴油价格屡创历史新高。2012 年，交通运输用油超过工业用油，成为中国石油消费最主要的驱动力。中国炼油工业起步晚，汽油和柴油品质低于西方国家，机动车尾气含有较多有害物质，不仅危害人体健康，而且破坏人类生存环境。

煤炭和石油的含碳量高，是主要的温室气体排放源。21 世纪，全球温室效应进一步加剧，应对气候变化刻不容缓。2009 年，中国超过美国成为世界最大的温室气体排放国。根据 BP《世界能源统计年鉴 2022》，2021 年中国 CO_2排放量达到 120.4 亿吨，占世界 CO_2排放总量的 30.9%。目前，全球约一半的煤炭、近 1/7 的石油在中国燃烧，中国减排的国际压力越来越大。

根据《联合国气候变化框架公约》（UNFCCC）和《京都议定书》（*Kyoto Protocol*）的规定，中国是发展中国家，属于非附件 I 缔约方，不承担温室气体减排义务。然而，随着 2012 年“德班平台”（Durban Platform）的启动，新的国际气候变化机制将不再把缔约方分为具有减排义务的发达国家和不具有减排义务的发展中国家。面对国际社会越来越大的减排压力，中国化石能源消费受到的外来约束越来越强。

（二）东南亚国家能源使用安全性

随着经济和社会的快速发展，东南亚国家能源利用效率低、生产/消费较单一和污染物、碳排放日益增多等问题逐渐显现。和中国一样，东南亚国家在能源使用的安全性方面面临越来越大的国内外压力。

1. 能源利用效率

如果采用能源强度来衡量能源利用效率，能源强度提高意味着能源利用效率降低[①]。“20 世纪 70 年代以来，东盟国家能源使用效率随着经济增长开始有较大幅度的提高，但仍低于发达国家甚至一些发展中国家。”[②] 90 年代，由于电厂未及时更新技术设备，东盟大部分国家（除了新加坡）能源利用效率持续下降。

近年来，在国际社会的帮助下，东南亚地区能源效率不断提高。2012 年，联合国环境署（UNEP）、国际铜业协会（ICA）与东南亚国家发起“东盟阳光”项目[③]，制定了覆盖整个地区的照明、空调、汽车和电网能效标准。目前，新加坡、泰国、马来西亚、菲律宾和越南等国推出多项节能措施，比如对家用电器（如空调、干衣机、冰箱和电视机等）实施能效标签制度（Energy Efficiency Label，EEL），对发电机实施最低能效性能标准（Minimum Energy Performance Standards，MEPS）。包括缅甸、老挝和柬埔寨在内的欠发达经济体也正在制定能源效率标准、标签制度及相关法律法规。根据世界银行统计数据，东南亚一次能源强度呈下降趋势。其中，新加坡的能源利用效率最高，泰国的能源强度下降速度最快。当然，也有少数国家存在能源利用效率不升反降的情况，比如文莱、老挝、缅甸和柬埔寨（见表 3-2）。

---

① Karki, Shankar K., Michael D. Mann, and Hossein Salehfar. "Energy and environment in the ASEAN: challenges and opportunities." *Energy Policy*, Vol. 33. No. 4, March 2005, pp: 499-509.

② 郑慕强：《东盟国家能源经济的总体特征、问题及展望》，《东南亚纵横》2010 年第 8 期，第 31 页。

③ 2012 年，在亚太经合组织和欧盟资助下，联合国环境署和国际铜业协会与东盟国家合作，帮助其采用节能型电器、照明和工业设备。“东盟阳光”由国际铜业协会管理和协调，联合国环境署和马来西亚的标准与工业研究协会（SIRIM）、越南的能源与环境研究中心（RCEE）、泰国的电气与电子研究所（EEI）、菲律宾的电气工程师综合研究所（IIEE）是公私伙伴关系。

表 3-2 2015~2019 年东南亚各国能源强度

单位：百万焦耳/美元

国家	2015 年	2016 年	2017 年	2018 年	2019 年	年增长率%
文莱	4.34	4.91	5.87	5.85	6.35	9.98
柬埔寨	4.58	4.74	4.59	4.61	4.68	0.54
印尼	3.26	3.19	3.2	3.19	3.16	-0.78
老挝	3.83	4.75	4.9	4.7	4.35	3.23
缅甸	3.41	3.45	3.72	3.52	3.58	1.22
马来西亚	4.72	4.69	4.28	4.5	4.25	-2.59
菲律宾	2.96	2.93	2.89	2.81	2.68	-2.45
新加坡	2.68	2.66	2.8	2.51	2.57	-1.04
泰国	5.07	5.02	4.79	4.5	4.52	-2.83
越南	5.13	4.53	4.38	4.74	4.92	-1.04

注：2011 年 GDP 按购买力平价计算。

资料来源：世界银行 WDI 数据库（截至 2022/9/15）。

根据 IEA《东南亚能源展望 2019》，随着新一轮国际产业转移向东南亚地区的推进，制造业在该地区经济中的作用逐渐增强，到 2040 年，能源消耗将增加近一倍。但是，在各国节能政策（如最低能效标准、强制性能效标签等）鼓励下，东南亚能源利用效率的提高（主要在工业和交通运输部门）在一定程度上抵消了需求的增长（见图 3-15）。

2. 生产/消费多样性

如前所述，东南亚地区能源具有“富煤贫油多气”的特征。这一结构性矛盾给东南亚国家经济和社会发展带来一系列问题。

从能源生产结构看，受能源资源禀赋影响，东南亚地区能源生产以煤炭为主，石油和天然气为辅，可再生能源快速发展。近 20 年来，东南亚地区煤炭生产强劲，占该地区一次能源生产的 40%，是其能源净出口地位的基础。由于储量有限，再加上 2014 年和 2020 年油价两度暴跌，东南亚地区石油生产持续下降，在一次能源生产中占比为 15%左右。东南亚地区天然气产量总体上强劲增长了 30%以上，在一次能源生产中的占比超过石油，达到 30%。作为新兴替代能源，东南亚地区可再生能源持续快速增长，能够

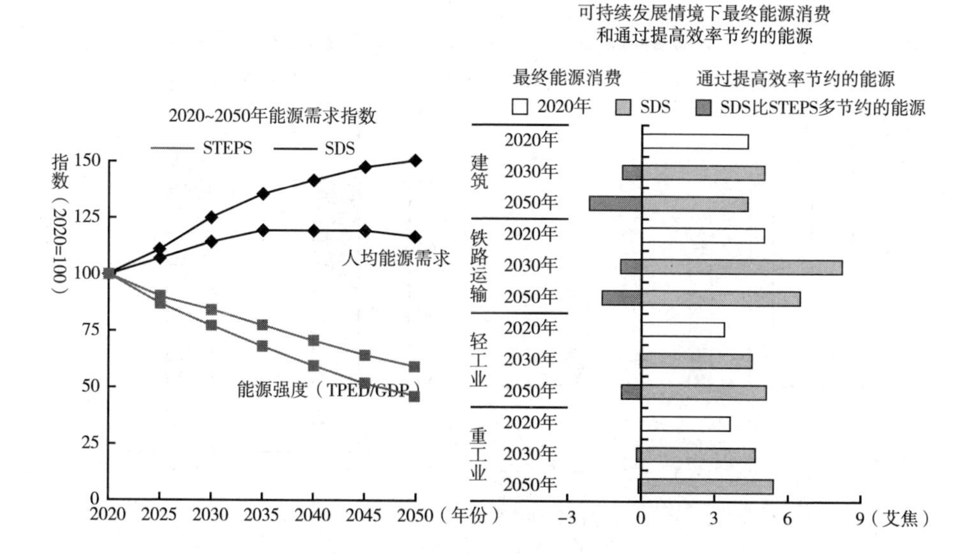

图 3-15　2020~2050 年东南亚能源需求指数和能源节约情况

资料来源：IEA，*Southeast Asia Energy Outlook 2022*，May 2022，https：//www. iea. org/reports/southeast-asia-energy-outlook-2022。

满足该地区约 15%的能源需求。

从能源消费结构看，东南亚以石油为主，煤炭和天然气为辅，可再生能源占比较小。化石能源是主导能源，占东南亚地区一次能源消费的 3/4 左右。由于廉价易得，煤炭支撑了东南亚地区经济发展和工业增长的主体需求。但是，作为重要的战略物资，石油是东南亚地区能源消费的主力。石油占地区一次能源消费的 1/3 以上，远远超过煤炭（20%）和天然气（19%）。可再生能源在一次能源需求中的绝对量有所上升，但占比落后于全球发展步伐。《东南亚能源展望 2019》预测，到 2025 年，这一比例仍将维持在 15%左右，远低于东盟能源部长会议提出的占比 23%的能源转型目标。

未来属于能源多元化。东南亚地区能源消费日益增加，仅靠单一能源品种是不明智的。近年来，东南亚国家积极利用本国能源资源优势，逐渐减少石油消费，增加煤炭和天然气的生产和消费，促进可再生能源产业发展，并

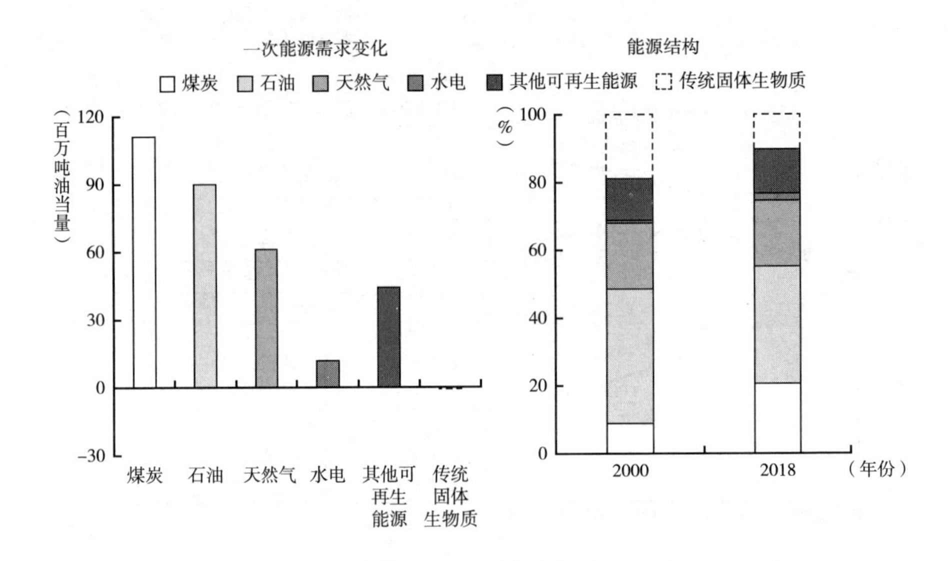

图 3-16　2000~2018 年东南亚地区一次能源需求变化和能源结构

资料来源：IEA，*Southeast Asia Energy Outlook 2019*，October 2019，https：//www.iea.org/reports/southeast-asia-energy-outlook-2019。

考虑启用核能，努力构建符合自身特点和需要的多元化能源供应和消费体系。

3. 污染物和碳排放量

根据“环境库兹涅茨曲线”（Environmental Kuznets Curve），经济发展水平与环境污染程度之间呈倒 U 形关系：“在经济发展初期，环境污染会随着人均收入的增长而增加；但是到了一定发展阶段，环境污染会随着人均收入的增长而下降。”① 东南亚大部分国家都是发展中国家，经济发展与能源消费、环境污染呈正相关。随着经济和社会的快速发展，东南亚地区电力和交通需求日益增强，发电用煤和交通运输用油成为东南亚地区与能源有关的污染物排放的主要来源。

21 世纪以来，东南亚地区电力行业正处于一个非常活跃的发展阶段。

① 王敏、黄滢：《中国的环境污染与经济增长》，《经济学（季刊）》2015 年第 2 期，第 558 页。

与中国一样，化石能源在东南亚地区电源结构中始终占据主导地位。由于供应不足，石油逐渐被煤炭所取代，在电源结构中的份额不断下降（柴油在偏远岛屿和农村地区的电力供应中仍然发挥重要作用）。东南亚被视为下一个燃煤电厂开发热点地区。自2000年以来，东南亚煤炭发电以年均9.8%的速度增长，在电源结构中的份额增加到约1/3（见图3-17）。2018年，在欧盟、中国、日本、美国等全球主要经济体燃煤发电占比都出现下降的同时，东南亚成为唯一一个煤电占比有所增长的地区（见图3-18）。[①] 根据全球能源监测、能源与清洁空气研究中心和塞拉俱乐部等联合发布的《繁荣与衰落2022：追踪全球燃煤电厂开发》（*Boom and Bust Coal 2022：Tracking the Global Coal Plant Pipeline*），除了中国和印度之外，在建的煤电项目高度集中在东南亚地区，特别是印尼、越南、菲律宾和柬埔寨等国（见表3-3）。

表3-3　2021年东南亚各国煤电装机容量

单位：兆瓦

国　家	开工前准备	在建	全部开发活动	搁置	运行	取消（2010~2021）
印　尼	10840	15419	26259	11220	40162	32770
越　南	20130	6840	26970	3540	22717	44915
马来西亚	0	0	0	0	13280	4900
菲律宾	2670	1621	4291	5600	10557	10980
泰　国	600	0	600	56	5988	11670
老　挝	6126	0	6126	600	1878	700
柬埔寨	700	1015	1715	0	705	4880
文　莱	0	0	0	0	220	0
缅　甸	0	0	0	0	160	21225
东南亚地区总计	41066	24895	65961	21016	95667	132040

资料来源：Global Energy Monitor，CREA，E3G，Sierra Club，SFOC，Kiko Network，CAN Europe，LIFE，BWGED，BAPA，and Waterkeepers Bangladesh，*Boom and Bust Coal 2022：Tracking the Global Coal Plant Pipeline*，April 2022，https：//globalenergymonitor. org/wp-content/uploads/2022/04/BoomAndBustCoalPlants_ 2022_ English. pdf。

① 李丽旻：《东南亚绿色能源转型乏力》，《中国能源报》2019年5月13日。

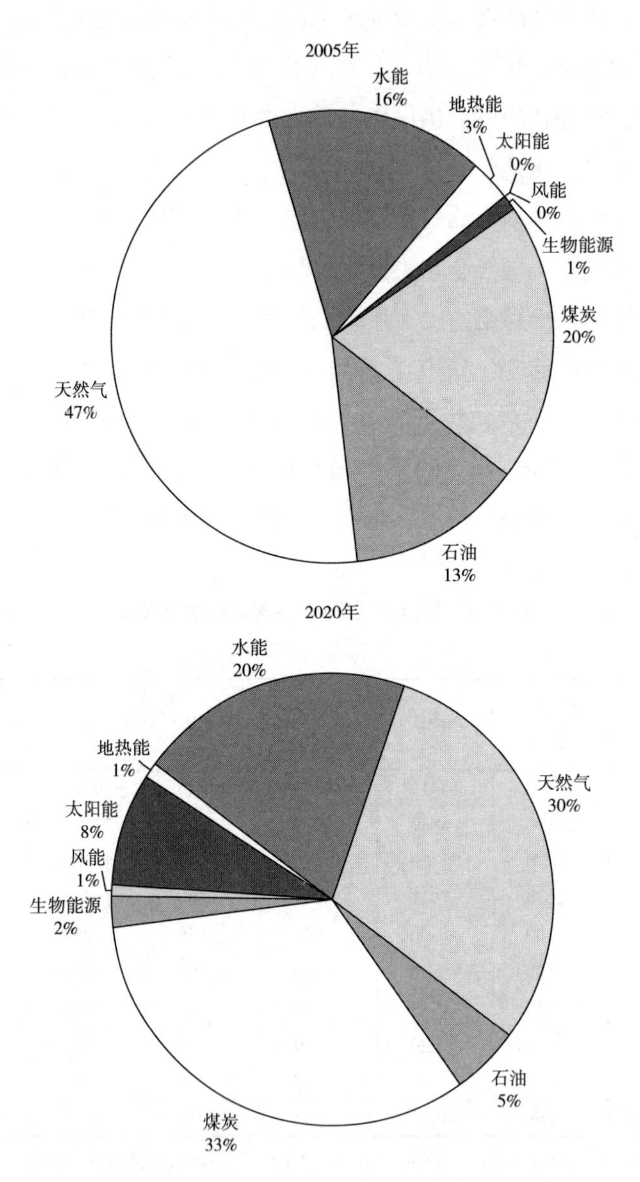

图 3-17　东盟 2005 年与 2020 年各类燃料装机容量对比

注：生物能源包括生物质、沼气和废物。

资料来源：The ASEAN Secretariat, *The 7th ASEAN Energy Outlook (2020-2050)*, Sep. 15, 2022, p. 36。

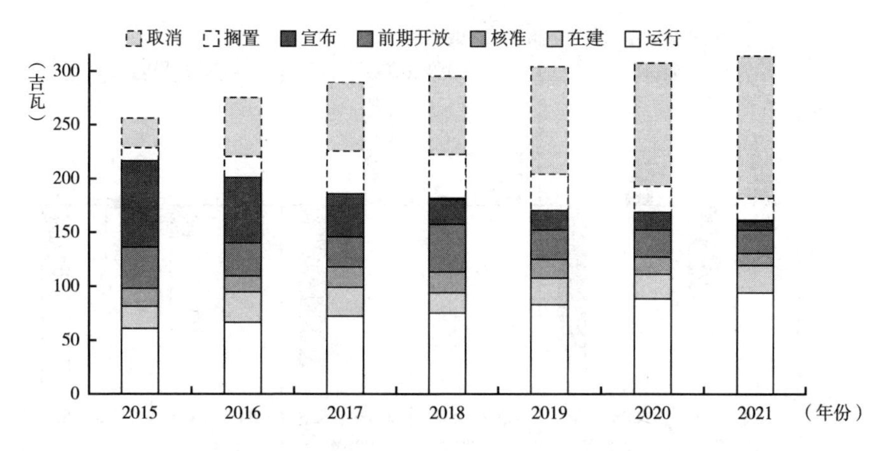

图 3-18　2015~2021 年东南亚地区煤电装机容量

注：图中未显示到 2021 年退役容量小于 1 吉瓦。

资料来源：Global Energy Monitor，CREA，E3G，Sierra Club，SFOC，Kiko Network，CAN Europe，LIFE，BWGED，BAPA，and Waterkeepers Bangladesh，*Boom and Bust Coal 2022：Tracking the Global Coal Plant Pipeline*，April 2022，https：//globalenergymonitor. org/wp-content/uploads/2022/04/BoomAndBustCoalPlants_ 2022_ English. pdf。

随着城市中产阶级的崛起，东南亚市场对汽车的需求日趋增强。汽车需求与石油产品密切相关，是石油需求增长的主要驱动力之一。由于公共交通和电气化交通相对不发达，自 2000 年以来，东南亚国家（主要是马来西亚、泰国、印尼和菲律宾）汽车保有量快速增长。然而，公路的扩张并没有跟上车辆数量的增长，再加上有限采用车辆燃油经济性标准①，不仅造成了严重的交通拥堵问题，而且增加了污染物的排放，使城市空气质量日益恶化（见图 3-19）。

化石燃料在能源结构中的强势地位和相对薄弱的污染控制导致东南亚地区污染物和碳排放量的强劲增长。虽然部分国家已制定空气质量标准，但执行力度有限，空气污染经常超出浓度限制。此外，由于老挝、缅甸和柬埔寨等国清洁炉灶普及率不高，固体生物质在简单炉灶中不充

① 燃油经济性标准（Fuel Economy Standards）是用来衡量汽车行驶一定距离所消耗的燃油量的指标。二氧化碳是汽车尾气最主要的成分，二氧化碳排放量与燃油消耗量直接相关。目前，东南亚地区只有越南制定了燃油经济性标准。

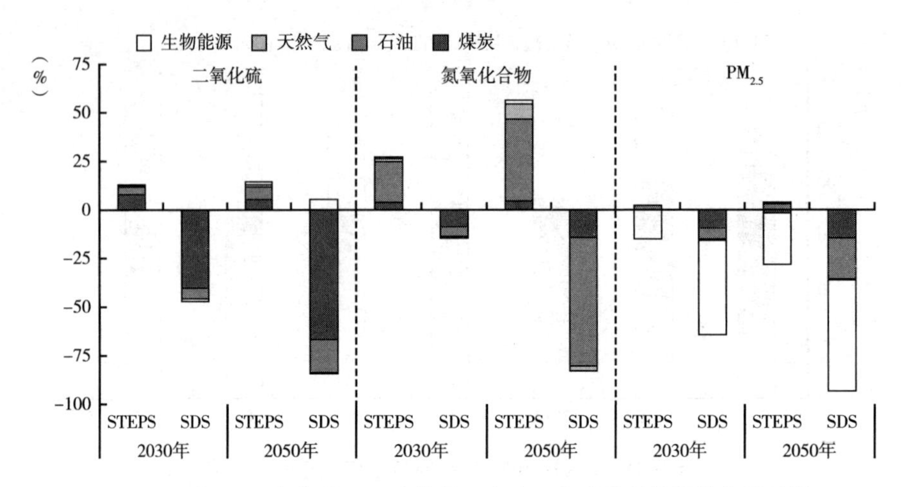

图 3-19 与 2020 年相比，不同情景下东南亚各类燃料的污染物排放量

资料来源：IEA，*Southeast Asia Energy Outlook 2022*，May 2022，https：//www. iea. org/reports/southeast-asia-energy-outlook-2022。

分燃烧产生大量有害物质。目前，东南亚地区 80%的人口暴露在大气细颗粒物污染之下，远远超过了世界卫生组织（WHO）设定的最低临时空气质量目标。

对东南亚国家来说，化石能源开发利用的最大挑战在于面临越来越大的国内外减排压力。根据 BP《世界能源统计年鉴 2022》，东南亚地区 CO_2 排放量由 2000 年的 7.9 亿吨增加到 2021 年的 17.1 亿吨（见图 3-20），年均增长 3.8%。由于大多数人口和大部分经济活动集中于沿海地区，东南亚国家更容易受到气候变化的影响，一些国家已经面临干旱、洪水和台风等恶劣天气。

从图 3-20 可以看出，印尼是东南亚地区 CO_2 排放量最大的国家。2019 年，该国 CO_2 排放量达到 6.13 亿吨，位居世界第七、亚洲第四。越南是东南亚地区乃至全世界 CO_2 排放增速最快的国家。2019 年，越南 CO_2 排放量达到 2.93 亿吨，比上一年度增长了 20.6%。

总体而言，以煤炭为主的资源禀赋和以石油为主的消费模式决定东南亚国家在今后较长时期内对化石能源的依赖程度还很高。但是，面对越来越大

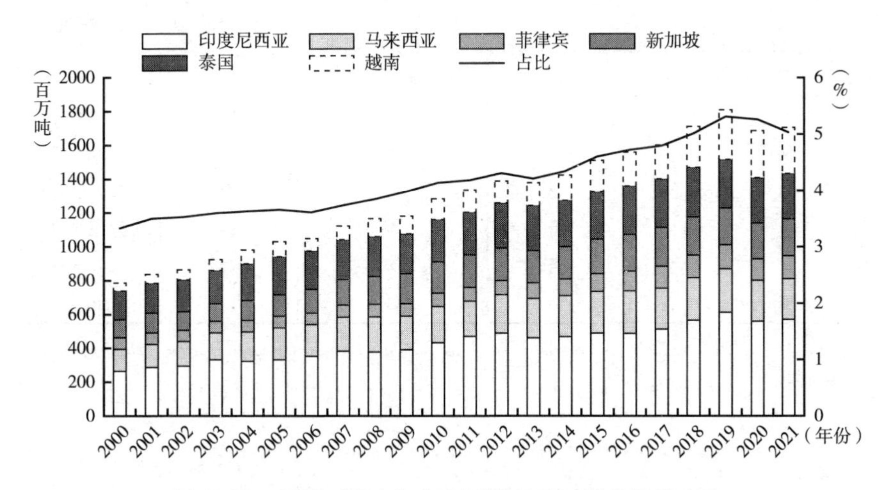

图 3-20 2000~2021 年东南亚国家 CO_2 排放量及占比

资料来源：BP，Statistical Review of World Energy-all Data，1965-2021。

的公众反对和减排压力，新的燃煤电厂越来越难以获得有竞争力的融资。2021 年，日本、韩国、中国和部分 G20 国家宣布停止对新燃煤电厂的公共财政支持。这表明，支持东南亚煤电扩张的国际公共融资逐渐枯竭。在 2021 年 11 月格拉斯哥气候峰会（COP26）之前和会议期间，东盟发布《东盟能源合作行动计划（2021~2025）》，更新了巴黎气候协定下的国家自主贡献目标（NDCs），在退煤、碳税、碳交易和净零排放目标上做出一些新承诺（见表 3-4），印尼、菲律宾、新加坡、越南和文莱也签署了《全球煤炭转型至清洁能源声明》（*Global Coal to Clean Power Transition Statement*）。

表 3-4 COP26 东南亚国家关于气候问题和国家承诺的最新进展

国　　家	退煤承诺	甲烷减排	绿色能源互联网	产品能效	碳中和/净零目标
文　　莱	是	否	否	否	2050 年
柬 埔 寨	否	是	是	否	2050 年
印度尼西亚	是(部分)	是	否	是	2060 年
老　　挝	否	否	否	否	2050 年

续表

国家	退煤承诺	甲烷减排	绿色能源互联网	产品能效	碳中和/净零目标
马来西亚	否	否	否	否	2050 年
缅甸	否	否	是	否	2050 年
菲律宾	是(部分)	是	否	否	未设定目标
新加坡	是	是	否	否	21 世纪中叶前后
泰国	否	否	否	否	2065 年
越南	是	是	否	否	2050 年

资料来源：The ASEAN Secretariat，*The 7th ASEAN Energy Outlook*（*2020 - 2050*），Sep. 15，2022，p. 134。

第四章　中国—东南亚能源安全影响

能源是一把双刃剑。严格地讲，人类任何生产、生活活动，包括能源的采掘、运输、加工和使用在内，都或多或少对生态和环境产生影响。不合理的开发和利用，包括滥伐森林烧柴、过度采集薪草、乱采滥挖矿产，造成生物多样性减少、水土流失、土地退化和沙漠化，对人类的生存和经济社会发展造成严重威胁。

能源安全影响可分为资源环境影响和经济社会影响。资源环境影响主要表现为资源衰竭、环境恶化和生态失衡等，它反过来对能源安全系统造成巨大资源环境压力。经济社会影响很广泛，能源贫困（Energy Poverty）[①] 是最突出的表现。它不仅对身体健康带来不可逆的不良影响，而且从各个方面制约经济和社会发展。用能水平、用能结构和用能能力是度量能源贫困的重要指标，它们反映了一个国家或地区的经济发展状况、居民健康保障水平和社会公平程度。[②]

① 当前国际社会对于能源贫困的定义通常有两种类型：一种是“能源贫困”；另一种是“燃料贫困”，两者的区别主要在于关注的核心问题不同。发展中国家能源贫困指不易获得和消费现代能源，关注能源可获取性，主要表现为通电率低和利用较为传统低效的设施消费传统生物质能源；发达国家能源贫困指因生活能源支出而承受较重经济负担，关注能源可支付性，主要表现为生活用能支出占比较高。参见吴文昊《基于能源贫困视角的中国城乡家庭用能差异》，《现代商贸工业》2020年第20期；魏一铭、廖华、王科、郝宇《中国能源报告（2014）：能源贫困研究》，科学出版社，2014。

② 魏一铭、廖华、王科、郝宇：《中国能源报告（2014）：能源贫困研究》，科学出版社，2014，前言。

21 世纪以来，能源和环境已成为制约中国和东南亚国家经济社会发展的瓶颈之一。特别是国际金融危机后，中国和东南亚大多数国家普遍面临能源紧缺、经济下行和生态环境恶化等多重挑战。在国际能源转型的大背景下，中国和东南亚国家的能源安全压力巨大：既要通过需求侧改革适度节制能源消费，通过经济结构调整、促进技术创新、完善政策制度和强化监督管理遏制排放增长和改善空气质量，避免或减少对资源、环境和生态的负面影响；又要在供给侧鼓励新能源基础设施投资，为能源贫困家庭和地区提供现代能源服务，确保 2030 年联合国可持续发展目标 7（SDG7）“人人获得负担得起、可靠和可持续的现代能源”目标的实现。

一　中国和东南亚国家能源安全的资源环境影响

随着能源资源的大量开采使用、能源消费总量的持续增长，中国和东南亚国家因能源开发和利用所产生的资源衰竭、环境恶化和生态失衡等问题日益突出，资源与环境对能源系统的约束作用越来越强。

（一）中国能源安全的资源环境影响

中国是一个气候条件复杂、生态环境脆弱、自然灾害频发、易受气候变化影响的国家。近年来，在经济发展的推动下，中国能源产业快速发展。与此同时，由能源开发和利用引发的资源和环境问题日益凸显，成为中国社会主义现代化建设亟待解决的重大问题之一。

化石能源是不可再生的，现在开采得越多，留给子孙的就越少。根据 BP《世界能源统计年鉴 2022》，以 2021 年的生产能力计算，中国煤炭、石油和天然气的储产比分别为 37、18.2 和 43.3，与世界平均水平有较大差距。这意味着中国化石能源后备储量严重不足。

煤炭是中国的主体能源和重要工业原料。但是，以煤为主的能源结构不仅难以支撑中国的现代化，而且带来严重的生态破坏和环境污染问题。中国虽煤炭资源丰富、种类齐全、分布广泛，但高品质炼焦用煤和无烟煤比例不高，而且埋藏较深（地下 700～1000 米），开采困难。长期以来，煤炭生产方式存在高强度、粗放式和大规模等问题，采矿方法落后、装备陈旧、技术薄弱、管理混乱，采富弃贫、采主弃副等现象普遍存在，特别是小煤窑的私挖滥采屡禁不止，给煤炭资源造成极大的浪费。近年来，由于经济发展需要，煤炭产量和产能不断扩大，平均每年增量达 2 亿吨左右。产能急剧扩张带来资源、环境、安全等重重隐患。频繁发生的地下水破坏、土地塌陷、环境污染和植被破坏等现象，已经严重影响煤炭行业的可持续发展。值得注意的是，中国煤炭的储产比远低于世界平均水平（139），每年近 40 亿吨的消费量早已大大超出其生产的极限能力。此外，中国露采煤矿极少，绝大部分都要通过井工开采。在冬季煤炭热需时，容易发生矿难事故。煤炭是污染物和碳排放物的主要来源之一。在全球应对气候变化的大背景下，中国以煤炭为主的能源消费正面临来自国内外越来越大的减排压力。

石油是中国重要的战略能源和化工原料。石油工业体系十分庞大，生产工艺和环节复杂，对生态环境和人类自身造成各种消极影响。从开始勘探修路平整场地，到钻井开发产生的废气、废水、废渣和各种有毒有害的流体混合物质，管控不好就会造成采油区的污染。石油在油轮、油管和油罐车等运输过程中的突发性事故溢油，不仅造成巨大的经济损失，还带来对周边生态环境的污染和破坏。20 世纪 70 年代以来，中国大大小小溢油事故多次发生。2010 年 7 月，中石油大连海域污染事件导致上万吨原油入海，约 430 平方公里海域遭污染，创下中国海上溢油事故之最。石油的加工、提炼多数是化学反应过程①，会产生大量有毒物质，并通过农作物尤其是地下水进入食物链系统，最终直接危害人类。此外，石油燃烧使大气中的二氧化碳增多，加剧温室效应；释放大量 SO_2，易形成酸雨，损害植物生长、危害渔业；产生的氮氧化物，是光化学烟雾的罪魁祸首之一。

① 石油炼制过程产生的主要环境影响类别依次是臭氧耗竭、气候变化、人类毒性、细颗粒物形成、光化学氧化、水体酸性化、陆地生态毒性、淡水生态毒性及富营养化，对人类健康方面的影响更明显。参见刘业业《石油炼制工业过程碳排放核算及环境影响评价》，山东大学博士学位论文，2020，第 91 页。

天然气是中国的主力清洁能源。与碳密集型化石能源煤炭和石油相比，天然气污染小，几乎不含硫、粉尘和其他有害物质，具有气候效益。但它也属于化石能源，会产生二氧化碳。近年来，中国非常规油气勘探开发取得一系列突破性进展，但环境污染隐患制约非常规油气的开发利用达到预期。

核能和可再生能源是中国的未来能源之一，但是，它们也有局限性。若不善加开发，一样会造成环境污染和生态破坏。

核电是一种清洁能源，但也存在化学物质的排放、热污染、噪声，以及土地和水资源的耗用等。到现在为止，还没有一个国家找到安全、永久处理高放射性核废料的办法。核电站退役①，无疑更是一项耗资巨大、耗时漫长的工程。不过，核泄漏才是核电安全发展面临的最大隐患。半个多世纪以来，世界上已经发生数起核泄漏事故，如切尔诺贝利、三哩岛和福岛核泄漏，对生态和环境造成无可挽回的影响。中国是世界第四大核电国家，在建核电机组数量位居世界第一。面对特大地震、海啸等自然灾害和核恐怖主义的威胁，中国应警钟长鸣。

水能是可再生资源，可持续给人类提供电力。但是，水电开发会对区域自然环境（水文、气候、植被、土壤、景观、生物多样性等）和社会环境（如人群健康、移民、文物等）产生一定的负面影响。特别是水电梯级开发，影响范围广、因素多、周期长，部分影响具有滞后性、累积性，甚至具有不可逆性。中国是水电大国，然而，若是无序、无度开发，已建和在建水电站可能产生诸多环境污染和生态失衡问题。

固体燃料燃烧导致的室内空气污染是全球十大健康风险之一。虽然中国已实现电力全覆盖，但在偏远落后地区，固体燃料（煤炭、柴草和秸秆）仍是农村家庭主要炊事用能。固体燃料在简单炉灶中燃烧会产生

---

① 根据法国核电政策专家 Mycle Schneider 主编的《2018 世界核能产业现状报告》（*The World Nuclear Industry Status Report 2018*），只有美国、德国和日本三国的 19 座反应堆完成了退役工作，但只有 10 座恢复成绿地。在完成退役的反应堆中，最快的只用了 6 年，最慢的花了 42 年。它们大多是小型的展示堆或实验堆。截至目前，业界还没有运行了 40 年的大型商业化核电站完成退役的经验。中国在运反应堆的平均年龄为 7.2 年，低于世界反应堆的平均年龄（超过 30 年）。

有毒气体和可吸入颗粒，对农村居民，特别是妇女和儿童的健康造成严重危害。

看起来“清洁”的太阳能也并非零污染、零排碳，而是将环境成本转嫁给生产国。比如，制造太阳能电池板的主要材料是单晶硅，它的开采、提纯和加工都会直接产生污染。中国是全球最大的太阳能电池和组件生产国。太阳能产业“虽然带动了当地产业的兴起，却也让这些地区饱受污染之苦，并让从事相关工作者身处危险的环境”①。此外，制造太阳能电池板需要大量的能源，退役或废弃的太阳能电池板也很难回收，不论是焚烧还是粉碎掩埋，都会对环境造成二次污染。制造风电设备同样如此，并会给当地居民带来噪声、视觉污染，产生电磁干扰，危及鸟类安全。

（二）东南亚地区能源安全的资源环境影响

东南亚地处亚洲与大洋洲、印度洋与太平洋之间的“十字路口”，海陆地形复杂，是气候变化最为活跃的区域之一，也是受气候变化不利影响最为严重的区域之一，更是适应气候变化能力最弱的地区之一。21 世纪，逐渐增多的极端天气气候事件给东南亚国家社会经济发展和人民生命财产安全带来诸多不利影响，成为该地区实现经济和能源可持续发展的重大挑战。

近年来，随着经济的发展和人口的增加，大规模、高强度的开采造成东南亚地区能源资源日益枯竭。东南亚石油开发较早，开采程度高，剩余可采储量不多。根据《BP 世界能源统计年鉴 2021》，2020 年东南亚石油储产比为 21. 7，仅为世界均值的 2/5；天然气储产比为 25. 5，也低于世界平均水平（48. 8）；煤炭储产比为 70. 3，高于该地区的油气储产比，但远低于世界平均水平（139）。和中国一样，东南亚地区化石能源后备储量比较有限，面临严重的资源衰竭危机。

---

① 连以婷：《太阳能光伏真的清洁吗？来看看“隐藏”污染》，北极星太阳能光伏网，2015 年 11 月 30 日，https：//guangfu. bjx. com. cn/news/20151130/686430. shtml。

煤炭是东南亚地区的基础能源。近年来，为满足经济发展需要，东南亚地区煤炭产能急剧扩张。掠夺性的开采加速了煤炭资源的枯竭，煤炭燃烧所造成的空气污染也成为对公众健康的一大风险，并增加了与能源相关的二氧化碳和空气污染物的排放量。以煤炭大国印尼为例，由于技术和设备落后、开采效率低下，不可避免地造成了生产过程中的浪费。自中央政府实施分权改革以来，印尼煤炭富集地区的地方政府获得了煤炭矿业权证的发放权。因缺乏政府必要的监管，地方官员为谋取个人利益发放了成千上万的煤炭矿业权证。这虽然促进了煤炭行业的快速扩张和出口的激增，但是，掠夺性开采也加速了煤炭资源的枯竭。此外，印尼承认“民采权”，允许民众及其社区为满足当地消费而采矿。在这种情况下，没有煤矿开采许可证的小型非法采矿急剧增加。印尼的煤炭大部分接近地表，由于不需要遵守矿山安全和环境法规，大量非法和半合法的采矿经营者对自然环境和地表植被造成严重威胁。据统计，“平均每年有 380 万公顷的森林永远从印尼大大小小的岛屿上消失”①。印尼已经超过巴西成为世界上原始森林破坏率最高的国家。

作为世界四大海洋油气聚集中心之一和国际主要能源运输航道，南海是周边国家赖以生存和可持续发展的资源宝库。然而，“由于南海周边各国竞相加快对油气资源勘探与开发，海上钻井平台、海底输油管线以及海上石油储藏运输设施等逐年增加，南海海域已属于溢油事故多发海域和污染密集区域”②，给海洋生态环境造成难以估量的损失。一方面，由于陆上油气资源逐渐减少，马来西亚、越南和印尼等东南亚国家将油气开发的重点转向了近海乃至深水区域。目前，南海油井达千余口，存在操作失误或自然灾害造成溢油事故的风险。特别是北部湾，随着越南非法海上采油平台和海底输油管道不断增加，已经成为溢油事故的多发区域。另一方面，南海海域是中国、

① 吴崇伯：《印尼林业经济分析：发展、问题与政府对策》，《东南亚研究》2007 年第 5 期，第 11 页。

② 薛桂芳：《“一带一路”视阈下中国-东盟南海海洋环境保护合作机制的构建》，《政法论丛》2019 年第 6 期，第 75 页。

日本和韩国的油气输入大动脉以及东南亚国家之间的交通要道，发生船舶漏油的风险很大。

水电在东南亚能源体系中占据重要份额。然而，气候变化正在对东南亚的水资源产生重要影响。最突出的是湄公河下游 5 个国家，约 7000 万人口依靠湄公河提供的水源、食物、贸易、灌溉和交通等资源维持生活。近年来，上游大量建坝与厄尔尼诺现象相叠加，给湄公河流域造成严重影响。2016 年湄公河三角洲发生严重干旱，水位降至有记录以来一个世纪的最低水平，对中南半岛国家的水电生产和居民生活产生不利影响。

在东南亚地区，生物质能是可再生能源中的另一重要支柱，在一次能源结构中扮演着重要角色。传统生物质燃料（包括薪柴、木炭和农业废料等）是很多家庭进行炊事的热源。然而，在未经改进的炉灶中使用传统生物质燃料不仅造成环境空气污染，而且存在严重的健康风险。根据 IEA《东南亚能源展望 2019》，2018 年东南亚地区因户外和家庭空气污染而过早死亡的人数超过 45 万人。预计到 2040 年，该地区约有 1.75 亿人（其中老挝、缅甸和柬埔寨有一半或更多的人口）仍然依赖传统生物质燃料进行炊事，因户外和家庭空气污染而过早死亡的人数将由 2018 年的 45 万人增加到 2040 年的 65 万人。

此外，为了降低对石油进口的依赖，印尼、马来西亚和泰国纷纷实施了生物燃料掺混政策，逐步提高生物燃料在交通运输领域的消费比重。但是，由于与棕榈树生长相关的碳排放量大，且种植园扩张破坏了原始森林和泥炭地，再加上与此相关的劳工权益等问题，东南亚国家的棕榈油生产一直备受争议。2019 年初，欧盟以东南亚地区油棕种植导致森林、湿地或泥炭地遭大面积破坏和排放更多的温室气体为由，决定自 2030 年开始禁止进口和使用东南亚棕榈油制成的生物燃料，导致双方贸易纠纷不断升级。

二　中国和东南亚国家能源安全的经济社会影响

能源贫困是国际能源体系面临的三大挑战之一，备受国际社会的广泛关注。在潘基文秘书长的倡议下，联合国大会将 2012 年定为“人人享有可持续能源国际年”。2015 年 9 月，联合国可持续发展峰会一致通过《改变我们的世界——2030 年可持续发展议程》，将“确保人人获得负担得起的、可靠和可持续的现代能源”列为 2030 年可持续发展目标之一。世界卫生组织关注固体燃料导致的室内空气污染问题，每年通过《世界卫生报告》发布世界各国使用固体燃料进行炊事的人口比例。从 2002 年起，IEA 在每年发布的《世界能源展望》中专设“能源贫困”一章评估能源贫困现状并预测未来能源发展状况。世界银行将注意力集中在家用燃料问题上，大力推广清洁炉灶和燃料。

作为发展中国家，中国和东南亚国家普遍面临着更严峻、更复杂的能源贫困问题。能源贫困成因复杂、形式多样、后果严重——“不仅造成严重健康风险，还会对包括就业与减贫、健康与经济福利、环境与气候变化、教育与性别平等、农业生产与能源效率等在内的社会经济方面产生诸多不利影响，从而在一定程度上制约社会、经济和环境的可持续发展”[①]（见图 4-1）。

（一）中国能源安全的经济社会影响

改革开放以来，中国经济快速发展，人民的消费水平普遍提高，对能源资源开发、利用的强度和总量不断提升。2010 年，中国成为世界第一大能源消费国。但是，由于经济社会发展不平衡、城乡差异大，中国仍然存在能源贫困问题，且具有鲜明的中国特色。与世界发达国家相比，中国人均能源消费量仍然比较少，且在种类和比重方面存在显著的城乡和区域差异。同时，尽管无电人口用电问题已得到解决，“目前仍有部分农村家庭以传统生物质能（薪柴、秸秆等）作为主要生活能源，无法享受稳定的电力及其他

① 唐鑫：《农村居民炊事燃料选择及其影响研究》，北京理工大学硕士学位论文，2016，第 2 页。

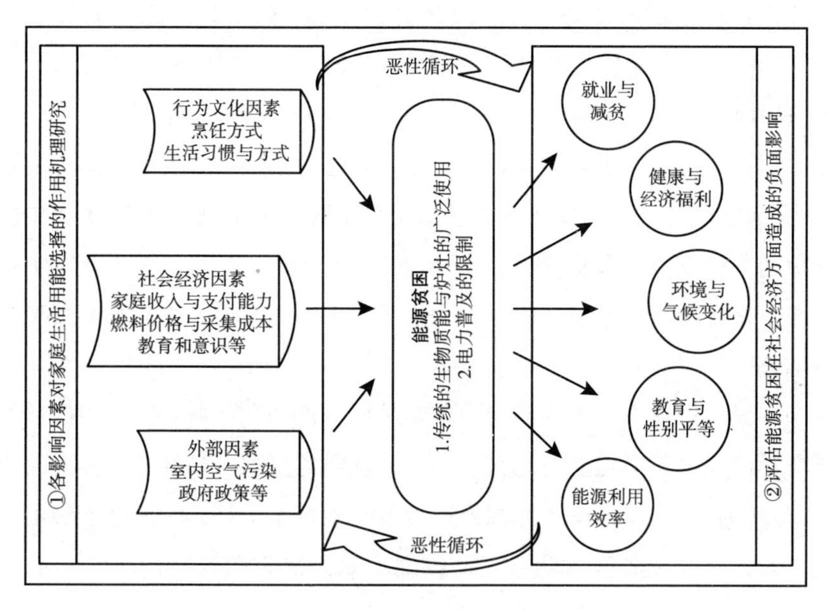

图 4-1　能源贫困因果逻辑

资料来源：廖华、唐鑫、魏一鸣：《能源贫困研究现状与展望》，《中国软科学》2015 年第 8 期，第 60 页。

清洁能源服务”①。此外，近年来，生活用能价格上涨，生活用能支出占比城乡分化明显。

1. 用能水平

人均能源消费量可以反映一个国家经济发展水平和人民生活质量。随着经济的快速发展，中国能源消费日益增长，人均能源消费量亦逐渐上升。1953 年，中国人均能源消费量仅为 93 千克标准煤，2018 年达到 3332 千克标准煤，比 1953 年增长 34.8 倍，年均增长5.7%。② 但是，受人口和能耗总量的影响，中国人均能源消费增速低于能源消费总量增速，

① 赵雪雁、陈欢欢、马艳艳、高志玉、薛冰：《2000~2015 年中国农村能源贫困的时空变化与影响因素》，《地理研究》2018 年第 6 期，第 1116 页。

② 《能源发展实现历史巨变　节能降耗唱响时代旋律——新中国成立 70 周年经济社会发展成就系列报告之四》，国家统计局，2019 年 7 月 18 日，http://www.stats.gov.cn/tjsj/zxfb/201907/t20190718_1677011.html。

呈现阶段性波动后放缓趋势："改革开放后至 1996 年增长速率为 3.5%，1996~2000 年年均增长 0.9%，2001~2006 年年均增长率达到 11.1%，2007~2014 年年均增长率为 4.8%，2015~2017 年年均增长率为1.2%。"① 尽管中国人均能源消费量于 2010 年达到并超过世界平均水平，但与发达国家相比仍然较低。根据 BP《世界能源统计年鉴 2022》统计，2021 年中国人均能源消费量仅为美国的 39%、新加坡的 17.3%。目前，中国仍处于工业化、城市化阶段，随着经济的发展和生活水平的提高，人均能源消费量将进一步增长。

李克强同志指出，中国最大的差距是城乡差距和区域差距。中国能源消费状况异常复杂，呈现显著的城乡和区域交错的多维、多梯度差异。研究发现，家庭收入、人口规模、能源可得性及受教育水平是影响家庭能源消费的重要因素，而区域地理环境特征及资源禀赋则决定了家庭能源结构的基本特征。②

一方面，从整体上看，中国家庭能源消费的城乡差异在总量方面并不显著。随着收入的不断增加和生活的不断改善，农村居民能源消费量逐年增加，且增幅较城镇居民更为明显，城镇居民和农村居民的差距呈现缩小趋势（见图 4-2）。然而，"受农村居民收入水平、能源价格、能源基础设施水平以及生物资源丰度的影响，城乡差距最小的地区基本都位于中国的东部或东北部，而城乡差距最大的地区基本都位于中国的中西部"③。

另一方面，中国家庭能源消费存在明显的区域差异。由于经济发展水平不同，中国家庭能源消费存在明显的东西差异——"东部地区明显高于中部地区，而中部地区又明显高于西部地区，东、中、西部地区能源消费量占全国能源消费总量的比重分别为 50%、30%和 20%左右，呈现出典型的三大

① 杨占红、吕连宏、曹宝、王晓、罗宏：《国际能源消费特征比较分析及中国发展建议》，《地球科学进展》2016 年第 1 期，第 98 页。

② 姜璐：《青藏高原农村家庭能源消费与能源贫困研究——以青海省为例》，兰州大学博士学位论文，2019，摘要。

③ 黄应绘：《中国城乡差距的区域差异量化比较分析》，《重庆工商大学学报》（西部论坛）2009 年第 5 期，第 35 页。

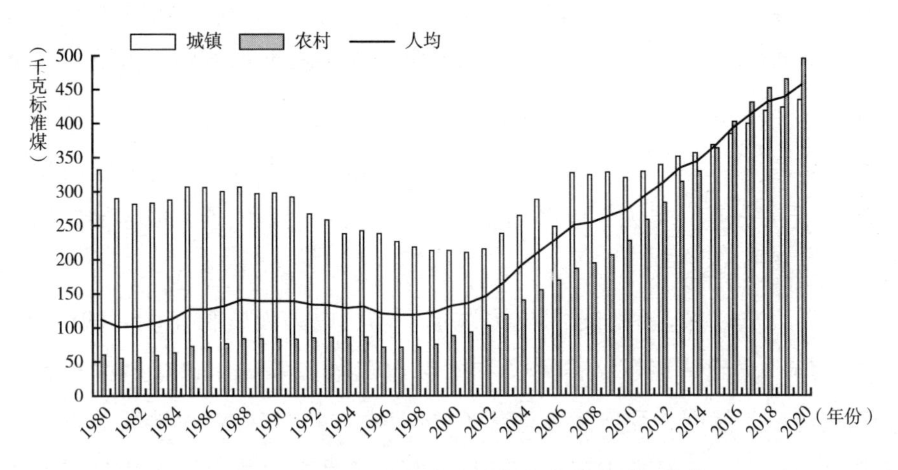

图 4-2　1980~2020 年中国城乡和人均生活用能量

资料来源：国家统计局能源统计司编《中国能源统计年鉴 2021》，中国统计出版社，2022。

‘俱乐部’特征”①。由于地区温度差异对家庭能源消费具有负效应，中国家庭能源消费还表现出显著的南少北多趋势。北方冬季气温低，中国自 20 世纪 50 年代对城市进行集中供暖投资。无法获得集中供热的农村地区使用生物质和煤炭解决。此外，若将中国进一步细分为八大经济区域②，能源贫困程度由重到轻依次为黄河中游、东北地区、西南地区、长江中游、西北地区、北部沿海、东部沿海和南部沿海③。

2. 用能结构

电是现代生活不可或缺的能源。改革开放前，中国电力事业发展缓慢，不仅农村基本没有电力供应，而且没有形成全国或地区性的大型电网。

① 李国志：《能源消费差异性及与经济发展水平的关系——基于东、中、西部地区动态面板数据》，《岭南学刊》2012 年第 1 期，第 64 页。

② 八大经济区分别为东北地区（辽宁、吉林、黑龙江）、北部沿海地区（北京、天津、山东、河北）、东部沿海地区（上海、江苏、浙江）、南部沿海地区（广东、福建、海南）、黄河中游地区（陕西、河南、山西、内蒙古）、长江中游地区（湖南、湖北、江西、安徽）、西南地区（广西、云南、贵州、四川、重庆）及西北地区（甘肃、青海、宁夏、西藏、新疆），本分区不包括港澳台。

③ 蔡子儒：《中国区域能源贫困评估及其特征识别分析》，江西财经大学硕士学位论文，2020，第 27 页。

“1978 年底，中国发电装机容量为 5712 万千瓦，发电量为 2565.5 亿千瓦时，仅相当于现在一个省的规模水平。人均装机容量和人均发电量还不足 0.06 千瓦和 270 千瓦时。发电装机容量和发电量仅仅分别居世界第八位和第七位；35 千伏以上输电线路维护长度仅为 23 万千米，变电设备容量为 1.26 亿千伏安。”① 电力供应严重短缺限制了生产力的发展，成为制约国民经济发展的瓶颈之一。

改革开放以来，中国进行电力改革，加快电力投资和建设。1982 年，中国实施“自建、自管、自用”和“以电养电”等政策，有序推进农村电气化建设。然而，受自然地理环境的约束，内陆部分农村地区的电网系统建设尚不完善，经常出现电压不稳、断电等情况，电力服务的稳定性和可靠性比较差。1998 年以来，中国大力推进农村电网扩建和改造，先后实施了两期农网改造、县城农网改造、中西部地区农网完善、无电地区电力建设和农网改造升级工程。经过几十年的努力，除了西藏、甘肃、青海等自然条件恶劣的偏远地区之外，中国在电力服务可获得性方面取得了重大突破。

21 世纪，随着工业化、城镇化水平不断提高，中国终端用能从一次能源快速向二次能源（电力）转变，人均生活用电量逐年上升，电气化程度越来越高。2011 年，中国发电装机容量与发电量超过美国，成为世界第一电力大国。然而，“到 2012 年底，全国还有 273 万无电人口，主要分布在新疆、西藏、四川、青海等省（区）偏远少数民族地区，涉及 40 个地市、240 多个县、1500 多个乡镇、8000 多个行政村”②。为加快能源民生工程建设，提高电力普遍服务水平，中国于 2013 年正式启动《全面解决无电人口用电问题三年行动计划（2013~2015 年）》。到 2015 年底，中国彻底解决无电人口用电问题，如期实现 100%的电力普及。

---

① 齐正平、林卫斌：《改革开放 40 年　我国电力发展十大成就》，《电器工业》2018 年第 10 期，第 7~8 页。

② 《全国全面解决无电人口用电问题任务圆满完成》，国家能源局，2015 年 12 月 24 日，http：//www.nea.gov.cn/2015-12/24/c_ 134948340.htm。

无电和贫困是孪生兄弟。中国注重将电力建设与扶贫工作相结合，1994年实施“电力扶贫共富工程”[①]，为用电水平极低和无电的中西部的老少边穷地区提供优惠政策。21世纪，中国进一步将可再生能源开发、生态环境保护和消除贫困相结合，鼓励实施光伏扶贫、小水电扶贫和生物质能扶贫等多种可再生能源扶贫模式。特别是光伏扶贫，被国务院扶贫开发领导小组列为精准扶贫十大工程之一。2014年，中国发布《关于实施光伏扶贫工程工作方案》，并启动光伏扶贫试点工作。光伏扶贫成为精准扶贫的重要方式和有效手段，有效增强了贫困地区的内生发展动力。为充分发挥能源开发建设在解决深度贫困问题上的基础性作用，2017年11月，国家能源局印发《关于加快推进深度贫困地区能源建设助推脱贫攻坚的实施方案》，对深度贫困地区[②]加大倾斜和支持力度，优先布局重大能源投资项目和安排资金，助力2020年全面打赢脱贫攻坚战。

总体而言，中国电力工业从小到大、从弱到强，实现了跨越式发展。目前，中国是世界上电力生产最多且增幅最大的国家。2018年，中国装机容量达19亿千瓦，比1978年末增长32倍多，发电量接近7万亿千瓦时，比1978年末增长26倍多。[③] 中国的电源结构由单一的火电（占69.7%）与水电（占30.3%）持续向结构优化、资源节约化方向迈进，已形成“水火互济、风光核气生并举”的格局。同时，中国掌握了具有国际领先水平的长距离、大容量、低损耗的特高压输电技术，运行着全球最大的电网。为提高农村家庭电气化水平，中国于2016年启动新一轮农村电网改造升级工程。

---

① 电力扶贫共富工程的目标是，从1994年到2000年，全国县及县以下用电量，在1992年的基础上再翻一番；农村户通电率达到95%以上；消灭28个无电县和基本消灭无电乡、村，使目前没有用上电的1.2亿人口，有8000万人用上电；全国建成1000个电气化县，其中，400个县的电气化水平达到原能源部发布的较高标准的要求；在经济发达地区，通过集资办电、技术节电，使一部分县在电力供应方面先“富”起来，提前解决缺电局面。

② 根据中共中央办公厅、国务院办公厅2017年印发的《关于支持深度贫困地区脱贫攻坚的实施意见》，中国深度贫困地区主要包括西藏、四省涉藏工作地区、南疆四地州和四川凉山州、云南怒江州、甘肃临夏州（简称“三区三州”），以及贫困发生率超过18%的贫困县和贫困发生率超过20%的贫困村。

③ 林伯强：《电力普及100%，能源普遍服务是中国能源发展的一大亮点》，《第一财经日报》2019年9月11日。

随着“农村机井通电”、“小城镇中心村农网改造升级”和“贫困村通动力电”三大攻坚任务的顺利完成，农村供电能力得到显著提升，农村电力消费快速增加，农村经济发展取得瞩目成就。

然而，尽管中国家庭能源消费的城乡差异在总量上基本持平，但在结构方面存在显著差异。“城市地区有相对完善的能源服务设施，比如集中供暖系统、天然气管网、输电网络和加油站等，城镇居民对高质量能源的获取程度更高；而农村地区除了电网，再没有其他的能源服务设施，难以使用天然气和集中供暖服务，煤炭是主要的商品能源”①，能源消费结构呈现高碳化特点。与城镇地区相比，中国农村地区在用能结构方面的能源贫困问题更突出。

表 4-1　2021 年中国城乡生活用能结构

单位：万吨标准煤

用能结构	城镇	农村	合计
生活消费(发电煤耗计算法)	40829.55	26651.82	67481.37
煤炭	397.49	3877.24	4274.74
油品	7839.30	3858.07	11697.30
天然气	7326.34	107.03	7433.38
热力	5388.42	—	5388.42
电力	8177.79	6912.98	15090.77
其他能源	162.32	2196.77	2359.09

数据来源：国家统计局能源统计司编《中国能源统计年鉴 2022》，中国统计出版社，2023。

固体生物质能和传统炉灶的使用，是能源贫困的主要体现之一，是包括中国在内的发展中国家普遍面临的能源问题之一。早在 20 世纪 80 年代，中国就意识到推广和普及清洁炉灶的重要性和紧迫性，开展了世界上规模最大的“国家改良炉灶项目”（National Improved Stove Program，NISP），先后在农村地区实施了省柴节煤炉灶炕推广项目、在西部涉藏工作地区实施“一

① 丁永霞：《中国家庭能源消费的时空变化特征分析》，兰州大学博士学位论文，2017，摘要。

灶一炉”温暖工程和在全国开展降氟改灶工程，并将相关工作纳入国家经济社会发展的五年规划纲要。“截至 2013 年底，已推广各类省柴节煤灶 1.23 亿台、节能炉 3100 多万台、节能炕 1900 多万铺，涉及 1.5 亿户农村家庭，受益人口有 5 亿多人。”[①] 中国还注重开展国际合作。2012 年 5 月，中国加入全球清洁炉灶联盟（Global Alliance for Clean Cookstoves，GACC）[②]，并与世界银行联合启动了“中国清洁炉灶行动倡议”项目，帮助扩大农村家庭清洁炊事和取暖炉灶的使用规模。该项目的贯彻实施对促进和繁荣我国的节能炉具产业是一个新的契机，尤其是为节能清洁生物质能炉具和生物质成型燃料产业的发展带来了更多的发展机遇[③]。目前，中国拥有世界最大的生物质能炉灶产业，安装沼气炉灶数量和太阳能炉灶存量也名列世界前茅。[④] 不容忽视的是，在中国广大农村地区和城乡接合部仍有一些低效的煤炉、柴灶在大量使用。根据 IEA 统计，截至 2020 年底，中国尚有未实现清洁炉灶可及人口 4.84 亿和依赖传统生物燃料人口 3.87 亿。总之，要实现到 2030 年全部淘汰低效炉灶和燃料的目标，中国还有很多工作需要做。

3. 用能能力

能源价格的可支付性是涉及能源贫困的重要因素之一。生活用能支出占比是生活能源可支付性的重要表现之一。如果生活用能支出占比较高，能源贫困人口将无力购买和享受基本能源服务，无法维护基本生活权益，破坏社会整体公平，影响社会和谐稳定。

收入水平是消费的基础和前提。收入水平直接决定了居民对生活能源的支付能力和支付意愿。受可支配收入的影响，低收入居民不会选择消费价格

① 《推动中国乃至全球更广泛应用清洁炉灶和燃料》，农业部，2014 年 5 月 20 日，http://jiuban.moa.gov.cn/zwllm/zwdt/201405/t20140520_3909735.htm。

② 全球清洁炉灶联盟是一个公共—私营合作组织，由联合国牵头，于 2010 年 9 月 21 日在联大第 65 届会议上宣布成立。该联盟的宗旨是创造一个全球性的高效清洁炉灶市场，改善人们的生活，减少可以避免的疾病和死亡，提高妇女的尊严和地位，同时有助于应对全球气候变化。目标是到 2020 年使全球 1 亿户家庭用上清洁高效炉灶和燃料。

③ 陈晓夫、刘广青、王晓君：《全球清洁炉灶发展及与中国的合作》，《可再生能源》2012 年第 6 期，第 124 页。

④ 张子瑞：《低效炉灶和燃料 2030 年全部淘汰》，《中国能源报》2014 年 5 月 28 日。

较高的清洁能源和用能设备，而更倾向廉价、易得的传统生物质能源和通风效果差、燃烧效率低的火塘、土灶等明火设施（特别是在农村地区）。由此，因生活能源不可支付性和高效性而产生的能源贫困问题将更加严重。

随着经济、社会发展，中国城乡居民多类生活用能支出均有所增加，城镇居民生活用能支出由 2013 年的 923 元/人增加到 2018 年的 1037 元/人，农村居民生活用能支出由 2013 年的 439.1 元/人增加到 2018 年的 608.1 元/人，农村居民生活用能支出增长快于城镇居民。同时，中国城乡居民生活用能支出占总支出比重有所下降，城镇居民由 2013 年的 5.0%下降到 2018 年的 4.0%，农村居民由 2013 年的 5.9%下降到 2018 年的 5.0%，农村居民生活用能支出占比高于城镇居民。①

值得一提的是，为保障和改善民生，实现社会福利的最大化，中国于 1987 年开始全国性集资办电，采用交叉补贴降低居民生活用电成本，大力提高电力普及率，并降低电价水平。据统计，2020 年中国居民电价平均水平为 0.551 元/度，相当于 38 个 OECD 国家平均水平（1.327 元/度）的 42%②（见图 4-3）。2022 年，受能源价格上涨的影响，欧盟、美国和日本等国的电价纷纷上涨。中国并未轻易上调居民电价，而是采取民商倒挂的模式，将居民用电价格维持在每度电 0.54~0.62 元，在国际上处于低位状态。

（二）东南亚地区能源安全的经济社会影响

能源贫困是一个全球性难题，同样困扰着东南亚国家的发展。东南亚的能源贫困主要体现在以下几个方面：一是用能水平较低，人均生活用能远少于发达国家；二是用能结构较差，无法获得以电力为代表的现代能源服务，煤炭、柴草和秸秆等固体燃料使用比较广泛；第三，用能能力较弱，难以支付相对昂贵的现代生活能源产品。

① 万雯勤：《我国农村家庭能源贫困测度及影响因素研究》，西南财经大学硕士学位论文，2021。

② 《民之所望，施政所向——透视电价里的民生情怀》，中国发展网，2022 年 2 月 8 日，http：//special. Chinadevelopment. com. cn/ztbd/2021zt/nyaqbg/2022/02/1764328. shtml。

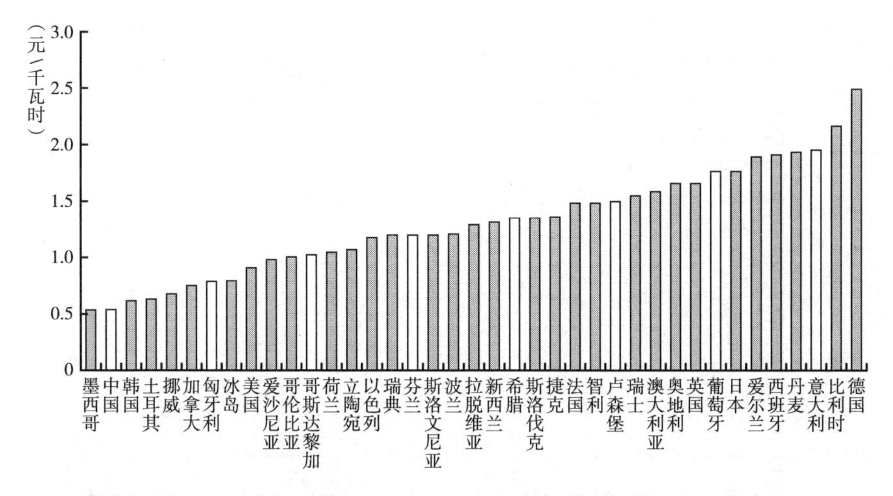

图 4-3　2020 年中国与 38 个 OECD 国家居民电价平均水平

资料来源：《民之所望，施政所向——透视电价里的民生情怀》，中国发展网，2022 年 2 月 8 日，http：//special. chinadevelopment. com. cn/ztbd/2021zt/nyaqbg/2022/02/1764328. shtml。

1. 用能水平

进入 21 世纪，随着经济社会的发展，东南亚地区人均能源消费量逐渐增加。根据《BP 世界能源统计年鉴 2022》，东南亚主要国家的一次能源消费从 2000 年的 12. 51 艾焦增长至 2021 年的 27. 3 艾焦。然而，从国际比较来看，作为发展中地区，东南亚国家的人均能源消费水平是相对较低的。除了新加坡和马来西亚，其他国家均低于全球平均水平。因此，需求进一步增长的空间是巨大的。

从具体数字来看，东南亚各国人均能源消费并不均衡，差异性十分显著（见图 4-4）。东南亚能源大国印尼，人均能源消费不仅不及该地区平均水平，而且远远低于新加坡和泰国等能源消费国。从地域分布来看，马来群岛国家人均能源消费高于中南半岛国家，是其 4~5 倍。从经济发展水平来看，东南亚国家人均能源消费与其经济发展水平高度重合。高收入国家文莱和新加坡的人均能源消费量最大。21 世纪，由于国际油价下跌，再加上油气资源走向枯竭，以油气产业为国民经济支柱的文莱成为东南亚地区唯一人均 GDP 呈下降趋势的国家。虽然经济逐渐落后于新加坡，但是文

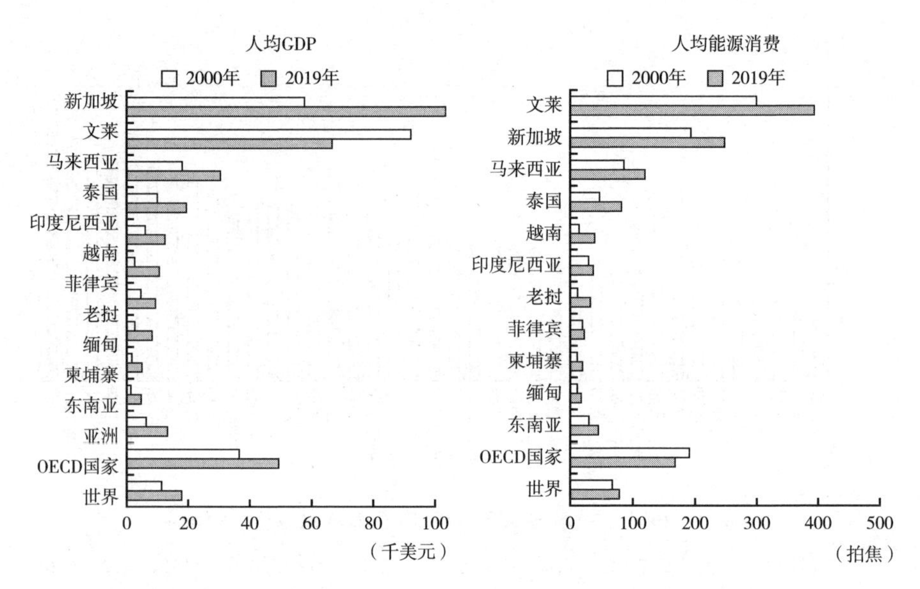

图 4-4　东南亚 2000 年和 2019 年人均 GDP 和人均能源消费

注：人均 GDP 按 2019 年购买力平价计算。

资料来源：IEA，*Southeast Asia Energy Outlook 2022*，May 2022，https：//www. iea. org/reports/southeast-asia-energy-outlook-2022。

莱的人均能源消费量一直处于高位。此外，地处内陆的缅甸一直是东南亚最贫穷国家之一。由于能源基础设施十分落后，缅甸的人均能源消费量不仅在亚洲而且在世界都处于极低水平。能源资源大国印尼的人均能源消费量不仅不及东南亚地区的平均水平，而且远低于新加坡和泰国等能源消费国的平均水平。

2. 用能结构

缺电和高度依赖固体生物质是东南亚部分国家能源贫困的主要特点。21世纪以来，在国际社会的帮助下，东南亚各国电力供应状况得到极大改善，“使用电力的人口比例从 2000 年的 60%上升到 2020 年的 95%。在 2000 年至 2020 年，能够获得清洁炊事能源的人口比例从 23%增加到近 70%”①。然

① IEA，*Southeast Asia Energy Outlook 2022*，May 2022，https：//www. iea. org/reports/southeast-asia-energy-outlook-2022.

而，根据*AEO 7*统计，截至2020年，东盟仍有800万家庭缺电，2.477亿人没有使用清洁炊事能源。

从供电状况看，一方面，柬埔寨、印尼、老挝、缅甸和菲律宾五国尚未全面普及电力。印尼此前的目标是到2020年实现100%通电，但受疫情影响仅达到99.2%。*AEO 7*预测，到2022年，印尼将实现电力普及；到2030年，柬埔寨的电气化率将达到95%，老挝将达到98%，缅甸将达到61%；到2040年，柬埔寨实现全部通电，东南亚国家达成SDG7目标。另一方面，不时发生的供电"瘫痪"延缓了东南亚地区有效供电的速度。东南亚地区供电体制和电力基础设施落后，电网线路老化，不仅输配电损耗大，而且断电频发。2019年，因电网故障，印尼首都雅加达及周边地区出现近9个小时的大规模停电，使3000万人受到影响。计划外频发的电力中断，影响国内制造业的正常运营并造成物质损失，甚至阻碍外商在东南亚地区的投资决策。

从清洁炊事状况看，一方面，随着经济的发展和城市化的推进，在政府和市场的推动下，东南亚有6000多万人摆脱了对传统生物质燃料的依赖。比如，印尼2007年实施煤油改液化石油气项目[①]，将没有清洁炊事设施的人数减少了一半；越南通过稳定液化石油气价格的方式也取得了实质性的进步。另一方面，由于偏远地区替代燃料的供应有限，以及出于文化传承或负担能力方面的考虑，人们更喜欢传统炉灶，因此东南亚的清洁炊事率只略高于60%。特别是菲律宾、印尼和缅甸，还有大量人口依赖传统生物质燃料进行炊事。

截至2020年，在7个尚未实现清洁炊事普及的东南亚国家中（见图4-5），只有柬埔寨、缅甸、老挝和越南4个国家制定了具体目标。在ATS情景中，印尼、越南预计分别到2026年、2036年实现100%清洁炊事，柬埔寨、老挝、缅甸和菲律宾将在2050年后才实现清洁炊事普及。总体而言，到21世纪中叶，东南亚地区清洁炊事率预计将达到91%（见图4-6）。

---

① 煤油改液化石油气项目（Kerosene-to-LPG Conversion Program）是政府将补贴从煤油转向液化石油气，并为家庭提供免费的炉灶、一个燃料罐和一个额外的液化石油气气瓶。

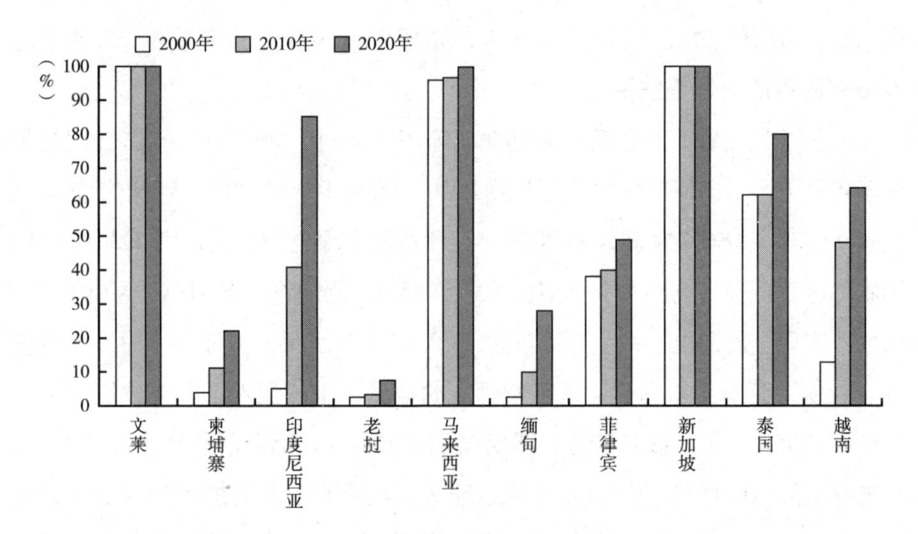

图 4-5　东南亚获得清洁炊事能源的人口比例

资料来源：IREA，*Renewable Energy Outlook for ASEAN*：*Towards a Regional Energy Transition*（*2nd Edition*），Sep. 2022，https：//www. irena. org/-/media/Files/IRENA/Agency/Publication/2022/Sep/IRENA_ Renewable_ energy_ outlook_ ASEAN_ 2022. pdf。

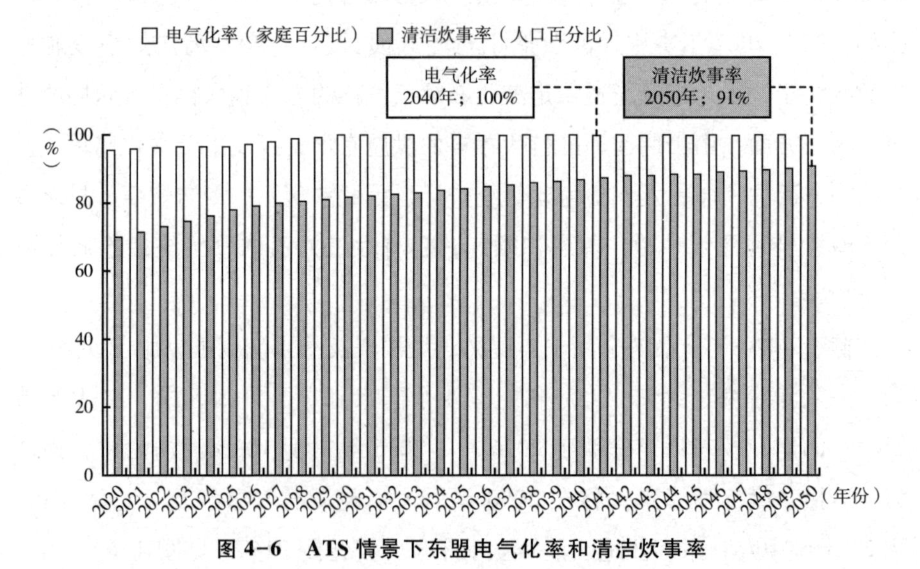

图 4-6　ATS 情景下东盟电气化率和清洁炊事率

资料来源：The ASEAN Secretariat，*The 7th ASEAN Energy Outlook*（*2020 - 2050*），Sep. 15，2022，p. 92。

3. 用能能力

能源贫困与经济发展并非彼此割裂的两个问题，而是一个相互作用的整体。能源贫困阻碍经济发展，经济落后是导致能源贫困的重要原因之一。东南亚十国经济发展水平各异，面临的能源贫困问题也各不相同。新加坡和文莱等发达国家更关注生活用能可支付性，聚焦政策成效对国民健康影响问题；其他八国为发展中国家，则更关注生活用能可获取性，聚焦室内空气污染对国民健康影响问题（见图 4-7）。按照经济发展水平和能源供给状况不同，可以将东南亚十国划分为三类，并从每一类中分别选择 1 个代表性国家进行分析：高收入的新加坡、中高等收入的马来西亚和中低等收入的印尼。

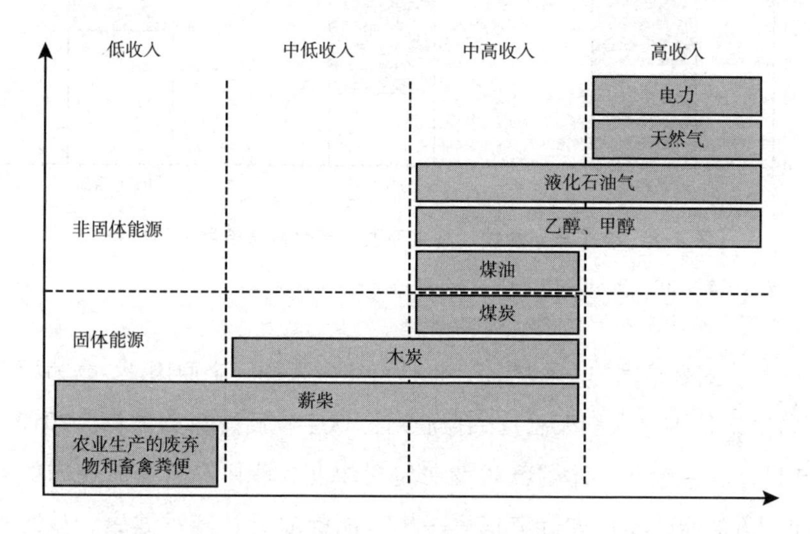

图 4-7　生活能源消费阶梯

资料来源：魏一铭、廖华、王科、郝宇：《中国能源报告（2014）：能源贫困研究》，科学出版社，2014，第 127 页。

比较三个国家 2021 年的能源消费结构，可以清楚地看到，新加坡能源消费以石油和天然气为主。政府投入大量资金推动国内能源基础设施建设，为国民获取现代能源创造条件；而国民相对也更重视家庭能源消费，更倾向于选择清洁生活能源。马来西亚处于生活能源转型阶段，国家具备调整国民能源消费结构的经济实力，国民也在满足生存需求基础上产生改变生活能源消费品种的意向和行动。印尼受限于资源禀赋和经济发展水平，国民在获取现代能源方面存在一定障碍，为满足生存需求不得不更依赖固体燃料（见图 4-8）。考虑到中低等收入国家及其人口占较大比重，东南亚的用能能力问题较为突出。

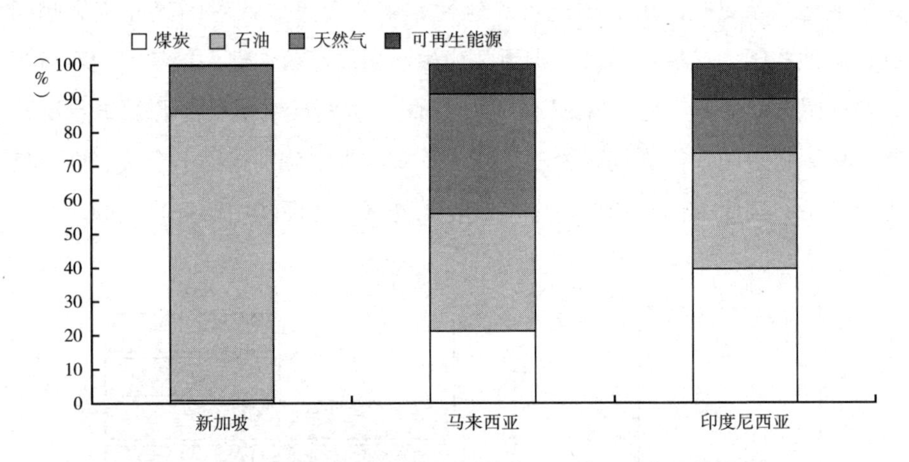

图 4-8　2021 年新加坡、马来西亚和印尼能源消费结构比较

资料来源：BP，*Statistical Review of World Energy*，June 2022。

能源贫困是贫困的一个特征，也是持续贫困的一个原因。[①] 电力缺乏加剧了贫困，贫困令人们无法彻底摆脱对固体生物质燃料的依赖。2012 年 1 月 19 日，联合国开发计划署对设在包括印度、菲律宾、老挝在内的亚太地区的 17 个能源项目进行审核后指出，能源缺乏及其对健康、教育和收入所造成的负面影响仍是导致贫困的主要原因之一，而贫困反过来又导致人们无法获取能源，因此形成了一个贫困—能源缺乏—贫困的恶性循环。[②]

---

① 王庆一：《“穷人燃料”与能源贫困》，《能源评论》2012 年第 5 期，第 40 页。

② 《联合国报告：亚太地区要实现减贫　能源服务需与其他扶贫项目挂钩》，联合国网站，2012 年 1 月 19 日，https：//news. un. org/zh/story/2012/01/166532。

第五章　中国—东南亚能源安全政策响应

资源环境和社会经济两大驱动力对能源安全产生了压力，造成了能源系统的不稳定、不安全状态，能源系统的状态反过来又影响资源环境和社会经济。因此，为保障能源安全，实现可持续发展，人类必须做出积极响应，调整自身的行为，促进能源系统从恶性循环向良性循环转化。

作为世界能源格局中的一个重要组成部分，中国和东南亚地区能源领域的发展是全球能源变革的缩影。面对日益增长的能源需求和复杂的国际能源形势，为实现经济社会发展和生态环境保护相协调，中国和东南亚国家从国家和国际两个层面做出积极响应。

一　中国和东南亚国家的能源战略和政策

在保障能源安全方面，每个主权国家责无旁贷。单靠市场力量无法解决能源发展的所有问题，还需要政府发挥关键作用，加强战略引导和政策扶持，完善相关政策法律法规。

中国和东南亚蓬勃发展的经济正在塑造世界能源新格局。作为发展中国家，中国和东南亚国家的能源战略和政策既有普遍的共性，都受到国际能源治理体系、发展状况和市场走向的影响；也有独特的个性，是资源禀赋条件、经济发展阶段、政府体制措施等诸多因素相互作用的结果。

（一）中国的能源战略和政策

党中央历代领导集体始终把能源作为关系经济发展、国家安全和民族根本利益的重大战略问题摆在重要地位。党的十八以来，面对能源供需格局新变化、国际能源发展新趋势，习近平总书记在中央财经领导小组第六次会议上提出“四个革命、一个合作”[①] 能源安全新战略，引领中国能源产业发展进入新时代。

第一，节约优先，效率为本，这是解决中国能源问题的根本途径。随着经济发展逐步进入新常态，中国能源消费也由高强度转入中低速增长时期。然而，能源消费具有较大惯性，传统的高投入、高消耗、高排放、低效率的粗放型增长方式还将持续一段时期。因此，还要大力推动能源消费革命。要摒弃维护能源安全就是加大能源供应的错误理念，改变敞开口子供应能源、无节制使用能源的现状，倡导节能发展模式，推进发展方式转变和产业结构调整，形成健康文明、节约资源的生活消费模式。要制定能源消费约束性目标，抑制不合理能源消费。要划定能源消费红线，形成倒逼机制，把推动发展的立足点转移到提高质量和效益上来。以工业、建筑和交通领域为重点，实施煤电升级改造、工业节能降耗、建筑能效提升和绿色交通运输普及等能效提升行动，推动能源开发和利用、生产和消费以及城乡用能方式的变革。

第二，立足国内，多元发展，这是维护中国能源安全的基本方略。把满足能源供给的希望主要寄托于国际市场是不现实的，更是不安全的。中国能源工业 70 多年的发展，已经证明了我们有能力把能源自给能力维持在合理水平。“富煤、贫油、少气”是中国先天资源禀赋特征，在未来较长一段时间内，煤炭供应安全是能源安全的根本。然而，未来属于能源多元化。[②] 中

① “四个革命、一个合作”即推动能源消费革命，抑制不合理能源消费；推动能源供给革命，建立多元供应体系；推动能源技术革命，带动产业升级；推动能源体制革命，打通能源发展快线道；全方位加强国际合作，实现开放条件下能源安全。

② 〔美〕斯科特·L. 蒙哥马利：《全球能源大趋势》，宋阳、姜文波译，机械工业出版社，2012，第 27 页。

国能源消费量大，仅靠单一能源品种是不明智的，必须采取全方位、多元化的能源供应战略，各种可以经济利用的能源资源都应充分发挥作用。推进煤炭清洁高效开发利用、稳步提高国内石油产量、大力发展天然气、积极发展能源替代和加强储备应急能力建设，形成煤、油、气、核、新能源和可再生能源多能互补、多轮驱动的国内能源供应体系。

第三，绿色低碳，优化结构，这是中国未来能源发展的方向和重点。21世纪，中国能源工作的重点逐渐从过去的以增加供给为主转向以调整结构为主。一方面，在环境治理和国际减排的压力下，控制化石能源尤其是煤炭的消费成为国家政策调控的方向。在政策利好的驱动下，通过推广先进的洗选煤、现代煤化工、新型煤粉工业锅炉，以及二氧化碳捕集、利用和封存等技术，煤炭的清洁高效利用有望进一步加快。另一方面，提高清洁能源和可再生能源在能源结构中的比例，这是保证中国能源安全的长远大计。

第四，体制改革、技术创新，这是中国能源发展的必由之路。“政策和体制的不到位是能源安全的最大隐患。”[①] 作为能源进口国，统一开放、竞争有序的国内能源市场是中国能源安全体系不可或缺的一部分。只有深化能源体制改革，还原能源商品属性，构建主要由市场决定能源价格的机制，才能有效地吸收全球的能源资源，保障中国的能源安全。与此同时，技术创新是中国实现能源转型和推动经济可持续发展的原动力。中国深海油气资源、非常规油气和可再生能源开发潜力大，但受自然地质条件复杂、基础理论研究落后、核心技术水平较落后、先进装备对外依赖程度较高、产业体系不完善和配套能力不强等因素限制，无法进行大规模商业化开发，实现从储量到产量的跨越。因此，构建“四位一体”的能源科技创新体系，推进能源科技自主创新，实现从能源大国向能源强国的转变刻不容缓。

第五，加强国际能源合作，这是中国保障能源安全的重要途径之一。中国的发展离不开世界。中国要加强国际能源合作，在开放格局中维护能源安全，在全球资源优化配置中实现互利共赢。自1993年以来，中国在全球37

① 陈新华：《能源改变命运：中国应对挑战之路》，新华出版社，2008，第18页。

个国家开展了 100 多个国际油气合作项目，初步建成亚洲、美洲、欧洲三个国际油气运营中心和西北、东北、西南、海上四条能源进口战略通道以及中亚—俄罗斯、中东、非洲、南美和亚太五个海外油气合作区。在“一带一路”建设中，中国与沿线 20 多个国家开展能源合作，一大批标志性能源项目顺利落地，取得了良好的经济效益和社会效益。

能源政策是有关能源规划、生产运输以及使用的相关规定，是国家政策体系的重要组成部分。[①] 在中国，中央和地方机构共同负责制定和实施能源政策。就中央层面而言，1988 年中国成立能源部，结束了各个部门分管不同种类能源的局面。2008 年，中国成立新的副部级机构——国家能源局，由国家发改委管理，主要负责拟定并组织实施能源发展战略、规划和政策，研究提出能源体制改革建议，负责能源监督管理等。此外，环境保护部、科技部、国土资源部、国家安全生产监督管理总局、商务部、财政部和国家税务总局等也在中国能源管理中具有一定的权限（见图 5-1）。2010 年 1 月，为加强能源领域负责部门的协调，中国成立国家能源委员会。它是中国最高规格的能源机构，负责加强能源战略决策和统筹协调。就地方层面而言，各省和地方政府在省级以下能源领域发挥着越来越大的作用。在国家整体政策框架内，各省和地方政府有很大的空间来决定自己的行动。

能源产业的快速发展与政策的大力支持密不可分。中国能源政策伴随能源事业的发展不断调整优化，经历了从自给自足（1949~1980 年）到多元互补（1981~2005 年），再到节约高效（2006 年至今）三个阶段[②]，基本形成了比较清晰的政策体系。2007 年 12 月 26 日，中国国务院新闻办公室发表了长达 1.6 万字的《中国的能源状况与政策》白皮书，提出了“能源供应多元化”“充分利用国内外两种资源和两个市场”“‘走出去’战略”等能源安全政策和措施。但是，这些政策仅是纲要性的指导原则和行动方针，

① 李辉、徐美宵、张泉：《改革开放 40 年中国能源政策回顾：从结构到逻辑》，《中国人口 · 资源与环境》2019 年第 10 期，第 167 页。

② 王衍行、汪海波、樊柳言：《中国能源政策的演变及趋势》，《理论学刊》2012 年第 9 期，第 70~72 页。

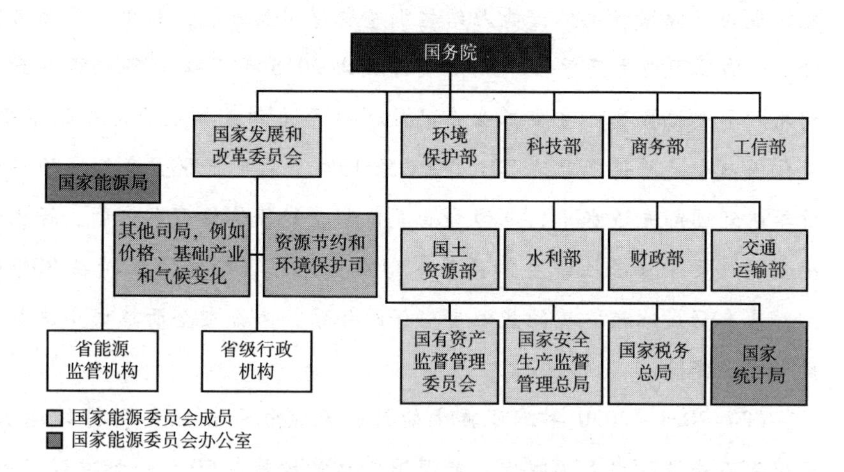

图 5-1　中国国家能源管理机构

资料来源：国际能源署：《世界能源展望中国特别报告》，石油工业出版社，2017，第 39 页。

不仅政策内容和重点比较模糊，而且大多缺乏政策目标的量化指标[①]，对中国能源安全形势面临的一系列严峻挑战没有提出具体对策。

党的十八大以来，中国能源发展处于转型关键期，能源政策面临既要保障能源安全又要促进清洁化、低碳化的严峻挑战。在习近平总书记“四个革命、一个合作”重大战略思想指导下，自 2016 年 12 月以来，国家能源局相继发布《能源发展“十三五”规划》和煤炭、石油、天然气、电力和可再生能源等 14 个能源专项规划，明确了具体的中期约束性或指导性目标以及监督计划实施进展的跟踪机制。2016 年 12 月，国家发改委、国家能源局印发《能源生产和消费革命战略（2016~2030）》，明确了能源革命战略目标：

（1）到 2020 年，全面启动能源革命体系布局，推动化石能源清洁化，根本扭转能源消费粗放增长方式，实施政策导向与约束并重。能源消费总量控制在 50 亿吨标准煤以内，煤炭消费比重进一步降低，清洁

① 吴磊：《能源安全体系建构的理论与实践》，《阿拉伯世界研究》2009 年第 1 期，第 40 页。

能源成为能源增量主体，能源结构调整取得明显进展，非化石能源占比15%；单位国内生产总值二氧化碳排放比 2015 年下降 18%；能源开发利用效率大幅提高，主要工业产品能源效率达到或接近国际先进水平，单位国内生产总值能耗比 2015 年下降 15%，主要能源生产领域的用水效率达到国际先进水平；电力和油气体制、能源价格形成机制、绿色财税金融政策等基础性制度体系基本形成；能源自给能力保持在 80%以上，基本形成比较完善的能源安全保障体系，为如期全面建成小康社会提供能源保障。

（2）2021～2030 年，可再生能源、天然气和核能利用持续增长，高碳化石能源利用大幅减少。能源消费总量控制在 60 亿吨标准煤以内，非化石能源占能源消费总量比重达到 20%左右，天然气占比达到 15%左右，新增能源需求主要依靠清洁能源满足；单位国内生产总值二氧化碳排放比 2005 年下降 60%～65%，二氧化碳排放 2030 年左右达到峰值并争取尽早达峰；单位国内生产总值能耗（现价）达到目前世界平均水平，主要工业产品能源效率达到国际领先水平；自主创新能力全面提升，能源科技水平位居世界前列；现代能源市场体制更加成熟完善；能源自给能力保持在较高水平，更好利用国际能源资源；初步构建现代能源体系。

（3）展望 2050 年，能源消费总量基本稳定，非化石能源占比超过一半，建成能源文明消费型社会；能效水平、能源科技、能源装备达到世界先进水平；成为全球能源治理重要参与者；建成现代能源体系，保障实现现代化。

为保障上述战略目标的顺利实现，中国加快推进能源规章规范性文件制定工作。2019 年 2 月，国家能源局发布《关于能源行业深入推进依法治理工作的实施意见》，将“大力推进《能源法》《电力法》《核电管理条例》《国家石油储备条例》的立法审查工作；加快推进《煤炭法》《石油天然气管道保护法》《可再生能源法》《电网调度管理条例》《电力供应与使用条例》《电力设施保护条例》的修订工作；积极做好《石油天然气法》《能源监管条例》等法律法规的立法研究和起草修改工作；研究论证制定天然气管理行政法规和《石油天然气管道保护法》配套规章制度，加快推进能源规章规范性文件制定工作”[①]。

（二）东南亚各国的能源战略和政策

2008年国际金融危机之后，东南亚大多数国家普遍面临能源紧缺、环境恶化和经济下行多重挑战。在国际能源转型的大背景下，东南亚各国的能源安全压力巨大：既要通过需求侧改革抑制消费快速增长，也要鼓励新能源基础设施投资，还要遏制排放增长和改善空气质量，以及为能源贫困地区提供现代能源服务等。

表5-1　东南亚国家面临的能源挑战

能源领域	挑战
能源资源	在促进经济和保护环境的同时，有效利用国内能源资源 实现能源独立和自给自足
能源效率	克服提高能源效率面临的投资障碍
可再生能源	充分开发可再生能源的技术潜力和经济性 对水能、太阳能、风能（陆上和海上）、生物质能和地热能等各类可再生能源进行最佳组合
电力供应	解决太阳能、风能等可再生能源的波动性问题，提供稳定、充足的电力供应 输电网的投资与管理
气候影响和环境污染	履行《巴黎协定》中的国家自主贡献义务，减少温室气体排放 降低化石能源使用对人类健康的影响

为应对上述挑战，东南亚国家制定了符合国情的能源战略和能源政策，出台和完善了相关能源法律法规，在推动能源可及的实践中，努力实现东盟整体2025年可再生能源在能源结构中占比23%的能源转型目标。

---

① 《关于能源行业深入推进依法治理工作的实施意见》，国家能源局，2019年1月18日，http：//zfxxgk. nea. gov. cn/auto81/201902/t20190201_ 3620. htm。

表 5-2 东南亚国家官方能源目标和政策

国家	领域	官方目标
文莱	能源效率/强度	与 2011 年基准年相比，到 2035 年，所有部门（住宅、商业、工业和政府部门）的用电量减少 30% 到 2035 年，电动汽车的销量提高到机动车年销量的 60%
	可再生能源	到 2035 年，可再生能源发电量占总发电量的 30%
柬埔寨	电气化	到 2030 年，家庭电气化率达到 90%
	能源效率/强度	到 2030 年，与基线情景相比，能源需求减少 15%
	可再生能源	到 2030 年，可再生能源（太阳能、风能、水力、生物质能）在电力结构（装机容量）中占比增至 25%
印尼	电气化	到 2022 年，电气化率达到 100%
	能源效率/强度	到 2025 年，能源强度每年降低 1% 到 2025 年，约 19000 辆四轮电动汽车和 750000 辆两轮电动汽车上路 到 2030 年，国内电动机动车保有量达到 200 万辆汽车和 1300 万辆摩托车
	可再生能源	到 2025 年，可再生能源在一次能源供应中的份额增至 23%，到 2050 年增至 31% 到 2025 年，生物柴油掺混率达到 30%；到 2025 年，生物乙醇掺混率为 20%，到 2050 年为 50% 到 2030 年，可再生能源在发电量中的份额达到 19.6%
老挝	电气化	到 2025 年，电气化率达到 98%
	能源效率/强度	与基线情景相比，最终能源消费到 2030 年减少 10%，到 2040 年减少 20%
	可再生能源	到 2025 年，可再生能源占能源消费总量的 30%，包括 20%的可再生电力（不包括大型水电）和 10%的生物燃料（掺混率 5%~10%） 到 2030 年，水电（内销和出口）装机容量达到 13 吉瓦
马来西亚	能源效率/强度	相对于"一切照旧"，2016~2025 年节省 52233 吉瓦时的电力，对应于计划结束时电力需求增长减少 8%
	可再生能源	到 2025 年，可再生能源在发电组合中的份额增加到 31%，到 2035 年增加到 40%
缅甸	电气化	2025~2026 年，电气化率提高到 60%，到 2030 年达到 100%
	能源效率/强度	到 2025 年实现比 2012 年基准节能 16%，到 2030 年实现节能 20% 通过推广节能灶具，相对于 2012 年水平，传统生物质能消费量到 2025 年减少 5%，到 2030 年减少 7%
	可再生能源	到 2030 年，可再生能源在发电量中的份额增加到 39%（水力发电 5156 兆瓦，占 28%；其他可再生能源 2000 兆瓦，占 11%）

续表

国家	领域	官方目标
菲律宾	电气化	到2022年,实现100%电气化
	能源效率/强度	相对于“一切照旧”,到2040年,在石油产品和电力中节省5%能源 到2040年,电动汽车在道路交通(摩托车、汽车、吉普车)中占10%
	可再生能源	到2030年,可再生能源在发电组合中的份额提高到35%,到2040年提高到50% 从2022年开始,生物柴油掺混率提高到5%
新加坡	能源效率/强度	与2005年相比,2030年的能源强度提高35% 工业能源效率每年提高1%~2% 到2040年,公共汽车和出租车(电动或混合动力汽车)100%使用清洁能源 每年减少能源消耗800万兆瓦以上
	可再生能源	到2025年,太阳能至少增加到1.5吉瓦峰,到2030年增加到2吉瓦峰
泰国	能源效率/强度	与2010年相比,能源强度到2037年降低30% 到2030年,电动汽车产量增加30%
	可再生能源	到2037年,可再生能源在最终能源消费中的份额提高到30%,包括可再生能源占发电量的15%~20%;30%~35%的热能来自可再生能源;生物燃料占最终能源消费的20%~25%
越南	能源效率/强度	到2025年,将最终能源消费的能源强度降低5%~7%,将电力损失保持在6.5%以下 到2030年,将最终能源消费的能源强度降低8%~10%,将电力损失保持在6%以下,减少运输过程中5%的燃油和机油消耗
	可再生能源	到2030年,可再生能源在最终能源消费中的份额增加到32.3%,到2050年达到44% 到2030年,可再生能源发电份额提高到32%,到2050年达到43%

资料来源：The ASEAN Secretariat, *The 7th ASEAN Energy Outlook* (*2020-2050*), Sep. 15, 2022, pp. 56-57。

表5-3　东盟成员国官方减排目标

国家	官方减排目标
文莱	到2035年,完善电力供需管理,减少至少10%的温室气体排放
	到2050年,实现净零排放

续表

国家	官方减排目标
柬埔寨	到 2030 年,温室气体排放量比“一切照旧”(business-as-usual,BAU)水平减少 42%(6450 万吨二氧化碳当量)
	到 2050 年,实现碳中和
印度尼西亚	到 2030 年,温室气体排放量比 BAU 水平减少 29%
	到 2060 年或更早实现净零排放
老挝	温室气体排放量比 BAU 水平减少 60%(约 6200 万吨二氧化碳当量)
	到 2050 年,有条件地实现净零排放
马来西亚	到 2030 年,国民经济碳强度比 2005 年水平降低 45%
	到 2050 年,实现碳中和
缅甸	温室气体排放减少 24452 万吨二氧化碳当量
	到 2050 年,实现碳中和
菲律宾	温室气体排放比 BAU 水平减少 75%(334030 万吨二氧化碳当量),其中 2.71%是无条件的,72.29%是有条件的
新加坡	在 2030 年左右,排放达到 6500 万吨二氧化碳当量峰值
	到 21 世纪中叶,实现净零排放
泰国	到 2030 年,温室气体排放量比 BAU 水平减少 20%,其中能源领域排放量为 11760 万吨二氧化碳当量
	到 2050 年实现碳中和,到 2065 年实现净零排放
越南	到 2030 年,温室气体排放比 BAU 水平无条件减少 8%
	到 2050 年,实现净零排放

资料来源：The ASEAN Secretariat, *The 7th ASEAN Energy Outlook* (2020 - 2050), Sep. 15, 2022, P44.

此外，东南亚国家积极加强双边或多边的国际能源合作，努力在全球资源优化配置中实现互利共赢。

一方面，能源市场的一体化有助于各国实现平衡和高质量的经济增长。1999 年，东盟成员国就能源合作行动计划达成共识，开启了能源合作和资源共享的序幕。东盟内部能源合作是“以经济部长会议和能源部长会议[①]为平台，以协商和民主谈判为方式，形成的区域能源合作的协议与行动方案”[②]。这些法律文件一般转化为成员国的国家能源政策、法律法规，并通过成员国的执行机构加以落实。为推动能源政策的执行，东盟建立包括东盟能源中心（ACE）[③]、东盟电力公共事务管理总部（HAPUA）、东盟石油理事会（ASCOPE）在内的一整套能源治理机制（见图 5-2）。

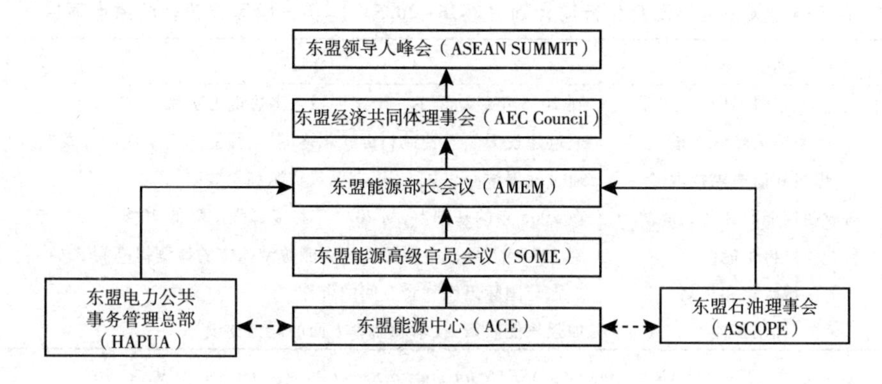

图 5-2　东盟能源事务协调汇报机制

资料来源：张锐、寇静娜：《综合性国际组织参与能源治理的模式探析》，《中外能源》2019 年第 8 期，第 9 页。

迄今为止，东盟能源合作行动计划已走过三个阶段[④]。2015 年，东盟能源部长会议通过第四阶段《东盟能源合作行动计划（2016～2025）》，将东

---

① 东盟能源部长会议（AMEM）是东盟能源领域的最高机构，负责批准设立分支合作机构、大项目计划、东盟内部与合作伙伴的能源合作政策等大问题。

② 胡爱清：《东盟能源安全合作研究：区域公共产品视角》，暨南大学博士学位论文，2014，第 208 页。

③ 东盟能源中心是东盟架构内代表 10 个成员国能源部门利益的政府间组织，在大型能源项目落地、区域能源行业的改造升级，以及国际联合研究、能力培养方面发挥重要作用。

④ 在第一阶段（1999～2004 年），东盟制定了《跨东盟天然气管道总体规划》和《东盟（能源）互联互通总规划》，推动东盟区域内天然气的跨国运输；在第二阶段（2005～2009 年），东盟签署《东盟电网谅解备忘录》，组建东盟电网咨询委员会和东盟石油理事会天然气中心；在第三阶段（2010～2014 年），东盟更加重视通过合作保障区域能源的安全性、可获取性和可持续性，并将健康、安全和环境等因素纳入其中。

盟电网（ASEAN Power Grid，APG）[①] 和跨东盟天然气管道（TAGP）作为核心目标来推动，以加强其集体能源安全。但是，由于各成员国对能源安全威胁存在不同解读、对本国能源发展战略采取差异化决策，再加上东盟“软机制”对成员国集体行动的约束力不强，东盟能源合作协议在执行过程中往往被“束之高阁”。

表 5-4 《东盟能源合作行动计划（2016~2025）》第一阶段能源领域重点项目

项 目	关键目标
东盟电网	到 2018 年启动至少一个次区域的多边电力贸易
跨东盟天然气管道	通过建设天然气管道和再气化终端，增强能源安全性和可及性
煤炭和洁净煤技术	通过发展洁净煤技术，提高煤炭资源利用效率
高效使用能源和节约能源	在 2005 年的基础上，到 2020 年将能源强度降低 20%
可再生能源	到 2025 年，可再生能源在一次能源结构中的比例提高到 23%
区域政策和规划	加强与国际组织和企业间的合作
民用核能	加强核能政策、技术和监管方面的能力建设

资料来源：The ASEAN Secretariat，*ASEAN Integration Report 2019*，October 2019，p. 96。

另一方面，东南亚国家放松国外资本进入本国能源领域的限制，鼓励本国能源企业与国际石油公司建立合作关系，并与中国、美国、印度和日本等大国以及 IEA、OPEC 等国际或地区能源机构开展多层次、多领域和多形式的战略合作，建立长期稳定、互惠互利的伙伴关系。

就具体情况而言，东南亚各国处于不同的经济发展阶段，具有不同的能源禀赋和消费模式。为获得安全、经济和可持续的现代能源，东南亚各国政府制定符合本国国情的能源战略，出台和完善一系列能源投资开发政策及其

---

① 早在 1997 年 12 月，东盟国家领导人在第二届东盟非正式峰会上首次提出东盟电网倡议。2007 年 8 月，各国能源部部长就东盟电网的原则目标、责任义务和实施项目等问题达成谅解备忘录，并组建东盟电网咨询委员会（APGCC）。次年 12 月，东盟电力公共事务管理总部成立，负责推动东盟电网项目的实施，促进区域国家之间的电力合作。根据《东盟能源合作行动计划（2016~2025）》，在第一阶段（2016~2020 年），通过双边、次区域、东盟整体三个层面，推进 16 个双边电力联网项目的建设，在中南半岛形成“北电南送”、在马来群岛形成“中心辐射外送”的电力格局，最终建立跨境一体化的东盟电网系统。

法律法规，吸引和规范国内外企业合理开发本国能源资源，并通过外交手段在海外市场配置和拓展能源资产。

1. 文莱

文莱油气资源丰富，素有“东方石油小王国”之称[①]，是世界上最富裕的国家之一。文莱石油产量的95%、天然气产量的85%以上用于出口，在国际能源市场占据重要地位。石油和天然气是文莱经济的两大支柱，油气资源出口是其主要经济收入来源，占国内生产总值的近40%、财政收入的80%以上。

文莱的油气行业长期受外国资本控制。1913年，文莱壳牌石油公司（Brunei Shell Petroleum，BSP）开始油气勘探活动，并长期垄断该国油气工业。“二战”后，在英国“保护”下，文莱制定了1963年石油法案，对勘探石油、租让油田、开采油田的租金等都做了具体规定。20世纪70年代中期，为了减轻经济发展对能源出口的依赖，从第三个国家发展五年计划（1975~1979）[②] 开始，多元化成为文莱国家经济发展的方向。独立后，为了延长油田的开采寿命和提高石油采收率，文莱采取保护政策，石油和天然气的开采量受到严格限制，日产石油稳定在20万桶左右，日产天然气为3000多立方米。为适应经济全球化趋势，2008年，文莱发布国家发展纲领性文件——《文莱长期发展规划》[③]。规划的重点是解决经济结构单一、经济发展过分依赖油气资源问题，发展有活力、可持续的国家经济，争取到2035年使国民人均收入进入世界前十名。

① 按人口平均计算，文莱石油产量仅次于卡塔尔、阿拉伯联合酋长国和科威特，居世界第四位。

② 为加强国家经济发展的计划性，文莱从1962年起制定和实施“国家发展五年计划”。

③ 《文莱长期发展规划》，又称“2035宏愿”，包括“2035年远景展望”、“2007~2017年发展战略和政策纲要”和“2007~2012年国家发展计划”三个组成部分。其中，后两个计划已经结束。“2035宏愿”提出三大奋斗目标：到2035年，拥有最高国际标准衡量的受过良好教育和技术熟练的人民；人民生活质量进入全球前十行列；拥有充满活力的可持续发展经济，人均收入进入世界前十行列。为实现这些目标，文莱实施了八大战略：①教育战略；②经济战略；③安全战略；④政府机构发展战略；⑤本土商业发展战略；⑥基础设施发展战略；⑦社会保障战略；⑧环境保护战略。

近年来，由于油气产量下降，文莱政府颁布新的国家能源政策，短期措施以提高能源效率和节能为主，长期措施以开发可再生能源为主。2012 年 12 月，在多哈举办的第 18 届联合国气候变化公约会议上，文莱提出到 2035 年可再生能源发电量达到 10%的目标。太阳能和小水电是文莱可再生能源选择的两个重要发展方向。2011 年 5 月，日本三菱集团与文莱在诗里亚地区（Seria）合作建成首个 1.2 兆瓦的太阳能发电站。近年来，文莱政府宣布将尝试实施上网电价方案和智能电网基础设施计划。此外，文莱还考虑开发水电促进能源来源多样化。2018 年 11 月，由中国电建旗下水电基础局承建的乌鲁都东水坝项目（文莱的“三峡”）建成。2021 年，在第 26 届联合国气候大会上，文莱签署支持全球煤炭向清洁能源转型声明，承诺扩大清洁发电设备部署，停止新发燃煤发电许可证，禁止新建燃煤发电项目。

经过几十年的努力，油气产业绝对主导的地位虽略有动摇，但文莱经济过于依赖油气资源的“魔咒”一直未能打破。新冠疫情暴发以后，由于油价大跌和震荡，油气收入大幅下滑，再加上国内油气产量下降，文莱能源依赖型经济遭受重挫，经济增长出现停滞。

2. 柬埔寨

柬埔寨是一个多灾多难的国家。由于遭受侵略、殖民和内战，柬埔寨的矿业勘探和开采一直陷入停滞状态。长期以来，柬埔寨被认为是一个不产油气的资源匮乏国家，国内石油消费全部依赖进口。然而，美国雪佛兰公司 2007 年在柬埔寨西南部 3 万多平方公里的海域内发现大油田。关于油田的储量，各方看法不一。世界银行最新报告显示，柬埔寨近海区域蕴藏 20 亿桶石油和 10 亿立方米天然气，主要集中在暹罗湾与南海交汇海域。根据柬埔寨矿产和能源部的数据，目前，柬埔寨已发现 25 个油田，其中陆地有 19 个、海域有 6 个，柬泰重叠海域有 4 个。①

柬埔寨早期石油开发和管理的依据是 1991 年颁布的法令和 2001 年颁布的《矿业管理与开采法令》。在内容上，两部法令存在大量交叉和表述不清

① 梁薇：《柬埔寨：2021 年回顾 2022 年展望》，《东南亚纵横》2022 年第 1 期，第 67 页。

的地方。考虑到即将成为“产油国”，2019 年 4 月，柬埔寨内阁会议讨论通过《石油法》草案。该草案共有 9 章和 72 条，将规范柬埔寨领土和领海内一切石油资源开发活动。

柬埔寨的能源吸引了国际石油公司的注意力。2017 年 8 月，柬埔寨与新加坡克里斯能源公司（Kris Energy）达成海域 A 区块[①]油田开发协议。2019 年 12 月 29 日，该公司在该区块仙女油田开采出“第一滴油”，使柬埔寨摘掉“贫油国”的帽子。同时，中柬合资年产 500 万吨的首家炼油厂一期项目也同步投产。未来柬埔寨可以自己开采石油，并实现自给自足。

近年来，柬埔寨经济稳步持续发展，增速达到 7%以上，电力供应处于相对吃紧状态。柬埔寨有少量煤矿，但储量不明。2013 年 6 月，柬埔寨首座火力发电机组——西哈努克港燃煤发电项目 2×50 兆瓦机组成功并网发电。柬埔寨江河众多，水资源丰富。中国援建的 7 座水电站是柬埔寨的主导电力能源，但旱季会出现电力短缺。对此，柬埔寨矿产和能源部制定能源多元化战略，优先发展太阳能。目前，政府已批准了 4 个太阳能发电站项目，分别位于菩萨省（30 兆瓦）、马德望省（60 兆瓦）、卜迭棉芷省（30 兆瓦）、柴桢省（20 兆瓦），并计划在未来几年内将太阳能发电份额从 2018 年的 1%提升至 20%。2021 年 12 月，柬埔寨向联合国提交碳中和长期发展战略（LTS4CN），是东盟成员国中首个推出碳中和长期战略的国家。

值得注意的是，柬埔寨是东南亚地区中电气化率第二低的国家。首都金边的城市人口，电气化率是 97%，而农村只有一半的人口能够用电，东北部的拉塔纳基里省（Ratanakiri）只有 20%的人口通电。为实现到 2020 年村村通电、2030 年 70%家庭通电的目标，矿产和能源部设立农村电气化基金（the Rural Electrification Fund，REF），通过无息贷款或赠款的方式，为基础设施发展和农村电气化增加援助，支付部分电力项目费用。该基金包括一个

---

① 柬埔寨将油气田划分为 A、B、C、D、E、F 六个区块，其中 A 区块的油气储量最大。A 区块油田原本共有 4 家国际石油公司取得勘探开采权，即美国雪佛龙公司、日本三井石油勘探公司、韩国炼油公司 GS Caltex 和新加坡克里斯能源公司。2014 年，克里斯能源公司收购了另外三家公司在 A 区块油田的股权，使其在该区块持股增至 95%，柬埔寨政府持股 5%。

“穷人权力”计划（Power to the Poor），旨在为消费者提供内部布线和设备的免息贷款、连接费和电力供应商所需的押金。自 2008 年以来，“穷人权力”计划刺激了家庭太阳能系统的大量使用，帮助更多的家庭获得电力。2022 年 11 月，柬埔寨政府出台《2020～2040 年电力发展总体规划》，批准 25.39 亿美元用于电力项目开发。从 2026 年起，柬埔寨将投资 65.5 亿美元用于开发水电站、太阳能发电、电池存储系统、天然气和生物质发电项目。

为扩大电力可及范围，柬埔寨政府正在建设从南方到东北、西北地区的高压输电线路。由于财力有限，柬埔寨得到了发展融资机构、国际捐助者和私营部门的支持。日前，柬埔寨 40% 的高压输电线路项目由世界银行和亚洲开发银行提供援助。中国进出口银行、法国开发署和日本的国际合作机构等也积极参与该国输电系统项目的融资和贷款。此外，柬埔寨还通过东盟电网从越南、泰国和老挝购买电力。

3. 印度尼西亚

印尼拥有丰富的化石能源和可再生能源，是东南亚地区最大的能源生产国和消费国。21 世纪以来，由于储产量逐渐下降而消费量快速增加，印尼的能源自给率不断下降，能源生产从服务出口市场向服务日益增长的国内消费需要转变。

自 1885 年苏门答腊岛北部发现石油以来，能源产业在印尼经济中占有重要地位。独立后，印尼建立和健全了一系列与能源相关的法律法规制度，并形成了较为完善的政策框架和配套扶持体系。1960 年，印尼政府制定和出台了《石油和天然气工业法》，并在不同时期颁布了不同的石油法令。1976 年，印尼石油生产达到顶峰，持续近 20 年后，于 1995 年开始下降。21 世纪以来，印尼在新油田的勘探方面一直没有实质进展，石油产业发展面临困境。对此，印尼政府开始调整其国内的能源矿产政策。现行的《石油天然气法》是 2001 年 10 月印尼人民代表会议批准的。它引入了市场竞争机制，对油气业管理体制进行改革，并对油气资源的所有权、开采活动、市场运作、国家收益、违法行为等做出明确的法律规定，为国内外能源企业在境内进行油气开发利用活动提供了明确的法律依据。2019 年 1 月，印尼政府启动对《石油天然气法》的修订程序，以重振陷入困境的能源产业并提升该国能源独立性。

由于经济发展高度依赖石油，石油储量和产量的减少成为印尼能源安全的一大焦点。为减少石油进口和降低石油对外依存度，印尼政府积极开源节流，一方面，鼓励外国企业投资边际油田，提高石油采收率（EOR），增加国内石油产量。2017 年推出“总分割产量分成合同”，不再禁止外国公司申请和持有矿业许可证，并通过简化可收回成本（过去曾是双方争议的焦点）的计算，使外国企业获取更大比例的石油收入。然而，此举依然无法抵消石油产量持续下降的影响。另一方面，2014 年生效的新矿业法规开始对本国出口的能源和矿产加征出口关税，并通过提高燃料价格、削减对汽油和柴油的补贴，抑制石油消费的过快增长。

印尼是东南亚地区天然气和煤炭生产大国，但日益增长的国内需求正逐渐在生产增长速度和出口盈余之间造成越来越大的差距。近年来，印尼天然气和煤炭生产逐渐转供国内消费，出口量持续下降。未来，印尼天然气和煤炭出口的机会存在相当大的不确定性。

印尼拥有丰富的可再生能源。在能源转型背景下，政府出台财税补贴、融资激励、市场支持、简化申请手续、协助解决土地重叠问题等一系列政策，鼓励发展可再生能源，努力构建多元化的能源供应体系。印尼颁布的《国家能源法》鼓励私营和国有企业参与可再生能源（包括生物燃料）的开发利用，并优先考虑环境友好技术，向欠发达、偏远的农村地区提供能源。2010 年，印尼可再生能源和能源保护总局（EBTKE）成立，主管新能源、可再生能源和能源保护工作。2014 年，新修订的《国家能源政策》（KEN）进一步确立了逐步用可再生能源取代传统化石能源的新能源政策计划——到 2025 年，能源构成是可再生能源占 23%、石油占 25%、煤炭占 30%、天然气占 22%，到 2050 年，可再生能源占 31%、石油占 20%、煤炭占 25%、天然气占 24%。新能源政策由部长级监管机制执行并确保实现目标。在《巴黎协定》框架下，印尼承诺在 2030 年前独立减排 29%，或在国际支持下减排 41%，并将净零排放目标初步设定在 2060 年。目前，印尼的可再生能源以水力为主，地热能和生物质能次之，还有少量的风能和太阳能。

多山地形和分布于一年里大部分时间的强降雨，使得印尼拥有发展小型水电站的巨大潜能。20 世纪 90 年代初，在日本国际协力机构（Japan International Cooperation Agency，JICA）的帮助下，印尼对国内的地形和河流做了较为全面的评估，对有水电发展前景的地区进行了全方位的分析。近年来，通过不断挖掘自身丰富的水力资源、大力发展水力发电站，印尼水电行业正迎来快速发展。预计到 2028 年，全国将有 79 个水电项目陆续建设，总装机容量达 12368 兆瓦。①

由于地处地震火山多发的活跃地带，印尼地热资源约占世界的 40%。为充分开发地热潜力并增加其在能源结构中所占的份额，2003 年印尼政府出台《地热法》，允许运营商保留对地热资产的控制权。2004 年，印尼能矿部制定《地热能开发规划》，规划到 2020 年地热能开发达到 6 吉瓦。为此，政府采取公开招标地热富集区块、建立地热勘探基金、简化申请地热许可证审批程序、地热发电设备进口免税和对地热发电项目给予上网电价补贴等措施，吸引国内外企业进行投资。2012 年，印尼国土资源部推出一项上网电价补贴计划（Feed-in-Tariff，FiT），财政部投入 2 亿美元，旨在降低投资者开发地热资源的风险。根据印尼国家能源总规划，到 2040 年，地热能开发将达到 135 吉瓦。

在各种可再生能源中，印尼比较看重生物能源。该国是世界上最大的棕榈油生产国，棕榈油种植面积约 600 万公顷，产量占全球一半以上。为减少进口石油，印尼致力于生物燃料的开发利用，设定了到 2025 年生物燃料在能源结构中占 5%的目标。政府一方面鼓励燃料生物在全国范围内的大面积种植，另一方面扩大生物燃料在工业、交通领域的消费。2013 年，印尼能矿部颁布《生物燃油掺混政策条例》，指定印尼国家石油公司②通过覆盖全

① 吴世勇、张德荣：《印度尼西亚水电开发考察启示》，《四川水力发电》2015 年第 2 期，第 130 页。

② 印尼国家石油公司（Pertamina）成立于 1957 年，是一家国有石油公司，主要从事上游至下游的油气业务活动，并通过其商业活动履行公共服务义务。2019 年 7 月，在《财富》世界 500 强排行榜中居第 175 位。

国各地的加油站推广和销售生物燃油。2015 年，生物柴油的掺混率由 10%提高到 15%，2016 年又提升至 20%。2019 年 10 月，印尼政府宣布，2020 年 1 月起全面实施生物柴油 B30 计划，将生物柴油掺混率由 20% 提升到 30%。

在可再生能源发展计划中，太阳能和风能是重要组成部分。为鼓励发展太阳能和风能电力，印尼能矿部出台一系列新条例，规定印尼国家电力公司必须购买太阳能和风能发电站所生产的电力，从而为太阳能和风能产业的早期发展提供稳定的资金支持。

电力行业是印尼最大的能源消耗部门，支撑了这个群岛国家的经济快速发展。值得注意的是，由于地理条件特殊，印尼虽然是东南亚地区的能源资源大国，但全国尚未建立统一的电网系统，电力覆盖率不高，人均电力消费还处于较低水平。为缓解电力紧张局面，印尼逐渐放开发电市场，部分发电项目通过国际招标的方式引入独立发电商（Independent Power Producer，IPP）[①]。目前，印尼国家电力公司的发电份额已降至 86%，但电网份额仍保持在 100%。[②] 为增加电力供应，印尼能矿部于 2006 年批准《电力供应商业计划》（RUPTL），大力兴建燃煤发电厂，电力结构开始从以石油为主导转向以煤炭为基础。为实现 2020 年电力全覆盖的目标，2014 年，印尼能矿部宣布，到 2019 年在印尼再增加 3500 万千瓦装机容量的目标，其中一半是燃煤发电，1/4 是可再生能源，1/4 是天然气。印尼还从国外进口电力，弥补供应缺口。2016 年 1 月，一条 275 千伏的输电线路投运，印尼和马来西亚开启电力贸易业务。

4. 老挝

老挝是世界上经济最不发达的国家之一。由于至今尚未进行全面矿藏资

---

① 独立发电商模式主要是项目的发起方采用 BOOT 模式引入投资方投资兴建发电厂。建成后，投资方成立专门的项目公司负责电厂的建设和运营，并通过与购电方签署购电协议（Power Purchase Agreement，PPA）出售电力。投资方以长期电力销售的形式获取投资回报。独立发电商发电是对国有发电企业的有益补充，有利于提高电力供应的可靠性，推动和促进行业进步和经济发展。

② 戴立：《燃煤电站购电协议（PPA）两部制电价设计规则解析》，《能源研究与信息》2019 年第 3 期，第 152 页。

源勘探，有关老挝境内油气资源的材料相当缺乏。目前，老挝石油全部依赖进口，天然气开发还是空白。

1988 年以来，老挝推行革新开放路线，经济开始复苏和发展。由于意识到能源的重要性，1988 年 4 月，老挝最高人民议会通过《外国在老挝投资法》，允许外国投资者按照“协议联合经营”、与老挝投资者成立“混合企业”和“外国独资企业”三种方式进行投资。20 世纪 90 年代初，老挝与英国、法国和美国等国的国际石油公司签订若干个油气勘探开发合同，给予上述公司一些有潜力油田的油气勘探特权。英法石油公司曾在老挝南部沙湾拿吉平原和巴色平原的沥青基质砂岩中发现石油和天然气，但一直未进行勘探和测算，其开采价值并不清楚。

老挝拥有得天独厚的水力资源，水电是其发电量的主要来源（占 80%）。老挝现有发电能力能够满足国内电力需求，但输电网络未实现全国覆盖。截至 2020 年底，老挝仍有 1% 的家庭处于用电缺口之中。由于水力发电不稳定，老挝在雨季出口电力（主要是泰国、越南和柬埔寨），在旱季则不得不从邻国（主要是泰国、中国和越南）进口电力。因为旱季进口电价高于雨季出口电价，在电力进出口贸易中，老挝反而形成大额逆差，从而加重老挝国家电力公司（EDL）[①] 的财务负担。因此，老挝政府出台《国家电力发展规划（2010～2020）》，规划在湄公河流域干流（5517 兆瓦）和支流（260 兆瓦）的水电开发项目。为解决雨水不足导致的缺电问题，老挝考虑建设抽水蓄能电站，并研究火电、太阳能和风电等电源。根据《可再生能源战略发展规划（2011～2025）》，到 2025 年，可再生能源发电占老挝全国用电需求的 30%。目前，老挝共有 78 座水电站，装机容量 997.2 万千瓦，年发电 522.11 亿度。此外还有 1 座火电站、4 座生物质能发电站、5 座太阳能发电站和 4 座风力发电站，

① 老挝国家电力公司（Electricite du Laos）是一家国有企业，隶属于老挝能源和矿业部，1959 年创建，总部位于万象。该公司拥有并经营老挝全国的发电、输电和配电业务，其下属 EDL-Generation 有限责任公司管理老挝国家电网的电力进口和出口业务。

全国输变电线路总长 65563 公里。[①]

近年来，随着南欧江一期水电站等具有调节能力的大型水电项目的运营，老挝发电量大幅增加，电力出口实现重大突破。2016~2020 年，老挝共计出口 645.7 万度电，其中向泰国、越南和缅甸分别出口 562 万度、57 万度和 1 万度。[②] 利用水力资源丰富的优势，老挝政府确立了建设“东南亚蓄电池”的发展目标。根据国家电力发展规划，未来老挝将向泰国、越南、缅甸和中国出口总计 6~18 吉瓦电力[③]。老挝与邻国开展电力贸易有利于促进本国和区域经济增长，但目前老挝存在电源结构不科学、跨境电网建设迟缓和线路设备老化、损耗率高等问题，跨境电力贸易的潜力尚未完全开发出来。

值得注意的是，老挝没有核电站运行，也没有在建核电站，但已有核电站建设计划。近年来，在俄罗斯的帮助下，老挝开始推进核电发展计划。2016 年 4 月，老挝与俄罗斯签署首份和平利用核能合作备忘录。2017 年 9 月，双方确定和平利用核能合作路线图。2019 年 7 月，两国签署了两份谅解备忘录，将在和平利用核能领域实施一系列联合教育计划和核能宣传活动。

5. 马来西亚

马来西亚是东南亚地区第二大油气生产国和出口国。除煤炭之外，能源基本自给。能源产业占马来西亚 GDP 近 20%，是马来西亚经济增长的主要推动力。近年来，马来西亚的天然气产量较为稳定，但石油产量不断下降，而且油气储产比都不高。以 2020 年的生产能力计算，油气可采期分别为 12.5 年和 12.4 年。随着马来西亚对石油和煤炭进口的依赖日益加深，天然气出口逐渐下降，该国在国际能源市场上的角色正在发生转变。

---

① 《老挝能源矿产行业发展顺利》，驻老挝经商参处，2020 年 2 月 10 日，http://la.mofcom.gov.cn/article/zwjingji/202002/20200202934931.shtml。

② 《老挝能源矿产行业发展顺利》，驻老挝经商参处，2020 年 2 月 10 日，http://la.mofcom.gov.cn/article/zwjingji/202002/20200202934931.shtml。

③ 包括将 7~9GW 电力出口至泰国，将 1~5GW 电力出口至越南，将 1~3GW 电力出口至中国，将 300~500MW 电力出口至缅甸。

第一次石油危机后，马来西亚开始完善油气法规，以保证能源供应的可持续性和安全性。1975 年，政府颁布《国家石油政策》，提出三大目标：确保在合理价格下提供足够能源；扩大政府对能源资源的拥有权，并提供良好投资环境；在经济与社会最佳化情况下开发油气资源，并节约不可再生能源与保护环境。在此基础上，1979 年颁布的《国家能源政策》进一步从能源供应、消费和环保[①]三个方面提出更高的目标。为延长油气使用时间，1980 年，马来西亚制定国家能源耗竭政策，重点保护有限的、不可再生的油气资源，并提高油气资源的利用效率。这一政策的结果就是石油在能源结构中的比重从 1980 年高达 90%开始急剧下降。政府注重化石和可再生两种能源资源的可持续性发展，出台能源多样化政策[②]，提倡建立石油、天然气、煤炭、水力和可再生能源的最佳能源结构。

为应对石油短缺，马来西亚采取积极措施维持和扩大国内油气生产。除了加大投资减缓成熟油田的自然减产[③]，实施免税政策鼓励投资边际油田和小油田之外，还重视和鼓励国家石油公司与西方国际石油公司合作开发近海和深水油田。随着陆上油气资源的逐渐减少，马来西亚将油气开发的重点转向了近海乃至深水区域。20 世纪 50 年代，马来西亚开始在登嘉楼州、砂拉越州和沙巴州近海区域勘探石油。60 年代以来，在西方国际石油公司的帮助下，马来西亚以分享利润和回收成本的方式，在深水（包括中国南海）区域进行钻探测试和搭建采油平台。通过与西方国际石油公司

① 第一个重要目标是使用最低成本方案开发本国能源资源（不可再生的和可再生的），保证充足的、安全的和有成本效益的能源，使能源供应来源多样化（来自国内外）；第二个重要目标是促进有效地利用能源，防止浪费以及减少社会文化和经济参数内非生产性能源消费；第三个目标是保证在追求能源供应和利用目标的过程中不忽视环境保护的因素。参见 Abdul Rahman Mohamed、Keat Teong Lee、付庆云《马来西亚用于可持续发展的能源：能源政策和替代能源》，《国土资源情报》2007 年第 1 期，第 33 页。

② 1981 年制定四大燃料政策，降低石油依赖，实现油、气、水力和煤炭发电之最佳组合。1999 年，增加可再生能源作为第五种能源来源。

③ 埃克森美孚与马来西亚国家石油公司合作，在塔皮斯（Tapis）及其附近油田开展大规模强化采油项目。塔皮斯油田位于马来盆地，出产轻质原油，1979 年开始生产，1998 年以来产量一直在下降，2018 年产量为 20 万桶，是 20 年前的一半。由于其轻质（43～45° API）和极低的硫含量（0.04%），在新加坡交易的马来西亚塔皮斯原油长期以来都是世界上最昂贵的原油。

的合作，马来西亚国家石油公司[①]不断提升业务水平，在深水油气领域取得巨大进展。21 世纪，马来西亚加快在经营成本和技术要求高的深水区域的勘探开发活动，成为继美国、巴西和欧洲之外，排名世界第四的深水油气中心。

马来西亚是东南亚地区仅次于印尼的天然气生产大国，是世界第四大液化天然气出口国。鉴于国内天然气田产量下降，马来西亚政府积极调整能源结构：一方面提高天然气出口价格，逐步减少天然气出口；另一方面建造 LNG 接收站，从国际市场进口 LNG。2017 年，马来西亚建成首个浮式液化天然气设施（PFLNG Satu）。2020 年初，第二个浮式液化天然气设施（PFLNG Dua）投运。此外，马来西亚加大煤炭进口，以满足国内快速增长的能源需求。

马来西亚政府还重视提高能源效率，建立能源效率奖励机制，鼓励节能增效科技创新。政府设立“国家能源效率奖”，鼓励企业、机构和个人在提高能源效率、降低污染和节能环保方面的科技创新；建立马来西亚能源中心（MEC），为提高能源效率提供技术与政策支持。2016 年，政府批准为期 10 年的《国家能源效率行动计划》（NEEAP），拨款 5.43 亿林吉特为工业部门采用节能技术提供奖励。2019 年 6 月，内阁批准《能源效率和节约法案》（EECA），为能源需求侧提供一个全面的法律框架。

同时，马来西亚积极推动能源转型，大力发展可再生能源。2010 年，政府出台《可再生能源政策和行动计划》，旨在加强对可再生能源的利用，促进电力供应安全和燃料供应的独立性，并提出 2011 年可再生能源占能源结构的 1%、2020 年为 9%、2050 年为 24%的目标。2011 年，政府颁布《可再生能源上网电价法案》，给予小型可再生能源项目电站上网电价补贴；颁

① 马来西亚国家石油公司（Petronas）成立于 1974 年，是一家国有石油公司，拥有石油贸易有限公司、石油天然气有限公司和国际船务有限公司三家子公司。它拥有管理马来西亚国家石油资源并为它增添价值的权利，其业务涵盖上游的勘探、生产石油与天然气，下游的炼油，制造和销售石油产品，天然气加工、液化和销售、运营天然气管线、船物以及产业投资。2019 年 7 月，《财富》世界 500 强排行榜第 158 位。

布《可再生能源法案》，建立特别税收制度，促进可再生能源发展；颁布《可持续能源发展管理局法案》，设立可持续能源发展管理局，明确其职能、权力及有关事项。目前，马来西亚可再生能源发展以水力为主，生物质能次之，太阳能光伏紧随其后。

水资源是马来西亚本土最丰富的可再生资源。其中，砂拉越州降水丰沛、河流众多，占该国可开发水能总量的70%。2008年2月，马来西亚政府启动砂拉越可再生能源走廊（Sarawak Corridor of Renewable Energy，SCORE）发展计划，大力开发该州水力和其他可再生能源，为该州高耗能产业供电，并为马来半岛输电，未来还将向东盟东部经济增长区[①]的各国输电。

马来西亚是仅次于印尼的世界第二大棕榈油生产国。为应对油气产量逐年下降而油气需求日益增加的困境，马来西亚重视生物燃料的生产和使用。政府实施了新税收政策和财政激励措施，鼓励农民扩大油棕树种植面积。2008年，为了减少在柴油上的补贴费用，政府强制加油站销售掺混率5%的生物柴油。与印尼相比，马来西亚生物燃料项目的实施进度较慢，2020年将生物燃料掺混率从10%提高到20%。

2017年底，马来西亚取消了FiT新入网申请，光伏补贴额度也逐渐减少（从2012年1.23林吉特/千瓦时降至0.6682林吉特/千瓦时，降幅达46%）。2019年初，政府实施新版净计量电价政策，确保光伏电价和向马来西亚公用事业公司（TNB）购买价一致，从而推动太阳能更广泛的应用。值得一提的是，由于劳动成本相对较低、投资优惠条款多，马来西亚成为中国大陆与台湾地区之后第三大光伏电池片和组件产地，拥有相对完整的光伏产

---

① 东盟东部经济增长区（BIMP-EAGA）1994年3月成立，包括文莱、马来西亚、印度尼西亚和菲律宾。由时任菲律宾总统拉莫斯首先提出，得到其他三国领导人的积极响应。该计划旨在促进区内四国偏远欠发达地区社会、经济的发展，缩小四国之间以及老东盟六国之间经济发展不平衡。各电力公司之间的最新讨论表明，沙巴、文莱和西加里曼丹决定到2020年分别从砂拉越州进口300MW、400MW和200MW电力。参见D. L. 霍艾克、T. D. 舍特维特《水电在马来西亚沙捞越州电力长期发展中的作用》，刘泽文译，《水利水电快报》2011年第8期，第5页。

业链，生产的光伏产品90%以上出口至欧美地区。

马来西亚传统上依靠天然气发电。近年来，由于煤炭成本较低，发电转向以火力发电为主，电力供应存在地区性不均衡[①]。此外，电力市场由政府主导，马来西亚公用事业公司垄断了发电和输配电各个环节。近年来，政府大力推动电力市场化改革（MESI），引入了基于激励的监管（IBR）和不平衡成本转嫁（ICPT）机制，电力行业发展取得显著成效。2019年底，政府公布电力领域的十年规划——“马来西亚电力改革2.0计划”，逐步开放电力燃料来源、发电、输电，以及配电与零售市场，从电力购买协议特许经营走向电力容量及能源市场，允许更多独立企业进入电力领域。

6. 缅甸

缅甸拥有丰富的能源资源，是东南亚地区五大能源出口国之一，特别是天然气出口。然而，由于政府提供的材料有限，缅甸能源储量没有统一的数据，不同机构给出的答案不同。根据亚洲开发银行能源评估报告，缅甸约有1.6亿桶石油和20.11万亿立方英尺天然气，共有104个油气开采区块，其中内陆开采区块53个、近海开采区块51个。[②] 全面、准确的地质数据的缺乏增加了投资风险，限制了投资者的兴趣，导致缅甸油气产量的增长不如预期。

缅甸是世界上最古老的石油生产国之一。1887年，马圭省仁安羌（Yenangyaung）镇打出缅甸第一口油井[③]。“二战”后，缅甸军政府于1963年10月颁布法令，推行石油产业国有化，禁止外国公司进行陆上石油和天然气的勘探和开采，将此特权授予缅甸石油公司[④]。70年代末，缅甸逐步走

① 马来西亚的电力部门被划分为三个不同的系统，马来西亚半岛与沙巴和砂拉越在地理位置上是分开的，三个系统各自制订了各自的电力发展计划。马来西亚半岛电气化率接近100%，沙巴达94.08%，砂拉越达93%。

② 商务部：《对外投资合作国别（地区）指南-缅甸》（2021年版）。

③ 仁安羌油田是缅甸陆上第一大油田，与北面的仁安吉、稍埠等油田构成缅甸中部的石油工业区。“二战”前因高产极负盛名，“二战”后产量开始下滑。1962年油田收归国有。

④ 缅甸石油公司（MOC）于1973年成立，于1985年更名为缅甸石油天然气公司（Myanmar Oil and Gas Enterprise，MOGE）。随后，缅甸石化公司（MPE，主营石油精炼厂和石油加工厂）和缅甸成品油公司（MPPE，经销成品油）相继成立。

向开放，积极寻求外援和贷款。1988 年 11 月和 12 月，缅甸相继发布《缅甸联邦外国投资法》和《缅甸联邦外国投资法实施细则》，允许外国企业采取产量分成、提高采收率和恢复开发生产三种合作方式[①]投资缅甸石油、天然气和电力等能源行业。法国道达尔、马来西亚 Petronas、韩国大宇、泰国国家石油公司（PTT）和中海油等石油公司与缅甸签订了 20 多份合作开发合同。20 世纪 90 年代以来，缅甸在近海发现天然气，迅速成为东南亚地区的主要天然气生产国之一。2010 年缅甸开启民主化进程，外资加速进军缅甸“淘金”。2012 年 11 月，缅甸议会通过新外国投资法，取代 1988 年旧法。近年来，为了更充分地开发能源行业的巨大潜力，缅甸能源部制定了四大能源政策目标：①保持能源独立；②促进新能源和可再生能源资源的更广泛应用；③提高能源效率，避免能源浪费；④鼓励家庭利用替代燃料。[②]

缅甸海上油气生产活动始于 1998 年，耶德纳气田（Yadana）[③] 是缅甸最早发现的海上气田之一。但是，深水勘探开发仍处于起步阶段。2007 年，缅甸发现首个深水气田——米亚气田（Mya）[④]。2013 年，缅甸能源部首次对 30 个海上油气区块（包括 19 个深水区块和 11 个浅水区块）进行招标，共有 20 个区块完成招标。然而，由于国际油价萎靡不振，加上巨大的勘探风险且成本高昂，部分投资者或者放弃深水区块，转投其他业务，或者推迟深水项目的开发时间。由于配套基础设施严重落后[⑤]，再加上国内政权过渡

---

① 产量分成合同（Production Sharing Contract，PSC）即合作开发、共享成果，政府与合同者的份额分别为 60%和 40%，合同期 20 年（可延长）；提高采收率（Enhanced Oil Recovery，EOR）协议适用于内陆老油气田，政府与合同者的份额分别为 65%和 35%，合同期 20 年（可延长）；恢复开发生产（Reactivation of Suspended Field，RSF）协议适用于一些已开发但又停产的油气田，政府与合同者的份额分别为 50%。

② Asian Development Bank，*Myanmar*：*Energy Sector Initial Assessment*，October 2012，p. 4.

③ 耶德纳气田是缅甸最大气田，位于莫塔玛湾（Mottama Gulf）水深约 40 米海床下，由道达尔 1982 年发现，1998 年开始生产。该气田日产量达 9.1 亿立方米，近八成通过管道向泰国销售。

④ 米亚气田由大宇国际（Daewoo International）勘探发现，2013 年开始生产。生产的天然气与邻近的瑞气田（shwe）和瑞漂气田（Shwe Phyu）一同通过 800 千米长的管道全数输往中国。

⑤ 深水油气资源距离陆地较远，需要离岸供应基地以降低钻探成本，减少运输和清关耗时。长期以来，缅甸的深水油气运营商不得不依赖新加坡和泰国的离岸供应基地和位于仰光的 Thaketa 供应基地。2017 年，缅甸投资委员会（Myanmar Investment Commission）批准 6 个离岸供应基地项目，希望最早于 2020 年投入运营。

的政治风险，缅甸海上油气开发面临许多困难和挑战。

为了减少石油进口，根据缅甸政府的能源计划，汽油在社区层面将逐步由生物乙醇（95%的乙醇）取代，在国家层面将逐步由乙醇汽油（汽油中含有15%的无水乙醇）取代；柴油在社区层面将逐步由混合柴油（柴油中有5%~20%的麻风树油）取代，在国家层面将逐步由生物柴油取代[①]。

缅甸化石能源以天然气为主，天然气是缅甸出口收入的最重要来源。尽管缅甸电力短缺，但是只有一小部分天然气用于国内消费[②]。国内消费者或者转向使用成本更高的石油，或者使用污染更严重的煤炭。随着电力需求的不断上涨，如何平衡天然气外汇出口和确保发电的天然气来源成为缅甸政府面临的一个艰巨的挑战。对此，缅甸一方面进口液化天然气来解决发电缺口问题；另一方面通过优化能源组合，大力发展可再生能源来实现可持续的能源供应。

缅甸电力资源丰富，但开发缓慢，是一个电力严重短缺的国家。目前，缅甸全国用电比例很低，2020年电气化率仅有56.68%。随着电力建设的不断推进，缅甸每年有约180万人通过电网扩建获得电力供应。然而，缅甸仍然是世界上人均用电量较低的国家之一，仅为世界平均水平的1/10；仍有2300多万的无电人口，占东南亚地区的40%。根据国家电气化规划，缅甸计划在世界银行4亿美元融资和技术援助贷款的帮助下，到2025年将电气化率提升到75%，到2030年提升到100%。

缅甸拥有丰富的可再生能源，其中水能占主导地位，风能和太阳能也有一定开发潜力。水能已进行商业开发和利用，其他可再生能源仍处于考察和研究阶段，尚未实现商业开发。由于水源不足或季节性变动难以保证电力稳定供应，其他可再生能源逐渐受到政府的重视。2015年12月，缅甸出台国家能源政策并制定了《缅甸联邦能源总体规划》（*Myanmar Energy Master Plan*），提出到2020年，可再生能源占总装机容量的15%~20%；同时，逐

① Asian Development Bank, *Myanmar*: *Energy Sector Initial Assessment*, October 2012, p. 18.

② 根据合同，到2030年前，缅甸天然气的大部分（80%）要出口到中国和泰国，仅有20%用于国内发电。

步调整各类能源发电比例，至 2030 年调整为水电占比 38%，煤电占比 33%，天然气发电占比 20%，可再生能源发电占比 9%。在 2018 年颁布的《可持续发展规划（2018～2030）》（*Myanmar Sustainable Development Plan 2018-2030*）中，缅甸政府明确列出优先发展以太阳能为代表的可再生能源的目标：到 2020 年，风能和太阳能等可再生能源将供应全国 8%的电力；到 2025 年，这一比例将提升到 12%。

7. 菲律宾

菲律宾化石能源匮乏①，近一半的化石能源供应来自进口。长期以来，能源短缺（特别是石油）是菲律宾经济发展的一个瓶颈。对此，菲律宾出台多项政策，试图实现能源自给，减少外汇流失，但收效不大。根据菲律宾宪法和矿业法的规定，外资公司参与菲律宾能源项目，必须与菲律宾公民、菲方控股公司合作，而且最多只能占 40%的股份；在合同有效期限或许可期内，外资公司的开发活动还要兼及环境保护。这些限制性规定对能源投资的引进产生不利影响。为满足国内能源需求，菲律宾启动对南海油气资源的公开招标，但均遭到中国的强烈反对。

近年来，在认识到传统化石能源匮乏而可再生能源丰富的国情后，菲律宾将发展可再生能源作为保障国家能源安全的重要内容。为促进可再生能源产业发展，菲律宾政府进行了一系列立法，比如 1978 年的地热法，1991 年的小型水电法，1997 年的海洋能、太阳能与风能法，2001 年的电力部门改革法，2003 年的可再生能源政策框架和 2006 年的生物柴油法。2008 年 12 月，菲律宾政府颁布了东南亚地区首部可再生能源法案②。它借鉴了发达国

① 巴拉望岛西北部海域初步探测拥有石油储量约 3.5 亿桶。参见商务部《对外投资合作国别（地区）指南-菲律宾》（2019 年版）。

② 该法案的内容包括：免去可再生能源企业头 7 年的企业所得税及碳税，之后征收 10%的企业所得税；对可再生能源设备和设施原始成本给予 1.5%的地产税上限优惠；优先购买、连接、输送可再生能源公司生产的电，免征增值税。该法借鉴欧美发达国家推进可再生能源发展的经验，还制定了可再生能源组合标准、固定电费政策和电费结算协议等特殊政策。参见刘贺青《菲律宾生物燃料发展状况及存在的问题》，《亚太经济》2010 年第 2 期，第 80～81 页。

家发展可再生能源的先进经验，为菲律宾可再生能源的开发利用提供了优厚的财税激励措施，搭建了较好的制度框架。为了推进这些政策的实施，该法专门设立国家可再生能源委员会（NREB）和可再生能源信托基金（RETF）。2011年，菲律宾发布首部《国家可再生能源计划》（NREP），计划在2030年将可再生能源的发电能力从2010年的5400兆瓦提高到15400兆瓦。2022年11月，菲能源部公布《可再生能源法案》（2008）修订案，取消可再生能源行业外资股权比例限制，帮助菲实现可再生能源到2030年占电力组合35%的目标。目前，菲律宾可再生能源发电来源比较多样化，水力占主导，地热次之，光伏再次，风力和生物质最后。

每年长达4个月的雨季、2个月的多台风季节为菲律宾贡献了丰沛的降雨量。1991年，政府颁布小型水电法，向小水电开发商提供特别优惠税率、营业7年内免征所得税和免征增值税等优惠政策，促进国内水力资源的开发利用。目前，水电占该国可再生能源发电总量的一半。

同时，菲律宾处于环太平洋地震地热带，地热资源十分丰富。早在1977年，菲律宾就开始建设地热发电站，成为东南亚地区最早开发地热能的国家。1978年，政府颁布《促进地热资源勘探和开发法案》，鼓励相关企业进行地热资源开发利用。20世纪90年代，在日本住友商事公司和富士电机公司的帮助下，菲律宾建设了国内规模最大的Malitbog地热发电站。为促进地热行业投资，能源部2020年通过一项条例，允许外国100%参与大型地热项目。但由于地热项目风险高，需要大量资金，菲律宾地热项目增长缓慢。目前，菲律宾的地热发电量位居世界第三，仅次于美国和印尼。

2012年，菲律宾颁布可再生能源FiT政策，确保可再生能源优先电网连接和电力购买，吸引众多海外投资商、开发商、承包组件商蜂拥而入。根据《可再生能源法案》和《国家可再生能源计划》，到2030年，光伏装机容量将达到1528兆瓦（基于2030年光伏发电占全球电力5%的假设），风电装机容量将达到2345兆瓦。由于煤炭是更廉价的选择，菲律宾风能和太阳能市场的潜力还未得到释放，目前的风能和太阳能装机容量还落后于官方目标。2022年4月，菲律宾能源部与世界银行发布《菲律宾海上风电路线图》，提出在高增长情况下，到 2040 年实现 210 亿瓦海上风电开发，占菲电力供应的 21%；在低增长情况下，开发 30 亿瓦，占菲电力供应的 3%。

为降低对石油进口的依赖度，菲律宾实施了国家生物燃料计划。2007 年生效的《生物燃料法案》规定，在菲律宾销售的所有柴油燃料，生物柴油掺混率不得低于 1%，所有汽油燃料的生物乙醇混合率不得低于 5%，未来这个比例还将逐年提高。为监督、执行和评估国家生物燃料计划，菲律宾成立了国家生物燃料委员会。

受制于群岛的地理形态，菲律宾电力系统由吕宋岛、维萨亚岛和棉兰老岛三大电网组成，未实现全国联网。目前，菲律宾国内发电能力无法满足快速增长的电力需求，棉兰老岛地区的缺电现象十分严重（大约 60% 的家庭无法获得电力）。菲律宾电力成本高昂，是东南亚地区电价最高的国家，在亚洲仅次于日本。这一问题产生的主要原因在于：一方面，菲律宾发电厂的燃料多为煤炭，火力发电占发电总量的 75%，但由于国内煤炭储产量少，菲律宾电力系统严重依赖煤炭进口；另一方面，菲律宾电力生产和传输设施老化，多数面临退役，电力损耗超过 9%。

为增加电力供应，2001 年发布的《电力工业改革法案》（EPIRA）开启了菲律宾电力行业放松管制和私有化改革进程。EPIRA 规定成立能源管理委员会（ERC），将菲律宾国家电力公司①拆分为独立的发电、输电和配电公司，并于 2009 年进一步降低国有资本持股比例。为使电力交易更加透明和公平，菲律宾建立电力批发现货市场（WESM），由非营利性的国有企业——电力市场合作公司（PEMC）监管。为促进售电竞争和（配）电网开放，菲律宾终结了单一买方购电协议，引入零售竞争和开放渠道，在 WESM 注册的各类售电公司可以公平接入和使用配电网络。为实现 2022 年普及用电，菲律宾大力发展太阳能和风能等可再生能源发电，并通过微电

① 菲律宾国家电力公司（NPC）是一家从事电力生产、运输和配送的国有企业。2001 年电力行业改革后，剥离了输电资产，形成了一家全新的国有企业——菲律宾输电公司（Transco），并逐步实现电网运营权的私有化。Transco 将输电系统的特许运营权通过公开招标的形式赋予了菲律宾国家电网公司（NGCP）。

网和离网系统向最偏远的地区供电。根据《可再生能源法案》，菲律宾从2020年起正式实施可再生能源组合标准[①]，每年可再生能源在发电总量中的比重至少新增1个百分点，进一步刺激菲律宾可再生能源和电力市场的快速发展。

8. 泰国

泰国是东南亚地区第二大经济体和第二大能源消费国。然而，泰国化石能源资源比较有限，产量不高，消费量大且快速增长，能源自给率不足49%。21世纪，随着油气资源日益枯竭，能源安全成为泰国经济社会可持续发展的一大瓶颈。

20世纪20年代，泰国北部清迈府发现石油。但是，由于开采技术水平有限，政府停止勘探开采。直到70年代，第一次石油危机爆发后，遭受严重打击的泰国才重视国内油气资源的勘探和开发。从第三个五年能源计划[②]开始，泰国把发展油气产业放在国家能源政策的优先地位。为减少对进口石油的依赖，政府以大幅提升效率、确保能源优化和减少环境影响为目标三次修改石油法，并逐渐开放石油勘探和生产特许权，加强与国际石油公司的油气合作。90年代，泰国还解除对石油和电力的管制，进行国有能源企业的私有化改革。21世纪，基于能源安全、经济发展和生态环保的需要，政府提出了泰国整合能源蓝图（Thailand Integrated Energy Blueprint，TIEB），针对2015~2036年的能源发展制定了一揽子五个计划[③]。但是，泰国油气生产已达满负荷状态，按照BP的测算，已无法满足其国内未来8~12年的能源

---

① 可再生能源组合标准（Renewable portfolio standard，RPS）是指给予电力公司的指标，要求他们所发的电力有一定比例（由政府确定，逐年上升）来自可再生能源。美国是实施RPS最成功的国家，但英国发展得并不理想。RPS与FiT的区别是：前者是通过规定可再生能源产量来促进可再生能源的发展，而后者是通过规定可再生能源的价格来促进可再生能源的发展。

② 从1961年开始，泰国每五年制定一次能源计划，根据当时的能源状况提出国家能源发展重点。到目前为止，泰国已制定了12个能源计划（第12个能源计划从2017年到2021年）。

③ 这五个计划包括电力发展计划（2015~2036）（PDP 2015）、能源效率发展计划（2015~2036）（EEDP 2015）、替代能源发展计划（2015~2036）（AEDP 2015）、石油发展计划（The Oil Development Plan）和天然气发展计划（The Gas Development Plan）。

需求。为满足国内能源消费，政府多措并举多点发力，保障国家能源安全。

首先，节能和提高能效成为泰国能源政策中的重大课题。由于缺乏高水平的能源工程技术和足够的资金投入，泰国的能源转换损失量较大。为此，泰国实施节能计划，建立节能促进基金（ENCON，1992 年）、节能循环基金（EERF，2003 年）和节能服务基金（ESCO，2008 年）等，提高公众节能意识，并鼓励企业提高能效。1995 年，泰国实施环保标签制度，要求冰箱、空调、洗衣机、照相机和荧光灯等符合泰国环保标签标准的家用电器粘贴环保标签。政府还鼓励个人或科研机构开展提高能效方面的科学研究。在东盟能源奖[①]前三名获得者所属国家中，泰国是最多的。2014 年 12 月，政府出台《能源效率发展计划（2015~2036）》，设立最高能源效率标准（HEPs）、最低能源效率标准（MEPs）和能源效率资源标准（EERS）等，在建筑和工业部门引入能源管理系统，提出到 2036 年节电近 90 太瓦时、能源强度比 2010 年降低 30%的目标。

其次，加快可再生能源开发和利用步伐。泰国电力过度依赖天然气，而天然气发电成本非常高。因此，在能源结构尤其是电力结构中降低天然气比例、提高可再生能源比例成为泰国能源政策的必然选择。2008 年，政府制定《可再生能源发展计划（2008~2022）》[②]，协助公共和私营部门实施可再生能源项目，实现到 2022 年可再生能源占能源结构 20.3%的目标。2014 年 12 月，泰国国家能源政策委员会（NEPC）批准《电力发展计划（2015~2036）》[③] 和《替代能源发展计划（2015）》。前者主要通过减少对

① 东盟能源奖是由东盟能源中心 2001 年设置和颁发的，奖励东盟各国在能源效率和可再生能源开发领域做出突出贡献的集体和个人。

② 第一阶段（2008~2011）促进高潜力替代能源的商业化开发，如生物燃料和生物质、沼气联合发电灯；第二阶段（2012~2016）将推动生物燃料等替代能源的技术研发，挖掘其经济效益，以及探索绿色城市社区模式；第三阶段（2017~2022）将在泰国境内推广已经成熟的替代能源技术和社区模式，并成为东盟地区生物燃料的发展中心和替代能源技术出口大国。

③ PDP 规划天然气发电量由 2015 年的 70%削减到 2036 年的 40%，燃煤发电量由 2015 年的 7%增加到 2036 年的 25%，非水电再生能源发电量由 2015 年的 8%增加到 2036 年的 20%。此外，还为未来核电项目预留 2%的发展空间。

天然气发电的依赖、发展清洁煤炭技术提高煤炭发电比例、从邻国进口电力以及发展可再生能源来增强电力系统的可靠性。后者旨在提升能源多样性，实现多种能源组合发电，减少对化石燃料的依赖，并解决城市垃圾和农业废物等社会问题。2019 年，泰国政府发布修订后的《电力发展规划（2018~2037）》，提出在 2037 年前将可再生能源发电的占比提升至 30%的目标。

泰国的可再生能源最初以水力为主，但在政府政策引导下，多元化趋势明显[①]。目前，泰国可再生能源装机容量比较均衡，以生物质为最高，水力次之，光伏再次，风力最后。

泰国是一个农业国家，拥有丰富的农业衍生生物质能源，如甘蔗渣、稻壳、木屑、牲畜和城市废弃物等。同时，泰国是亚洲第三大棕榈油生产国。泰国生物质能源是以糖浆、木薯为原料制成的乙醇和从棕榈油中提取的生物柴油。2012 年，政府颁布《生物燃料掺混令》，规定生物乙醇掺混率为 3%。2014 年和 2019 年，政府又相继将其提高到 7%和 10%。

泰国对风能和太阳能产业非常重视，相关产业发展起步较早。20 世纪 80 年代初，泰国曾在普吉岛进行 150 千瓦风力发电小规模试点。1993 年，泰国采用分布式发电[②]方式，推出针对太阳能离网项目的发展计划。为促进私人投资者参与可再生能源发电项目，从 1994 年开始，泰国规定公用事业公司[③]有义务向小型电力生产商（SPP）和微小型可再生能源电力生产商

① 按照可再生能源发电的不同类别，泰国设定了可再生能源电力上网的优先顺序，依次为：垃圾发电、生物质发电、沼气/废水利用发电、小水电、能源作物沼气、风电、光伏发电、以及地热发电。

② 分布式发电（Distributed Generation），与集中式发电相对，是一种较为分散的发电方式。它是由较靠近负载端且发电容量较小的小型发电设备（一般为 10 兆瓦或更小的容量）所组成的电力系统。

③ 泰国公用事业公司（EGAT）是泰国唯一的电力系统运营商，拥有覆盖全国的，包括输电线、不同电压等级的高压变电站等在内的电力传输网络。EGAT 还拥有很多的发电厂资产（3 个天然气发电厂、6 个联合循环发电厂、22 个水电厂、8 个可再生能源电厂和 1 个柴油发电厂），是泰国最大的发电企业。基于国有的单一买方体制，EGAT 作为买方跟国内独立发电厂、小型发电厂和邻国进行大宗电力交易，然后再将电力出售给泰国两大配售电国有企业（首都电力局 MEA、外府电力局 PEA）和若干法律事先授权许可的直接购电客户。EGAT 也从事向邻国出口电力的业务。

（VSREPP）购买电力。2007 年，在常规电价 2.0~2.5 泰铢/千瓦时（35 泰铢=1 美元）的基础上，泰国政府率先实施了电价附加方案[①]，鼓励独立发电商投资开发风能和太阳能，拉开了东南亚国家推行上网电价的序幕。然而，该方案只是权宜之策。2013 年，泰国国家能源政策委员会通过了支持屋顶和社区地面电力生产商安装太阳能的新上网电价[②]，标志着光伏政策由过去的高额补贴转向低补贴和自发自用。2014 年 12 月，政府发布微小型电力生产商（VSPP）上网电价，规定其他可再生能源的上网电价。

为解决可再生能源间歇性发电带来的难题，泰国外府电力公司（PEA）2014 年开始与中国华为公司探讨网络改造方案，双方启动了创新中心战略合作。2015 年 2 月，泰国能源部（MOE）发布《泰国智能电网发展总体规划（2015~2036）》[③]，为泰国智能电网的整体发展制定了政策、方向和框架。根据该规划，在不久的将来可再生能源将迅速加入主电网中。

最后，加强与周边国家的能源合作。为增加国内天然气供应，泰国政府一方面从缅甸通过跨东盟天然气管道进口天然气，另一方面从中东地区（主要是卡塔尔）增加液化天然气进口量。为满足各部门各行业的电力需求，政府从老挝进口电力补充所需。泰国与老挝电力合作历史悠久，早在 1968 年双方就签署了电力战略合作协议，从最初 1500 兆瓦的购电量，逐步增加到目前的 7000 兆瓦。2016 年 9 月，泰老两国签署新的电力合作备忘录，将购电量进一步提高到 9000 兆瓦。目前，两国拥有 6 条跨境输电线路。

值得注意的是，虽没有丰富的油气资源，但凭借其位于石油生产和消费

---

① 泰国是东南亚地区首批实施 FiT 政策的国家之一。通常而言，政府颁布的是 FiT 政策，也就是明确支付收购价格；而泰国 Adder Scheme 是基于收购电价之上，支付额外的补贴，计算方式差异不大。前者是整个加上去，后者则是额外加上去。

② 泰国推出一项支持当地社区的可再生能源项目，能源部与清迈大学合作，根据当地社区的参与程度，为该社区的可再生能源发电项目提供财政援助。它不仅有效清除垃圾废物，为当地社区创造就业机会，而且增加了利益相关者的所有权意识，有助于社区实现自我管理。

③ 该规划分为四个阶段，第一阶段为准备阶段（2015~2016 年），第二阶段为短期阶段（2017~2021 年），第三阶段为中期阶段（2022~2031 年），第四阶段为长期阶段（2032~2036 年）。

市场“中间”的地理位置，泰国一直致力于建成区域能源交易平台——位于泰国东部海岸、曼谷东南的 Sriacha 石油交易中心和横贯东西、位于克拉地峡上的战略能源陆上桥梁（Strategic Energy Land Bridge，SELB）[①]。

9. 新加坡

新加坡缺油少气，是一个典型的能源储量和产量为零的国家。然而，能源不仅没有掣肘新加坡经济发展，反而成为推动其经济发展和参与全球治理的重要抓手[②]。

新加坡在关键节点准确地把握住时代发展的脉搏，积极利用能源驱动经济社会发展，走上了一条以原油加工为核心、生产和销售双轨并重的外向型能源富国之路[③]。1965 年独立后，凭借优越的地理位置、廉价的土地和劳动力成本、优惠的投资政策等优势，新加坡的炼油产业和石油进出口贸易得到蓬勃发展，快速成为全球第三大炼油国和世界三大石油交易中心之一。20 世纪 70 年代中后期，在炼油产能不断扩大的基础上，新加坡推动石化产品向下游产业延伸，成功打造裕廊岛石化产业集群。21 世纪以来，为保障能源供应的可靠性，摆脱对印尼和马来西亚天然气的依赖，新加坡于 2006 年着手建设 LNG 接收站，依靠发达的航运体系实现 LNG 进口多元化，并谋求建立亚洲 LNG 交易中心，提高其在国际能源治理中的话语权。

新加坡把建设“花园城市”作为国策，采取“产学研三重螺旋”模式，促进能源与城市的协同发展。在新一轮能源科技创新浪潮下，新加坡在国家战略中确定了科技创新的重要地位，努力发挥公共政策作用，构建新的能源创新体系。

① 战略能源陆上桥梁即在设想中的克拉地峡运河线路上修建全长 250 公里的输油管道，连接中南半岛两侧面向印度洋和太平洋的两个深水良港，并配合建设储油站、炼油厂等辅助性设施——油轮可以在半岛的西侧卸油进入管道，直接输送到半岛东侧，省去绕道马六甲海峡之苦。参见陈挺《“泰国石油路线”破解“马六甲困局”?》，《中国石油石化》2004 年第 6 期，第 44~45 页。

② 王晓晨、郑宽、闫晓卿：《新加坡能源战略——花园城市（世界能源风向）》，《中国能源报》2019 年 4 月 8 日。

③ 王晓晨、郑宽、闫晓卿：《新加坡能源战略——花园城市（世界能源风向）》，《中国能源报》2019 年 4 月 8 日。

第一，制定宏观战略计划。自 1990 年以来，新加坡已经制定实施了 7 个国家科技发展五年计划[①]。在科技发展五年计划中，新加坡重视发展清洁能源，建立了一个机构间工作组——清洁能源计划办事处（CEPO），推动清洁能源政策的部署和落实，致力于打造世界清洁能源新枢纽。目前，CEPO 已推出多个研发项目，比如 5000 万新元的清洁能源研究计划（CERP）、1700 万新元的洁净能源研究与实验计划（CERT），以及 2000 万新元的太阳能能力计划（SCS）等。新加坡还瞄准能源领域前沿技术，建立智能电网研究中心（EPGC），进行关键技术的研究和产品开发。在瑞士洛桑国际管理发展学院发布的 2023 年智慧城市指数中，新加坡名列第七，在亚洲城市中排名第一。

第二，持续加大资金扶持力度。除了借助跨国企业的研发平台提升自身科技实力之外，新加坡还通过设立市场发展基金（Market Development Fund，MDF）和环境可持续性创新基金（Innovation for Environmental Sustainability Fund，IESF），促进中小微企业参与可再生能源发电项目的研发和推广。

第三，重视科技人才培养。新加坡注意培养国民的创新意识，通过自主培养和海外引进组建一流科技队伍，通过举办国家能源创新挑战赛储备更多高素质的优秀人才。在 2022 年全球人才竞争力指数（GTCI）排名中，新加坡处于领先地位，在全球 133 个国家和 175 个城市中排名第二。在 2022 年全球创新指数[②]排名中，新加坡位列第七，在亚洲地区仅次于韩国。

太阳能是新加坡最主要的可再生能源。2019 年，新加坡发布《可持续能源供给 2030 计划》，提出到 2030 年将光伏装机容量从 2020 年的 350 兆瓦

① 2021 年，新加坡第七个科技发展五年计划《研究、创新与企业计划 2025》正式启动，计划在未来五年投入 250 亿新元（约合 1230 亿元人民币），持续强化研究与创新能力。其中，在城市方案和可持续发展领域，计划更新和建设一个宜居、韧性、可持续和充满经济活力的“明日之城”。

② 全球创新指数（Global Innovation Index，GII）是世界知识产权组织、康奈尔大学、欧洲工商管理学院共同创立的年度排名，从 2007 年起每年发布，根据 80 项指标衡量全球 120 多个经济体在创新能力方面的表现，旨在帮助全球决策者更好地理解如何激励创新活动，以此推动经济增长和人类发展。

提高到至少2000兆瓦。作为世界最大的太阳能晶片、蓄电池和太阳能板生产国，新加坡在太阳能开发方面不断创新，努力提高城市太阳能系统集成能力和光伏建筑一体化水平，并大力研发和应用海上浮式太阳能系统、垂直太阳能电池板等先进技术，引领光伏产业持续进步。

2022年3月22日，新加坡能源2050委员会发表名为《迈向能源转型2050》的报告，规划新加坡未来能源蓝图，提出九大转型策略。报告指出，受地狭人稠的限制，太阳能发电极其有限，新加坡必须考虑其他的发电途径和供电来源，如氢能发电、核能发电，以及从区域电网进口电力。当年6月，新加坡从老挝进口100兆瓦电力，正式启动老挝—泰国—马来西亚—新加坡电力一体化（LTMS-PIP）项目。2023年3月，吉宝能源公司（Keppel Energy）与柬埔寨皇家集团（Royal Group）签署沿着新海底电缆进口电力的协议，从柬埔寨进口1000兆瓦电力。

10. 越南

除了天然气能够自足且有少量出口之外，越南的化石能源部分依赖进口。然而，从资源储量和开采年限看，越南油气资源有较强的开发潜力和比较优势。根据BP《世界能源统计年鉴2021》，2020年越南石油储产比为58.1，天然气储产比为74.1，均是东南亚地区可开采时间最长的。然而，2014年下半年以来，国际油价的低迷阻碍了越南新油田的勘探开发。近年来，越南经济发展驶入快车道，能源的需求量持续增长。能源供应成为国家可持续发展的重要保障。

20世纪70年代中期，南北统一后的越南在苏联帮助下开发油气田。1986年，越共六大开始革新开放步伐。为吸引外资，1987年，越南颁布《外国投资法》（后进行五次修订），给予矿物探勘与开采项目免交土地租金并享受优惠的待遇。1988年，越苏石油联营公司[①]在地下3000米的花岗

① 1981年，越南与苏联扎鲁别日石油公司（Zarubezhneft）成立越苏石油联营公司（VSP），越苏各占股50%（2010年更改为越方持股51%，俄方持股49%），总部位于越南巴地头顿省头顿市。从1986年开始，在越南大陆架开采石油。该公司拥有越南产量最高的油气田，在越南油气产业领域掌握绝对的主导权。

岩层发现储量约 5 亿吨的石油。此后，越南的石油储量和产量稳步增加，油气产业成为越南主要经济支柱之一，对财政收入的贡献率高达 20%～30%。越南也由此从石油进口国一跃成为东南亚新兴石油出口国。1993 年，越南通过第一部《石油天然气法》，指导国内外能源企业在陆上和海上进行油气勘探开发活动。2000 年，《石油天然气法》修正案在合同期限、合同面积、矿区使用费、企业收入税和增值税等方面提供更优惠的投资政策，吸引大批国际石油公司参与，勘探开发不断取得新的突破。越南国家油气集团[①]积极开展多元化对外合作，与比利时、美国、加拿大、日本和韩国等国 40 多家公司签署勘探和开采合同。2004 年，越南石油产量达到峰值。由于油井自然老化，特别是产量最大的油田——白虎油田（Bach Ho）储油量下降，越南石油出口呈直线下降的趋势。近年来，国际油价下降、新油田开发投资进展缓慢、承接国际产业转移速度加快使越南石油缺口进一步加大，越南再度由石油出口国变为石油净进口国，油气产业发展进入了新的阶段。由于陆上和近海的油气资源已经开发殆尽，越南大型油气项目几乎完全来自海上。为达到先行开发的目的，越南在油气勘探和开采过程中给予外国公司较大的让步。然而，随着海上勘探开发范围的不断扩大，越南与中国、马来西亚等相邻国家的争端也在加剧。近年来，越南在南海推行所谓油气“全球招标”，部分油气勘探开发项目区块已延伸到中国南海断续线内海域。

越南煤炭产量大，曾是传统的煤炭出口国。但是，由于近年来煤炭价格下滑而开采成本上涨，特别是国内需求越来越大，越南煤炭出口量逐渐减少。根据《2020 年煤炭工业发展计划和 2030 年展望》，越南计划大量建设燃煤电厂，届时将不得不进口煤炭满足需求。

为保障国家能源安全，2008 年 1 月，越南阮晋勇总理批准《到 2020 年及面向 2050 年国家能源发展战略》。该战略是越南现行能源政策的基础文件，不仅对各能源行业（电力、油气、新能源和可再生能源等）的发展规

① 越南国家油气集团（Petro Vietnam，PVN）成立于 2006 年，是一家政府全资控股国有石油化工企业，经营范围遍及油气行业的勘探、开采、储存、提炼、运输和分销等领域，下辖越南油气集团、4 个总公司、4 个有限责任公司和 14 个集团控股 50%的公司等。

划做了具体规定，还对国家能源安全政策、价格政策、优先发展新能源政策、节约能源措施和环境保护措施等做出了明确规定。围绕这一战略，越南相继制定了《能源效率和节约法》《电力法》《电力法修正案》《越南绿色增长战略》《环境保护法》《可再生能源发展战略》《国家能源效率和节约计划（2019~2030）》《越南国家自主贡献》《2016~2020年及面向2030年国家电力发展规划》等一系列政策和法律。综合上述能源政策和法律，越南关于能源效率、可再生能源和温室气体减排方面的政策目标见表5-5。

越南可再生能源发展潜力巨大。但是，由于起步较晚，受资金和技术所限，企业不愿意投资可再生能源。因此，这种能源优势尚未得到充分发挥。近年来，为适应清洁能源发展潮流，减少环境污染，越南优先使用和大力发展可再生能源，正成为东南亚地区最活跃、最具吸引力的可再生能源市场之一。目前，越南可再生能源中水力占主导地位（占99%），风能、太阳能和生物质能占比很小。

表5-5　越南能源和气候政策的具体目标

目标	2020年	2025年	2030年	2050年
可再生能源				
可再生能源在一次能源供应中份额	31%		32%	44%
可再生能源在总发电量中份额	38%* 不包括4%水电		32%* 不包括15%水电	43% 不包括33%水电
对比常态下的能源效率				
终端节能需求(VNEEP3)		5~7%	8%~10%	
对比常态下的温室气体减排				
绿色增长战略(VGGS)	10%~20%		20%~30%	
国家自主贡献(INDCs)			8%(无条件) 25%(有条件)	
可再生能源发展战略(REDS)	5%		25%	45%

*包括小水电、风电、太阳能、生物质能、沼气、地热能等。

资料来源：MOIT，Embassy of Denmark，Danish Energy Agency，*Vietnam Energy Outlook Report 2019*，November 2019，p. 15。

越南的水力资源十分丰富，密集的河流和丰沛的降雨使其具有巨大的水电开发潜力。特别是北方的沱江和锦江，适宜修建大型水电站。自 20 世纪 80 年代以来，越南的水电生产始终保持着快速增长的势头，成为东南亚地区最大的水电生产国。由于大型水电项目造成了社会问题、环境破坏和经济恶化等负面效应，2018 年 2 月，越南将建设重点转向中小型水电项目。此外，越南通过参加联合国的清洁发展机制项目，获取碳补偿，吸引越来越多的私营资本投资小型水电站。

越南风、光资源条件优越，太阳能（地处热带，全年日照量高达 2500 小时）、风能（拥有长达 3000 公里的海岸线，部分地区年均风速可达8.0m/s 以上）等储量丰富。近年来，随着风能和太阳能发电成本快速下降，在新加坡、韩国、德国和英国等多国投资者的帮助下，越南在风能和太阳能利用方面取得了长足发展，正在迎来对风能和太阳能开发的投资浪潮。2016 年底，核电站的停建为扩大太阳能和风能提供了机会之窗。目前，越南是东盟成员国中太阳能和风能发电装机容量最大的国家。2020 年底，越南太阳能和风能装机总量超过 17000 兆瓦，累计发电量达到 176 瓦。[①]

作为一个新兴经济体，越南正经历经济快速增长、人口大规模向城市移动以及人民生活水平提高的过程，这些都大大地促进了电力消费。近年来，越南电力供应不足的矛盾日益加剧。由于资金短缺和建设周期长，根据越南第 7 个国家电力发展规划修正案（PDP Ⅶ）实施的 62 个 200 兆瓦以上的发电项目中，有 47 个出现延期。在核电计划被搁置后，为满足用电需要，越南大力建设燃煤电厂，并从老挝和中国“买电”以缓解燃眉之急。

二　中国和东南亚国家的能源合作状况

中国与东南亚国家山水相连——与越南、老挝和缅甸接壤，通过澜沧

① Thang Nam Do, et al . *Vietnam's solar and wind power success: Policy implications for the other ASEAN Countries*, Energy for Sustainable Development , Volume 65, 2021, p1.

江-湄公河和怒江-萨尔温江与泰国、柬埔寨、马来西亚、新加坡等国家相通，与菲律宾、印尼和文莱隔海相望。中国一向将东南亚国家视为亲密邻居，奉行“以邻为伴、与邻为善”的周边外交方针，与东南亚各国建立了全面战略伙伴关系，为巩固和深化能源合作提供了坚实的政治保障。

能源合作是中国与东南亚国家关系的一大亮点。中国与东南亚国家的能源合作始于20世纪70年代末。冷战后，双方关系得到恢复和发展，能源合作日益密切。“目前，中国与东盟国家间能源国际合作正在从传统的能源贸易向能源投资、能源通道安全保护以及新能源应用技术转移等方面拓展。”① 中国和东南亚国家在四个层次开展能源合作——在联合国、世界贸易组织和亚太经合组织等国际组织内的能源合作，在战略伙伴关系、非传统安全和自贸区框架下的能源合作，在大湄公河次区域经济合作机制（Greater Mekong Subregion Economic Cooperation，GMS）下的次能源合作，以及中国与东南亚各国在“一带一路”建设中的双边能源合作。第一层次涉及范围较广，本研究不做详述。

（一）区域能源合作

1991年7月，时任国务委员兼外交部部长钱其琛出席第24届东盟外长会议，开启中国与东盟对话进程。2002年11月，双方签署《中国-东盟全面经济合作框架协议》，启动了中国—东盟自由贸易区建设进程。2003年10月，中国加入《东南亚友好合作条约》，并发表“建立面向和平与繁荣的战略伙伴关系”的合作宣言。经过近30年的发展，双方从全面对话合作伙伴关系走向睦邻互信伙伴关系，再从面向和平与繁荣的战略伙伴关系发展到全面战略伙伴关系，一步一个脚印，不断走深走实。目前，中国与东盟的合作已经成为亚太区域合作的典范，推动地区和世界经济向前发展。

能源合作不仅是中国与东盟全面战略伙伴关系的重点议题，也是中国—

① 《完善中国与东盟国家能源合作的制度框架与机制平台》，中国南海研究院，2016年12月27日，http：//www. nanhai. org. cn/review_ c/187. html。

东盟自由贸易区建设的重点内容。此外，双方在维护能源运输通道安全方面开展了非传统安全合作。

1. 中国—东盟面向和平与繁荣的战略伙伴关系

2004 年 11 月，温家宝总理出席第八次中国—东盟领导人会议，发表题为《深化战略伙伴关系推进全方位合作》的讲话，提出“建立中国—东盟能源部长对话机制，充分利用东盟和中日韩能源部长会议，就稳定能源供应、确保运输安全等进行对话与合作”①。会议签署《落实中国—东盟面向和平与繁荣的战略伙伴关系联合宣言的行动计划（2005~2010）》，双方在政治安全、经济和社会文化三大支柱领域开展各项合作。在经济合作领域，中国和东盟在 7 个方面采取行动开展能源合作：

（1）探讨建立能源当局高级别合作机制的可能性；

（2）加强能源政策交流和沟通，以提升公开性和透明度，促进在能源安全和可持续能源开发方面的合作；

（3）在可再生能源开发与生产、能效及能源保护、清洁煤炭技术、能源政策与计划方面加强合作，并建立机制化的联系，制订其他合作计划；

（4）加强能源合作，鼓励私营企业更多参与和投资能源联合勘探和开发；

（5）在能源保护、清洁能源和高效能源等方面开展合作，努力发展多样化的主要能源供应地，同时在能源生产、消费与环境保护之间保持平衡；

（6）通过在勘探和开发石油天然气、建设天然气管道和交通设施方面的互利合作和投资，建立完善和财政上可行的地区能源运输网络；

（7）鼓励在自愿的基础上就能源价格及稳定市场交流信息，以更

① 《深化战略伙伴关系推进全方位合作》，中华人民共和国中央人民政府，http://www.gov.cn/gongbao/content/2005/content_ 63267.htm。

好地应对国际石油市场波动风险。

中国与东盟的能源合作全面而务实，涉及机制建设、可再生能源开发、环境保护和可持续发展、油气勘探开发和运输，以及能源市场稳定等多方面内容，为中国—东盟能源合作打下良好的基础。

在前一阶段合作成果的基础上，2010 年 11 月，中国与东盟国家领导人又达成《落实中国—东盟面向和平与繁荣的战略伙伴关系联合宣言的行动计划（2011～2015）》。双方确定能源基础设施建设、新能源和可再生能源合作、节能和环保，以及信息交流和经验共享等领域为合作的优先方向。

（1）通过地区论坛和研讨会等途径，加强能源，特别是水电、矿产和地质科学方面的政策交流与对话，共享能源开发，特别是水文学、水电、煤炭和地热能等方面的信息和经验；

（2）加强能源合作，鼓励对资源勘探、发电、下游石油和天然气工业、可再生和替代能源、和平利用民用核能方面的联合能源基础设施的开发与投资，同时对安全、环境、健康和国际公认的能源资源安全标准给予认真和应有的关注，实现共赢；

（3）在开发诸如生物能、水电、风能、太阳能、清洁煤、氢和燃料电池等新能源和可再生能源资源和技术方面加强合作、信息共享和技术交流；

（4）在推广节能和共享节能增效最佳实践方面加强合作；

（5）在确保环保和可持续发展的同时，鼓励双方企业投资矿产资源勘探与开发，实现互利；

（6）通过联合研究、能力建设项目、数据库开发，以及信息交流与经验共享，增强地质和矿业合作，实现互利。

2015 年 11 月，中国与东盟国家领导人进一步达成第三阶段合作协议——《落实中国—东盟面向和平与繁荣的战略伙伴关系联合宣言的行动计划（2016-2020）》。中国与东盟能源合作内容与范围已从能源贸易和投资转向技术研发和交流，从传统化石能源向清洁能源和可再生能源拓展，从单纯追求能源供应安全升级到能源安全与经济发展、环境保护相协调。

（1）通过地区论坛和研讨会等途径，加强关于能源，特别是水电、矿产和地质科学方面的政策交流与对话，共享清洁能源开发，特别是水文学、水电、煤炭和清洁煤技术、天然气发电、最新矿物勘探和保护技术及地热能等方面的信息和经验；

（2）加强能源合作，鼓励投资于资源和勘探、发电、在中国和感兴趣的东盟国家间进行电力贸易和联通、石油和天然气下游工业、可再生和替代能源、和平利用民用核能等领域的基础设施建设，在尊重各国国内强制性标准的同时，对安全、环境、健康和国际公认的能源资源安全标准给予认真和应有的关注，实现互利；

（3）在开发诸如生物能、水电、风能、太阳能、清洁煤技术、天然气发电、氢和燃料电池等新能源和可再生能源资源和技术方面加强信息共享、联合研发和技术交流；

（4）促进节能合作，在提高能效和能源保护方面分享最佳实践，开展能力建设，尽可能探讨进行节能政策联合研究；

（5）鼓励双方企业积极参与并投资矿产资源勘探与开发，实现互利，同时确保环境保护和可持续发展；

（6）通过开展联合研究、实施能力建设项目、建设数据库、进行信息交流及共享经验，加强地质和矿业合作，实现互利；

（7）加强可持续矿业领域的研发、经验分享和能力建设合作。

为打造更高水平的战略伙伴关系，2017 年 11 月，中国与东盟国家领导人在菲律宾马尼拉就《中国—东盟战略伙伴关系 2030 年愿景》达成一致，决定构建更为紧密的中国—东盟命运共同体。中国成为第一个和东盟制定双方中长期远景规划的重要伙伴。2018 年 11 月，在新加坡举办的第 21 次中国和东盟国家领导人会议暨庆祝中国—东盟建立战略伙伴关系 15 周年纪念峰会上，“2030 年愿景”获得通过并发布。中国和东盟国家领导人决定在新版《中国—东盟清洁能源能力建设项目》以及“东盟清洁煤利用路线图”框架下，采取区域措施促进清洁能源发展，标志着中国与东盟能源合作迈向更高水平。作为中国—东盟清洁能源合作框架下的机制性旗舰项目，自 2017 年以来，中国—东盟清洁能源能力建设计划已实施 6 年，中国清洁能源和可持续发展经验惠及更多国家和地区。

2020 年 11 月，第 23 次中国—东盟领导人会议通过《落实中国—东盟面向和平与繁荣的战略伙伴关系联合宣言的行动计划（2021 ~ 2025）》。中国与东盟能源合作更加全面务实，涉及机制建设、可再生能源开发、环境保护和可持续发展、油气勘探开发和运输，以及能源市场稳定等多方面内容，为中国—东盟战略伙伴关系进一步发展打下良好基础。

（1）通过地区论坛和研讨会等途径，开展关于能源、矿产和地质科学方面的政策交流与对话，共享清洁能源开发信息、最佳实践经验，了解不同观点；

（2）鼓励对有潜力的能源基础设施建设领域加强投资，包括发电，地区电力贸易一体化，清洁、可再生和替代能源及和平利用民用核能；

（3）在生物能、水电、风能、太阳能、海洋能、清洁煤技术、天然气发电、氢和燃料电池等新能源和可再生能源资源的开发和技术方面加强信息共享、联合研发和技术交流；

（4）提高能效，节约能源，努力深化各国对上述领域的了解和信息交流，探索节能政策联合研究；

（5）在确保环境保护和可持续发展的同时，鼓励积极参与矿产资源勘探开发并加强投资，实现互利共赢；

（6）加强地质和矿业合作，在绿色矿业技术及最佳实践、矿业管理和规划、可持续矿业实践等方面实施能力建设项目；

(7) 在提升矿产附加价值领域进行研发，分享经验，开展能力建设。

2021年11月，中国—东盟建立对话关系30周年纪念峰会召开。在系统回顾和总结中国与东盟建立对话关系30年来取得的成就和历史经验的基础上，与会各国宣布建立中国—东盟全面战略伙伴关系。这是双方关系史上新的里程碑。能源合作为构建更为紧密的中国—东盟命运共同体注入新动力。

2. 中国—东盟自由贸易区

2002年11月，中国与东盟在柬埔寨金边签署《中国-东盟全面经济合作框架协议》，决定将合作拓展到金融、旅游、交通、能源及次区域开发等各领域，开启了中国—东盟自贸区建设进程。2004年11月，温家宝总理在第八次中国—东盟领导人会议上发表题为《深化战略伙伴关系推进全方位合作》的讲话，提出建立中国—东盟能源部长对话机制，充分利用东盟+中日韩能源部长会议，就稳定能源供应、确保运输安全等进行对话与合作。2009年4月，中国设立100亿美元的中国—东盟投资合作基金，投资基础设施、能源和自然资源等行业。

2010年1月1日，中国—东盟自由贸易区正式全面启动，中国与东盟国家进入了经贸合作的黄金时期。2015年11月，中国和东盟国家在马来西亚吉隆坡签署中国—东盟自贸区升级谈判成果文件——《中华人民共和国与东南亚国家联盟关于修订〈中国—东盟全面经济合作框架协议〉及项下部分协议的议定书》。2019年8月，中国—东盟自贸区升级议定书全面生效。中国与东盟经济融合的规模和质量提升到一个新高度。2010年以来，中国与东盟国家进入了经贸合作的黄金时期，中国连续10年成为东盟最大贸易伙伴，包括能源在内的双边贸易额从2010年的2928亿美元增长至2019年的6415亿美元[①]。

① 《中国与东盟进入经贸合作黄金时期》，《经济日报》2020年9月28日。

2020 年，在世界经济下行压力加大、国际贸易大幅萎缩的不利情况下，中国和东盟国家克服疫情影响，经贸合作逆势增长。2020 年上半年，东盟历史性地成为中国第一大贸易伙伴，形成了中国与东盟互为第一大贸易伙伴的良好格局。2021 年，在中国—东盟建立对话关系 30 周年之际，双方启动中国—东盟自贸区 3.0 版建设，内容升级至数字与绿色经济合作。2022 年 1 月 1 日，《区域全面经济伙伴关系协定》（RCEP）正式生效。中国—东盟自贸区和 RCEP 同向同行，促进中国—东盟合作发展实现 1+1>2 的效果。作为地区经贸一体化的重要部分，中国与东盟能源合作面临深化发展的重大机遇，有助于确保本地区内化石能源贸易基本规模与份额的稳定，形成对地区外竞争者的显著竞争优势，出现“东南亚国家承接劳动密集型产业转移、创造能源新需求，中日韩等国加大能源资本技术输出，印尼等国能源出口地位更加稳固”的国际能源产业分工格局[①]。此外，在国际能源转型合作领域，中国和东盟国家在深化能源投资合作、产能和技术输出、开拓第三方市场等方面面临更多机遇。

3. 非传统安全合作

由于东南亚所处的特殊地理位置，能源运输安全也是中国与东南亚国家能源合作的一部分。其中，马六甲海峡、中缅油气管道和南海是重中之重。近年来，东南亚部分国家不断与中国在南海的主权归属和海洋资源开发问题上发生实质性摩擦与碰撞，并加强与美国、印度、日本等国的军事交流与合作。这使得经马六甲海峡过南海前往中国的海上能源通道充满了变数。此外，中缅油气管道的安全性也备受关注。

马六甲海峡交通位置十分重要，素有“东方直布罗陀”之称，是亚太国家原油、石油产品和液化天然气的主要运输通道，对中国和东南亚国家的重要性不言而喻。马六甲海峡通行安全包括三个层次内容。

一是由地形因素引发的通行安全。由于海峡最窄处只有 37 千米，轮船

① 《RCEP 生效后区域能源合作前景及中国企业应对建议》，电力工业网，2021 年 1 月 17 日，http：//www.chinapower.org.cn/detail/318772.html。

碰撞事件也频频发生，超级油轮需减载或绕行。

二是海盗活动和恐怖活动引发的通行安全。由于印尼、马来西亚和新加坡海军实力有限且合作不力，马六甲海峡是恐怖活动和海盗袭击的多发地，武装抢劫犯罪案件频发。海盗和海上恐怖主义属于非传统安全威胁，中国和东盟主要依据《中国与东盟关于非传统安全领域合作联合宣言》《中国-东盟非传统安全领域合作谅解备忘录》两份文件，并依托《亚洲地区反海盗及武装劫船合作协定》[①] 设立的信息分享中心开展合作。由于对被侵略的历史记忆犹新，马六甲海峡沿岸国家不愿域外国家插手。中国要尊重沿岸国的主权和意愿，积极与沿岸国进行对话和磋商，在资金、人员培训、加强技术交流和能力建设上提供实质性帮助；主动与同为海峡使用国的日本、韩国进行沟通，以多边合作方式促成对中国有利的马六甲海峡安全合作机制的形成。

三是美国、日本、印度等大国介入马六甲海峡的战略意图明显，围绕海上运输通道控制权进行激烈的角逐。特朗普执政时期，美国深度介入南海问题，频繁表达强硬立场，高调开展军事行动，并加强与菲律宾和越南的军事合作，使南海局势不断升温。2020 年，部分声索国和域外大国变得更加焦虑，为了转移国内矛盾，各种经济、军事、外交活动轮番登台，南海局势愈加面临失控风险。尽管目前南海局势由“乱”及“治”的前景不容乐观，但南海问题不是中国与南海声索国关系的全部，各国共同利益远大于分歧。事实上，管控分歧、共同开发是确保南海各方综合利益最大化的途径。因此，中国与南海声索国应排除外来干扰，妥善处理各自重大关切，依托海上共同开发磋商工作组机制，尽早达成南海行为准则，使南海成为和平之海、合作之海。

---

① 为加强亚洲地区预防和打击海盗及武装劫船方面的区域合作，2004 年 11 月 11 日，东盟 10 国、中国、日本、韩国、印度、斯里兰卡和孟加拉国等国在新加坡缔结合作协定，2006 年 9 月 4 日生效。根据协定，各国在新加坡设立一个信息交流中心，负责报告海盗活动、调查海盗事件和缔约国间分享资讯。中国于 2006 年 10 月 27 日签署该协定，同年 11 月 26 日对中国生效。

中缅油气管道是中国在缅甸建设的跨境重大能源和工业项目，它有利于中国分流相当数量的必须通过马六甲海峡运输的油气资源，有利于提高中国能源供应安全性和抗风险能力。但是，缅甸民主化进程存在不确定性，并且管道途经民地武控制的若开邦，再加上美日印等域外大国插手缅甸事务等因素，这一油气管道的安全运转面临诸多挑战。中国要支持缅甸民族和解进程，处理好与缅甸政府和民地武之间的关系，在不干涉缅甸内政情况下发挥建设性作用，确保中国西南能源通道安全。

（二）次区域能源合作

1992 年，在亚洲开发银行推动下，中国与大湄公河流域柬埔寨、老挝、缅甸、泰国和越南五个国家建立大湄公河次区域经济合作机制（GMS），遵循共同开发、共同受益、平等协商的原则，推动各方在交通、贸易便利化、能源、农业、环境、卫生等领域的合作，为本区域乃至亚洲地区的繁荣和稳定做出了重要贡献。由于经济发展急需大量能源，能源合作成为 GMS9 个重要合作领域之一，但是，各方以双边合作为主，多边合作不多。2002 年 11 月，首次大湄公河次区域经济合作领导人会议在柬埔寨金边通过《次区域发展未来十年（2002～2012 年）战略框架》，将 GMS 能源合作的目标[1]确定为：

（1）促进大湄公河次区域电力贸易发展，帮助充分开发和利用次区域的能源潜力；

（2）通过兴建输电线路，将 GMS 各电力系统互联，以促进电网互联基础设施的发展；

（3）促进私营部门对大湄公河次区域电力项目的投资；

（4）扩大合作，包括开发替代能源和可再生能源、提高能源效率

① ADB, Midterm Review of the Greater Mekong Subregion Strategic Framework (2002-2012), Jun, 2007. p. 20.

和安全性。

在 GMS 合作机制下，中国与其他五国在能源合作领域取得了丰硕的成果，比如：构建电力贸易的政策和制度框架、启动电网互联基础设施建设、促进私营部门参与电力项目等。根据 2011 年 12 月 16 日国家发改委、外交部、财政部和科技部联合发布的《中国参与大湄公河次区域经济合作国家报告》，中国主要做了三方面的工作：一是积极参与 GMS 电力贸易协调委员会的各项工作，推动 GMS 各国间的电力合作；二是积极开展与周边国家和地区的电力联网和电力交易；三是积极开展 GMS 电力项目合作与开发[①]。

但是，需要解决的问题也很多，比如，如何将合作从电力扩展到其他能源，如何制定一份次区域能源发展路线图，以及如何解决水电工程的社会和环境影响问题。对此，2011 年 12 月，第四次大湄公河次区域经济合作领导人会议在缅甸内比都通过《次区域新十年（2012~2022 年）战略框架》，将 GMS 能源合作目标[②]进一步扩展为：

(1) 通过促进次区域的最佳能源实践，增加所有部门和社区，特别是次区域的穷人获得能源的机会；

(2) 更有效地开发和利用本地的低碳和可再生资源，同时减少次区域对进口化石燃料的依赖；

(3) 通过跨境贸易改善能源供应安全状况，同时优化利用次区域能源资源；

(4) 促进公私合作和私营部门参与，特别是通过中小企业参与次区域能源发展。

---

① 国家发改委、外交部、财政部和科学技术部：《中国参与大湄公河次区域经济合作国家报告》，2011 年 12 月 17 日，http：//www. gov. cn/jrzg/2011-12/17/content_ 2022602. htm。

② ADB，The Greater Mekong Subregion Economic Cooperation Program Strategic Framework（2012-2022），Mar，2012. p. 14.

为实现此目标，能源部门的总任务是：

（1）在次区域内促进环境可持续的区域电力贸易规划、协调和发展；

（2）通过需求侧的管理和大湄公河次区域的能源节约，提高能源效率；

（3）促进开发生物质、太阳能、风能、水能和地热等可再生能源以及天然气等清洁燃料；

（4）推动构建可再生能源发展和能源效率提高的政策框架。

具体在电力领域，通过双管齐下的方法，一是继续发展区域电力市场，为电力交易提供政策和制度框架，二是发展电网互联基础设施，以连接GMS次区域电力系统。在油气领域，支持跨东盟天然气管道GMS次区域联通，促进环境友好型油气的物流和网络发展。在煤炭领域，认识到煤炭在满足各国能源需求方面的重要性，促进清洁煤技术的运用。

2021年9月，第七次大湄公河次区域经济合作领导人会议通过《大湄公河次区域经济合作2030战略框架》等成果文件。与会六国立足多年能源合作成功经验，探讨构建协调、可持续的能源发展政策体系，积极推进区域电力协调中心建设，加强5G、陆地光缆等信息基础设施联通合作。未来，GMS各国将积极化解新冠肺炎疫情不利影响，促进经济复苏和韧性增长，为实现“建设更加融合、繁荣、可持续和包容的次区域”的愿景目标而继续努力。

（三）双边能源合作

在中国与东南亚各国政府的积极推动下，双方在能源合作领域取得长足发展。中国与东南亚国家的能源合作内容广泛，既有能源贸易，也有能源投资；既有化石能源合作，也有清洁能源合作；既有双边合作，也有在第三国的多边合作。以下介绍中国与东南亚各国能源合作的现状及其成果，从微观层面把握双边能源合作的具体情况。

1. 中文能源合作

中国与文莱的能源合作主要集中于油气领域。20 世纪 80 年代以来，中国就与文莱开展石油贸易，进口文莱的石油资源。2005 年 4 月，胡锦涛主席访问文莱，签署了包括能源合作在内的一系列协议，推动了两国能源合作的步伐。2011 年，温家宝总理访问文莱，两国签署《关于能源领域合作谅解备忘录》，中海油与文莱国家石油公司签署《油气领域商业性合作谅解备忘录》，中国与文莱的油气贸易和投资出现重大突破。

近年来，中国民营企业在文莱油气领域的投资突飞猛进。2011 年 11 月，浙江恒逸集团与文莱壳牌石油公司签署原油供应谅解备忘录，投资 60 亿美元在文莱大摩拉岛（Muara Besar）建设大型石化厂。该项目是文莱史上最大的外国投资项目，将减轻其对油气出口的依赖，推动经济多元化发展，促进中文两国经贸合作。2012 年 10 月，双方再签《原油供应协议》，恒逸集团获得文莱壳牌石油公司长达 15 年的原油供应。2013 年 2 月，恒逸集团响应国家"一带一路"倡议，同文莱政府合作建设文莱炼化项目。该项目是第一个从设计、制造到实施全面执行中国产业标准的海外石化项目，被誉为中文两国合作旗舰项目，荣获 2020~2021 年度中国建设工程鲁班奖（境外工程）。

在南海问题上，虽然两国在南沙南通礁归属上存在主权争议，但是中国和文莱克服南海局势的不利影响，积极在海上油气资源领域开展务实合作。2013 年 4 月，中文发表联合声明，"同意支持两国有关企业本着相互尊重、平等互利的原则共同勘探和开采海上油气资源。有关合作不影响两国各自关于海洋权益的立场"①。10 月，两国签署关于海上合作的谅解备忘录、《中国海油和文莱国油关于成立油田服务领域合资公司的协议》等双边合作文件。2014 年 5 月，由中海油田服务股份有限公司与文莱国家石油服务公司共同出资成立的文莱中海油服合资有限公司成立，标志着中文在油气开采领

① 《中华人民共和国和文莱达鲁萨兰国联合声明》，中华人民共和国中央人民政府，2013 年 4 月 6 日，http：//www. gov. cn/jrzg/2013-04/06/content_ 2370903. htm。

域的合作启动。2021年是中文建交30周年。1月，李克强总理访问文莱，双方宣布“在两国政府间联委会框架下启动能源合作工作组，就尽快成立海上合作工作组保持沟通”①。

2. 中柬能源合作

2019年4月，柬埔寨成为“一带一路”能源合作伙伴关系成员，推动中柬能源合作迈上新台阶。

（1）油气合作

为了摆脱能源进口的依赖，柬埔寨一直寻求外来资金和技术，勘探开发本国油气资源。中国积极地利用矿产勘探和开发优势，在资金、技术、人才等方面与柬埔寨进行能源合作。

2006年7月，中海油与柬埔寨国家石油局签署合作意向书，开启双方能源合作序幕。2007年5月，中海油获得柬埔寨海域F区块开采权。为满足柬埔寨国内对燃油的需求，2012年12月，中国民营企业中国浦发机械工业股份有限公司与柬埔寨石化公司（CPC）签署工程总承包合同，投资23亿美元参与承建柬埔寨首座炼油厂。该项目于2015年投产，生产符合欧Ⅳ标准以上的石油产品，对柬埔寨巩固能源安全、减少对进口燃油的依赖以及促进经济发展具有重要意义。2020年1月，中海油与柬埔寨天然气集团（CNGC）携手，实现LNG在柬埔寨的首次应用，填补了柬埔寨能源市场的空白，开启柬埔寨清洁能源应用的新篇章。

（2）电力合作

柬埔寨是东南亚尚未实现电力普及的国家之一。中资企业积极投资柬埔寨电力产业，助力柬埔寨电力普及目标的实现。目前，中国在柬投产7个项目共11座水电站、1座火电站和多个地区的输电网项目。

自2006年以来，中资企业以BOT方式参与建设甘再水电站、基里隆1号水电站、基里隆3号水电站、俄勒塞水电站、沃代水电站、达岱水电站和

① 《中方介绍王毅访问文莱情况：中文双方宣布启动能源合作工作组》，中国新闻网，2021年1月15日，https：//www.chinanews.com.cn/gn/2021/01-15/9388416.shtml。

桑河二级水电站[①]。甘再水电站成为中柬友谊的一个标志。它是柬埔寨最早实现并网发电的大型水电项目，成为政府政绩和改善民生的标志性项目。同时，它也激发了柬埔寨政府加快开发水电资源的热情，给更多中国企业带来了发展机遇。除了水电，中资企业也投资火电项目。2013 年 6 月，中国电建集团下属上海电建一公司承建的柬埔寨首座火力发电机组——西哈努克港燃煤电厂项目 2×50 兆瓦机组工程 1 号机组成功并网发电。

3. 中印尼能源合作

印尼是中国与东南亚地区能源合作的重点对象。2001 年 11 月，朱镕基总理与梅加瓦蒂总统在促进双边能源合作方面达成了共识，签署设立两国能源论坛的协议。2002 年 9 月，中-印尼能源论坛在巴厘岛召开。目前，中-印尼能源论坛已召开 5 届，有力地促进了两国在油气、煤炭、电力和清洁能源等方面的互利合作。2017 年 11 月，中国和印尼第五届能源论坛召开，中国国家能源局与印度尼西亚能矿部签署了关于能源合作的谅解备忘录，将两国能源合作推上一个新台阶。中国和印尼的能源合作涉及多个领域。

（1）煤炭合作

中国与印尼的煤炭合作以煤炭贸易为主，在煤炭行业投资和运输领域也有一定的合作。

凭借价格和距离优势，印尼成为中国进口煤炭的主要来源地。由于印尼煤炭埋藏较浅，开采成本低，中国东南沿海地区大量进口印尼的动力煤。2008 年，中国取代日本成为印尼最大煤炭出口国。2010 年，印尼取代越南成为中国最大的煤炭来源地。

在印尼煤炭勘探市场，自 1996 年以来，中国煤炭地质总局已与当地几十家企业开展地质勘探合作。2009 年 6 月，中国煤炭地质总局与印尼巴布

① 该水电站被誉为柬埔寨的“三峡工程”，总装机容量 400 兆瓦，全长 6500 米，为亚洲第一长坝。由中国华能集团有限公司（占股 51%）、柬埔寨皇家集团（占股 39%）和越南 ENV 国际集团（占股 10%）采用“中国技术+中国设备+中国标准+中国管理”的全链条“走出去”模式进行建设，2018 年 12 月 17 日竣工投产。运行 40 年后，将移交柬埔寨政府。投产 4 年多来，已累计发电超 81 亿千瓦时，为柬埔寨经济社会发展注入了强大的绿色动能。

亚省政府、恒进国际投资有限公司签署矿产资源勘探开发合作谅解备忘录，三方组建合资公司，进入该省能源、矿业勘探领域。2010 年 9 月，两国煤炭工业协会签署合作备忘录，在煤炭勘探、采矿技术、煤矿安全技术及设备、煤的气化和液化等相关领域促进企业合作。

印尼多条运煤铁路为中国所建。2010 年 3 月，中国中铁与印尼巴克塔山国有控股煤矿公司（PTBA）签署了印尼南苏门答腊煤炭运输线项目设计施工运营合同，开展煤炭运输合作。2012 年，中国中铁联合印尼巴克里集团（Bakrie Group）在中加里曼丹省铺设一段 185 公里长的运煤铁路，联合印尼 PT Transpacific、普吉亚森煤炭公司（PT Bukit Asam）参与南苏门答腊省煤炭运输线的建设工作。

（2）油气合作

中国以中石油、中石化和中海油三大国有石油公司为主参与印尼油气投资、勘探开发、工程技术服务、石油炼化和油气仓储业务。

1994 年，中海油出资收购印尼马六甲油田 32.85%的股份，拉开在印尼进行油气投资的序幕。2002 年 1 月，中海油收购西班牙 Repsol 公司在印尼 5 大油田的部分权益①，全面进入了印尼石油、天然气勘探开发领域，成为当时印尼海上最大的石油生产商。当年 12 月，中海油向 BP 收购印尼东固 LNG 项目 12.5%的权益。目前，中海油拥有印尼 9 个油气区块权益。2005 年成立的中海油田服务印度尼西亚有限公司在印尼油气服务市场享有较高的声誉，业务涵盖了中海油服的所有服务领域。

2002 年 4 月，中石油成立中油国际（印尼）公司，收购美国戴文能源公司（Devon Energy）在印尼 6 个区块的油气资产，开始进入印尼能源领域。目前，中石油成功运营 7 个油气区块：贾邦区块（Jabung）、图班区块（Tuban）、萨拉瓦提盆地区块（Salawati Basin）、萨拉瓦提半岛区块（Salawati Island）、邦科区块（Bangko）、South Jambi B 区块（以天然气为

① 探明油气储量 3.6 亿桶，探明加控制储量 4.61 亿桶，净权益油气产量每年 4000 万桶。并购完成后，中海油将在其中 3 个油田担当作业者。

主）和 SP 区块。2012 年，中石油成为印尼第七大石油公司。针对印尼陆上老油田的特点，中石油通过滚动勘探开发，运用精细油藏描述和老油田后期综合调整开发技术，发现了一系列油气，不仅使油气生产平稳运行，还大幅提高油气产量。在印尼工程技术服务市场，中石油拥有 61 支队伍，如东方地球物理勘探公司、大庆钻探公司、渤海钻探公司和长城钻探公司等，为当地众多的石油公司提供物探、钻修井、测录试等一体化服务。

2005 年 7 月，中石化与印尼国家石油公司签署合资协议，兴建一座日产 15 万~20 万桶的炼油厂和一条石油管道。2010 年 12 月，中石化参股印尼东加里曼丹省 Gendalo-Gehem 深水天然气项目，获得阮帕克、甘纳、马卡萨 3 个深水天然气区块 18%的股份，填补了中石化在深水领域的空白。2012 年 10 月，中石化旗下经贸冠德发展有限公司收购了印尼海工公司（PT. West Point）95%的股份，进入印尼巴淡岛石油仓储项目。它是中石化首次在海外自建专营的石油仓储基地，对推动中石化海外仓储物流业务发展具有重要意义。

除了国有石油公司，中国民营企业也积极抢占印尼能源市场。自 1996 年以来，中原油田先后获得帕图务沙油气公司 3 口钻井、嘉士德石油公司 5 部修井机和 Pilona 公司 6 口油井钻井承包合同。2004 年，中国国家电力设备公司与沙特 Al-Banader 集团和印尼 PT Intanjaya Agromegah Abadi 三方合资建设印尼南苏拉威西岛和廖内群岛两座炼油厂。2008 年，中海福建天然气有限责任公司在印尼投资建设福建 LNG 站线项目，这是中国第一个由国内企业自主引进、建设和管理的液化天然气项目。2010 年 8 月，中信集团子公司 Citic Seram 收购印尼塞兰（Seram）岛 Non-Bula 区油田 51%的权益。

中国是世界第二大棕榈油消费国，每年消费 600 万吨左右。中国棕榈油消费完全依赖进口。印尼是世界最大的棕榈油生产国，是中国第一大棕榈油进口来源国。2020 年，中国进口 646.15 万吨棕榈油，其中从印尼进口 374.67 万吨，进口金额达 24.05 亿美元。[①]

---

① 《2020 年全球及中国棕榈油产量、进出口规模及价格分析》，产业信息网，2021 年 6 月 8 日，https：//www.chyxx.com/industry/202106/955909.html。

值得注意的是，印尼国家石油公司 Pertamina 联合美国埃克森美孚集团和一家泰国能源企业，加紧对富有天然气的东纳土纳（East Natuna）区块进行勘探。中国与印尼在纳土纳群岛不存在主权争议，但存在海洋权益主张纠纷，阻碍了两国合作开发的进程。

（3）电力合作

21 世纪，为满足电力需求，印尼启动多个电力招标项目。印尼是中国企业海外投资的主要目的地之一，中国企业“运用国际上通行的 BOT、BLT 和提供优惠贷款、出口信贷等方式，在印尼承揽了若干大型基础设施项目，取得了良好的成效”①。

在火电领域，中国华电集团独占鳌头，拥有合作项目数量最多。作为一家大型国际承包公司，中国华电与印尼国家电力公司 2004 年签约，在电力生产运营、项目发展、工程建设、科技环保以及人员培训和交流等领域开启战略合作。印尼 13 万千瓦巴淡燃煤电站、巴厘岛 42.6 万千瓦燃煤电站和玻雅 132 万千瓦燃煤电站成为华电“走出去”战略中的名片工程。此外，中国机械设备进出口总公司（CMEC）承建的风港 2×115 兆瓦燃煤电站、兰邦 2×100 兆瓦燃煤电站，中国成达工程公司承建的巨港 150 兆瓦燃气电站、芝拉扎 2×300 兆瓦燃煤电站（一期、二期和三期）、拉布湾 2×300 兆瓦燃煤电站和吉利普多 2×125 兆瓦燃煤电站相继竣工发电。2011 年 7 月，中国神华集团投资的国华印尼南苏 2×150 兆瓦燃煤机组顺利并网发电。这是中国企业在海外投资的第一个煤电一体化项目，被印尼政府列为示范工程。2017 年 8 月，苏州协鑫集团在印尼的首个燃煤发电项目卡巴一期开工，这是中国民企在印尼落地、签订正式购售电协议的首个发电项目。

在水电领域，作为中国水电项目建设主力军，中国华电、电建和能建等，深耕印尼水电市场，凭借精湛的技术、优异的质量和多元的投融资渠道树立了良好形象。中国华电集团投资建设的阿萨汉一级水电站是中国在印尼投资的第一个水电项目，是印尼第二大水电站。由于出色的项目管理水平、

① 吕克俭：《战略伙伴关系下的中国和印尼经济合作》，《国际商报》2005 年 5 月 17 日。

过硬的工程质量和良好的盈利能力，被国务院原总理温家宝誉为“中国工程企业走向国际市场的名片”[①]。中国电建承建的佳蒂格德大坝、佳蒂格德水电站和巴丹托鲁水电站是中国和印尼友好合作的标杆型水电工程。习近平主席 2013 年访问印尼期间在演讲中特别提到佳蒂格德大坝。以上述项目的成功合作为契机，中国电建在印尼不断拓展市场份额。2018 年 10 月，中国电建与印尼签署 900 兆瓦卡扬一级水电站、443 兆瓦泰普一级水电站 EPC 合同，为北加里曼丹省、北苏门答腊岛及周边省县提供充足的清洁能源。

在核电领域，2016 年 8 月，中国核工业建设集团公司“与印尼原子能机构签订《中国核建集团与印尼原子能机构关于印尼高温气冷堆发展计划的联合项目协议》等，标志着高温气冷堆海外推广取得实质性进展”[②]。

在可再生能源领域，中国和印尼的生物质能、太阳能、地热能合作正稳步推进，在原料采购加工、设备出口、产能合作和可再生能源发电等方面取得一定进展。2007 年 1 月，中海油携手印尼金光集团（Sinar Mas Group）、香港能源投资控股有限公司（Hong Kong Energy Holdings）在印尼投资种植油棕和甘蔗，加工生产生物柴油和燃料乙醇，“这是中海油首次进军海外生物燃料领域”[③]。中国广西壮族自治区凭借独特的区位优势，将“引进来”与“走出去”相结合，大力推进与印尼的生物质能源合作。2013 年，阿特斯与印尼 PT Swadaya Prima Utama 合作建设 60 兆瓦光伏组件厂。2016 年 4 月，开山股份收购新加坡 OTP Geothermal Pte.，Ltd 公司，获得印尼最大地热田 Sorik Marapi 特许开发经营权。2019 年 2 月，由中国能建规划设计集团云南院设计的 Selong、Pringgabaya、Sengkol 和 Likupang 四个光伏项目并网投产。这些项目全部采用中国产光伏组件，是印尼首批投产的光伏发电项目。2021 年 3 月，青山实业在印尼投资建设的清洁能源基地项目正式启动。该项目计划在印尼青山园区和印尼纬达贝园区建设包括太阳能、风能的发电

---

① 李晓平、焦敬平：《印尼能源产业发展现状与中印合作展望》，《能源》2020 年第 6 期，第 71 页。

② 《持续提升中国核电建造全球领先能力》，《国防科技工业》2017 年第 10 期，第 22 页。

③ 吴崇伯：《论中国与印尼的能源合作》，《人民论坛·学术前沿》2014 年第 8 期，第 91 页。

站及配套设施，未来3～5年建成2000兆瓦的清洁能源基地。4月，中国电建参建东南亚最大、印尼首个漂浮光伏发电项目——奇拉塔漂浮光伏电站，负责光伏场区及150千伏升压站和送出线路等建设。

4. 中老能源合作

建交60多年来，中老始终密切沟通，不断深化合作，树立了国家间交往的典范。目前，中国是老挝第二大贸易伙伴和第一大投资来源国。2019年4月，中国与老挝建立“一带一路”能源合作伙伴关系，能源合作进展迅速，取得一系列显著成果。

（1）煤炭和火电合作

老挝煤炭资源分布较广，探明可开采储量2.26亿吨，具备一定的发展燃煤电站的潜力。2011年6月，中国水电集团所属老挝水泥工业有限公司获得老挝沙拉湾省东兰县煤炭资源勘探权，以解决老挝甘蒙塔克水泥公司生产经营用煤问题。2012年12月，中国水利电力对外公司与老挝签署煤矿普查、勘探、开采和火电开发项目合作协议，在老挝东北部华潘省开发800多平方公里煤矿并建设60万千瓦火电站。2013年6月，四川华源矿业勘查开发有限责任公司与老挝投资咨询及水电建设有限公司合作开发228平方公里煤矿并建设5万千瓦火电站。2015年10月，中国电力工程公司承建的3×650兆瓦洪沙火电厂在沙耶武里省正式揭牌，成为老挝首座也是最大的燃煤火电厂。

（2）可再生能源合作

老挝水电资源丰富，理论蕴藏总量约为26000兆瓦，技术可开发总量为23000兆瓦，是该国第三大出口创汇产业。在“一带一路”倡议下，中国企业积极参与老挝水电开发和电力配套基础设施建设，促进老挝社会经济的全面发展，帮助老挝实现打造“东南亚蓄电池”的发展目标。

中国南方电网公司是GMS电力合作项目的执行单位，其下属的云南电网公司积极实施“走出去”战略，发挥云南区域优势和资源优势，推进与老挝的电力合作。2009年12月，云南电网通过115千伏勐腊—那磨线向老挝北部送电，实现云南与老挝的电力联网，有效地解决了老挝北部无电、缺电问题。近年来，随着老挝北部水电站的投产、自身供应能力的增强，115 千伏联网线路转为备用。2015 年 12 月，中老电力能源合作再添重要成果，中国国家电网所属中国电力技术装备有限公司签署 EPC 合同，承建老挝万象 500 千伏/230 千伏环网输变电工程，助力老挝北部、中部和南部电网互联。2020 年 9 月，中老两国在输电网领域迈出互利共赢新步伐，中国南方电网公司和老挝国家电力公司（EDL）组建老挝国家输电网公司（EDLT）。2021 年 3 月，EDLT 与老挝政府签署特许经营权协议，负责投资、建设、运营老挝 230 千伏及以上等级电网和与周边国家跨境联网项目，为老挝全国提供安全、稳定、高效和可持续的输电服务，并加强老挝与周边国家的电网互联互通。

中国企业竞争优势明显，承建了老挝 60%~70%的水电项目。根据《中国对外承包工程国别（地区）市场报告（2019~2020）》，2019 年中国承包老挝工程新签合同额达 21.5 亿美元，完成营业额达 52 亿美元，位居东盟国家第三、全球第八。中国在老挝承建的重要水电项目有南雷克水电站、南俄 3 号水电站、南立 1 和 2 号水电站、南屯 1 号水电站、色拉龙 2 号水电站和南湃水电站等，主要中国企业有中国电建、南方电网、北方工业、葛洲坝集团和云南能投等。中国电建 1996 年进入老挝电力市场，20 多年来，“参与了老挝近一半的水电站建设，已建及在建水电站装机总量近 300 万千瓦，占老挝全国水电站 720 万千瓦装机总量的 40%，成为老挝政府打造‘东南亚蓄电池’战略目标的绝对主力军”①。为满足老挝北部地区用电需求，中国电建与老挝国家电力公司合作开发南欧江流域梯级水电站。它“是中国企业首次在境外获得以全流域整体规划和 BOT 投资开发的项目，也是中国电建以全产业链一体化模式投资建设的首个项目”②。2021 年底，南欧江全流域电站全部建成，进入梯级联运发电阶段。南欧江梯级水电站保障老挝 12%的电力供应，助力老挝建成“东南亚蓄电池”，树立中老电力能源合作

① 《公司 2019 年十大新闻》，中国电建水电十局，2020 年 2 月 11 日，http://10j.powerchina.cn/art/2020/2/11/art_8696_741376.html。

② 刘向晨：《李克强高度评价老挝南欧江流域梯级水电站》，电建海投公司，2018 年 1 月 24 日，http://www.powerchina.cn/art/2018/1/24/art_7440_372510.html。

领域的标杆。2021 年 4 月，该项目获得老挝国家级劳动勋章荣誉。

2022 年 10 月，中广核能源国际与老挝政府在万象签署合作谅解备忘录，正式启动老挝迄今规模最大的能源投资项目。该项目将在老挝北部打造风光水储一体化清洁能源基地，作为中老电力互联互通的重要支撑。2023 年 4 月，老挝孟松 600 兆瓦风电项目开工。它是老挝首个风电项目，也是中国电建海外承建的最大风电项目，预计 2025 年投入商业运营。

（3）炼化合作

2020 年 11 月，中老企业共同投资建设的老挝首个石油炼化项目——老挝石油化工股份有限公司（老挝石化）300 万吨/年炼化项目一期工程正式投产。该项目由云南建投联合老挝国家石油公司实施，是中老产能和投资合作重点项目，不仅改变了老挝成品油完全依赖进口的现状，而且提高了老挝保障国家能源安全的能力。

5. 中马能源合作

中马能源合作起步较晚。1999 年 5 月，中马两国签署《中华人民共和国政府和马来西亚政府关于未来双边合作框架的联合声明》，在矿业领域中涉及能源合作。2005 年 12 月，温家宝总理访问马来西亚，两国在联合公报中承诺努力推进能源领域的合作。目前，中马能源合作主要是油气贸易、勘探和分销，但规模较小。在维护能源运输通道安全方面，中国与马来西亚有良好的合作。近年来，双方在电力领域的合作进展很快。

（1）油气合作

马来西亚是中国重要的油气进口来源国之一。2020 年，马来西亚对华能源贸易总额为 63.8 亿美元，仅次于新加坡和印尼。其中，马来西亚向中国出口 43.6 亿美元能源，从中国进口 20.1 亿美元能源，贸易顺差 23.5 亿美元。此外，马来西亚是中国第二大棕榈油来源国。2020 年，中国从马来西亚进口 269.88 万吨棕榈油①，占进口总量的 41.8%。

① 《2020 年全球及中国棕榈油产量、进出口规模及价格分析》，产业信息网，2021 年 6 月 8 日，https://www.chyxx.com/industry/202106/955909.html。

20 世纪 90 年代初，马来西亚国家石油公司（Petronas）就与美国雪佛龙（Chevron）积极开拓中国市场，合资勘探开发中国辽东湾 02/31 区块和渤海湾 06/17 区块。同时，Petronas 与中石油、中海油和中石化在第三国开展联合勘探合作，比如与中石油在苏丹合作开发及经营第 1、第 2、第 3、第 4、第 7、第 13 和第 15 区块；在印度尼西亚入股贾邦（Jabung）区块；在伊拉克合作中标 Halfaya 油田。2021 年 3 月，Petronas 与中海油签署战略合作谅解备忘录，“在现有液化天然气中短期和现货贸易、海外上游项目合作的基础上，探讨将双方合作扩大至全产业链，寻求包括重点战略区域勘探开发、液化天然气资源购销、液化天然气基础设施投资、船舶加注、可再生能源、特种化学品及新化工材料、润滑油、油田和工程服务等方面的合作机会”①。

在两国政府的大力支持推动下，Petronas 与中海油于 1995 年在广东合资成立分销液化石油气有限公司，1997 年 3 月正式运营。

2006 年 10 月，马来西亚液化天然气第三公司与上海液化天然气有限责任公司签署 25 年期液化天然气购销合同，“从 2009 年开始向上海供应液化天然气，数量从 110 万吨起逐年增加，2012 年后保证每年供应 300 万吨液化天然气（约 40 亿立方米）”②。

2014 年 8 月，中石化炼化工程与 Petronas 所属 PRPC 炼油公司就马来西亚大型炼油和化工一体化项目（RAPID）的一个合同包签署设计、采购、施工、试车总承包合同。2016 年 2 月，山东恒源收购壳牌马来西亚炼油有限公司 51%股权。马来西亚恒源炼厂（HRC）投资新建炼油设施，生产欧Ⅳ标准汽油产品。

然而，马来西亚军事占领南海 3 座岛礁，并于 20 世纪 50 年代开始大规模进行资源开发活动。目前，马来西亚与多个国际石油公司签署开采合同，在南沙附近海域勘采近百口油井，其石油出口的 70%产自南海，是南海油

① 《中海油与马来西亚国家石油公司签署战略合作谅解备忘录》，中国石油石化，2021 年 3 月 16 日，https：//baijiahao. baidu. com/s？ id = 1694317191168454605&wfr = spider&for = pc。

② 张牧涵：《马来西亚商机无限》，《市场报》2007 年 11 月 19 日。

气资源开发的获利者。

（2）能源运输通道安全合作

马来西亚是马六甲海峡沿岸国，在中国维护能源通道安全方面扮演着重要角色。在马六甲海峡运输安全问题上，马来西亚欢迎中国提供信息共享、人员培训等帮助。经过磋商，2006 年 7 月，中马签署海上合作谅解备忘录，中国“将履行海洋法公约为海峡使用国规定的义务，考虑动员一定资源，应海峡沿岸国的要求，帮助海峡沿岸国进行能力建设、加强技术业务交流和人员培训”①。

（3）电力合作

由于马来西亚对外资的限制性规定，中资企业多采用“借船出海”方式参与该国电力项目，并积极在马来西亚投资建厂生产光伏组件。

在水电领域，2002 年 10 月，中国水利水电建设集团与马来西亚 Sime Darby 组成马中水电联营体（Malaysia China Hyower Joint Venture，MCH），中标巴贡水电站 EPC 项目。巴贡水电站被称为“东南亚的三峡”，是马来西亚迄今为止最大的水电项目。中国水电在设计、施工中积极采用新技术、新工艺，获得中国首个海外工程金质奖，成为中国水电“走出去”的典范之作。它的建成不仅有效地控制了下游的洪涝灾害，而且大大改善了当地的电力结构。

沐若水电站是马来西亚推行的第二能源计划中的一个重要工程。2008 年 8 月，中国长江三峡集团有限公司旗下长江三峡经济技术发展有限公司获得马来西亚砂拉越能源公司（SEB）沐若水电站项目的承建权，与长江设计院、中国水电八局、中国机械进出口总公司组成联合体共同参与建设。2014 年 11 月，沐若水电站首台机组投产发电。2015 年 1 月，沐若水电站全面进入商业运行。

2017 年 8 月，中国能建葛洲坝集团与马来西亚砂拉越能源公司签署了

① 《中国与马来西亚摸索共同保护马六甲的合作模式》，中国新闻网，2006 年 5 月 15 日，http://www.chinanews.com/news/2006/2006-05-15/8/729831.shtml。

巴勒水电站 EPC 合同。巴勒水电站是砂拉越州“再生能源走廊”计划的重要组成部分，也是砂拉越州最大的基础设施项目之一，建成后，将为马来西亚增加 1285 兆瓦的可再生能源，为当地经济和社会发展提供充足的电力供应。

在火电领域，1994 年和 2001 年，中国机械设备进出口总公司先后承建砂拉越电力公司（SESCO）古晋一期 2×50 兆瓦和二期 2×55 兆瓦燃煤电站项目，建立了良好的合作关系。2006 年 3 月，双方再签沐胶 2×135 兆瓦燃煤电站项目。该项目属于 SESCO 第三期工程，将大大改善砂拉越州电力燃料结构，促进该州产煤地区经济发展。2010 年 2 月，中国电工设备总公司以 EPC 总承包模式承建的马来西亚 SABAH190 兆瓦燃气蒸汽联合循环发电项目 1 号燃机成功并网。

在光伏组件生产方面，自 2015 年以来，中国晶科能源、晶澳、正泰、隆基和天合等光伏企业在马来西亚投资建厂生产光伏组件。产品除了出口，多应用于马来西亚本国的光伏项目，如马来西亚吉隆坡大学 1 兆瓦分布式屋顶光伏项目和沙巴州 50 兆瓦光伏地面电站项目（马来西亚首个大型地面电站并网项目）。

6. 中缅能源合作

中缅能源合作较晚，但发展速度很快。缅甸是“一带一路”能源合作伙伴关系成员，在“一带一路”倡议推动下，中缅能源合作不断深入。

（1）油气合作

缅甸油气资源丰富，有近百年开采历史。油气合作是中缅两国关系中的重头戏，涉及油气勘探开发、贸易、管道建设和运营、石油炼化、工程技术服务等多个领域。其中，油气开发与中缅油气管道是重心。

中国是缅甸油气领域最大的投资来源国，中石油在中缅能源合作中扮演重要角色。2001 年 11 月，中石油旗下中油国际有限责任公司（CIL）与中油香港有限公司成立合资公司，投资缅甸油田项目，开启中缅油气合作序幕。目前，中石油在缅甸的油气投资项目主要包括两个油气开发生产项目、一个深水勘探项目和一个天然气合作项目。2001 年 11 月和 12 月，中石油分别从加拿大 TG World 公司购买 Bagan 项目，与缅甸能源部签订 IOR-4 区块勘探开发合同，开始参与缅甸油气勘探开发；2007 年 1 月，中石油与缅甸石油天然气公司签订合同，获得缅甸 AD-1、AD-6 和 AD-8 三个深水区块石油天然气勘探开采权；2008 年 12 月，中石油与大宇联合体签署缅甸海上 A1、A3 区块天然气购销协议，所产天然气通过中缅天然气管道运往中国，并在沿途分流部分天然气，合同期 30 年。2004 年 9 月，中石化下属滇黔桂石油勘探局与缅甸能源部签署开发 D 区块陆上石油气产品分成合同。2005 年 1 月，中海油与新加坡金隆有限责任公司、中国寰球工程公司组成联合体，和缅甸石油天然气公司（MOGE）签署三个区块油气的产量分成合同。“至此，包括中石油、中海油和中石化在内的中国三大石油商在缅甸的石油项目已全面铺开。”①

2004 年 9 月，中石化与缅甸能源部签署开发缅甸 D 区块陆上石油气的产品分成合同。2011 年 1 月和 2 月，中石化在缅甸中部和西北部相继发现大型油气田。2004 年 10 月、12 月和 2005 年 1 月，由中海油缅甸有限公司、新加坡金箭有限公司（Golden Aaron Pte）和中国寰球工程公司组成的联合体相继获得开发缅甸 M、A-4、A-10、C-1、C-2 和 M-2 共 6 个区块石油气的产品分成合同，总面积超过中国渤海油田，是中国在缅甸油气投资的一个突破性进展。

随着中缅油气合作的深入，开辟一条西南能源通道的设想逐步变成现实。中缅油气管道项目于 2004 年提出，是缅甸开启经济改革以来最大的外资项目。2009 年，中缅油气管道项目取得实质性进展。6 月，中石油与缅甸能源部签署《中国石油天然气集团公司与缅甸联邦能源部关于开发、运营和管理中缅原油管道项目的谅解备忘录》。2010 年 6 月，中石油与缅甸石油天然气公司签署《东南亚原油管道有限公司股东协议》、《东南亚天然气管道有限公司权利与义务协议》和《东南亚天然气管道有限公司股东协议》等一系列管道建设和运营协议，明确了合资公司所承担的权利和义务。

---

① 李隽琼：《中国三大石油商全进入缅甸　大西南石油通道明朗》，《北京晨报》2005 年 8 月 16 日。

中缅原油管道由中国石油集团东南亚管道有限公司（占股 50.9%）和缅甸石油天然气公司（占股 49.1%）投资建设，由合资公司东南亚原油管道有限公司运营管理。它起自缅甸西海岸马德岛，途经若开邦、马圭省、曼德勒省、掸邦，向北经云南省瑞丽市进入中国境内。管道全长 2402 千米，其中缅甸段长 771 千米，一期输油能力 1200 万吨/年，二期增加到 2200 万吨/年，当地获得 200 万吨分输量。同时，在缅甸西海岸马德岛配套建设一座 30 万吨级原油码头，年接卸能力 2200 万吨。2017 年 4 月 10 日，中缅原油管道工程投运。

中缅天然气管道由中国（占股 50.90%）、缅甸（占股 7.37%）、韩国（占股 29.21%）和印度（占股 12.52%）四国共六家公司投资建设，由合资公司东南亚天然气管道有限公司运营管理。它起自缅甸西海岸兰里岛，与原油管道并行铺设，经云南省瑞丽市进入中国境内。管道全长 2520 千米，其中缅甸段长 793 千米，设计输气能力为 120 亿立方米/年；中国境内段 1727 千米，设计输气能力为 100 亿~130 亿立方米/年，缅甸当地获得不超过 20% 管输量的天然气。2013 年 7 月 28 日，中缅天然气管道正式通气。

历经十年耕耘，克服重重困难，中缅油气管道已经成为“一带一路”大型能源合作的标志性项目和中缅经济走廊的招牌工程[①]。截至 2022 年 7 月 25 日，中缅油气管道累计向国内输送天然气 356.7 亿标方、原油 5135.99 万吨。[②]

中缅油气管道是中国第四大能源进口通道，不仅推进中国油气进口多元化，而且为沿线民众提供实实在在的好处，成为新时代胞波情谊的有力见证。“按照股东协议，缅甸每年可从管道下载 200 万吨原油和占管输量 20% 的天然气，用于推动缅甸经济发展及改善人民生活质量……项目迄今还为缅甸带来包括国家税收、投资分红、路权费、过境费、培训基金等在内的直接

---

① 《中缅原油管道累计向中国输油超过 3000 万吨》，中国石油新闻中心，2020 年 6 月 9 日，http://news.cnpc.com.cn/system/2020/06/09/001777900.shtml。

② 《中缅油气管道累计向中国输送原油超 5000 万吨》，中国新闻网，2022 年 7 月 27 日，https://baijiahao.baidu.com/s?id=1739497709445062100&wfr=spider&for=pc。

经济收益逾5亿美元，充分带动当地社会、经济和就业的发展，提高了沿线居民的生活水平。”① 此外，根据协议，中石油将协助缅甸在曼德勒新建一座日炼油能力5万桶的炼油厂。中方投资51%，缅方投资49%。同时，在中方信贷支持下，为提炼从中缅石油管道中每年分获的200万吨原油，缅甸将在马圭省敏拉市新建一座年炼油能力350万吨的炼油厂。

在缅甸能源领域也有中国民企的身影。2012年3月，中国长盈集团控股有限公司与诶敏钦公司组成合资公司，与MOGE签约，在缅甸中部开展油气勘探。2016年4月，广东振戎能源有限公司获得在土瓦市建设年加工原油500万吨炼油厂的投资许可证。该项目是缅甸最大的外资项目之一，将帮助缅甸建立整套石化体系，并首次实现燃油自给自足。

此外，中国石油集团油田技术服务有限公司（以下简称“中油油服”）2006年进入缅甸，提供物探、钻井、测录试等油气田工程技术服务和石油工程建设服务，并承担了缅甸浅海BLOCK-M1区块二维地震资料处理项目等。2004年3月，中石油下属中国寰球工程公司中标缅甸石化公司第四化肥厂建设项目，并与缅甸能源部签署EPS总承包项目，负责承建两套10万吨/年合成氨和两套15万吨/年尿素装置以及公用工程、码头等配套设施。2011年1月，缅甸第四化肥厂建成投产。它是缅甸生产技术最先进、规模最大的化肥厂，极大地推动了缅甸农业的发展。

（2）电力合作

缅甸是东南亚地区尚未实现电力可及的国家之一。近年来，中国与缅甸在电力领域的合作日益密切，电力互联互通和基础设施建设合作正在稳步推进，推动缅甸电力清洁化发展。

在水电领域，中国是缅甸水资源开发的重要合作伙伴。耶涯水电站是使用中国政府提供的优惠贷款、由中国葛洲坝集团承建的缅甸大型水电工程。2010年12月，耶涯水电站竣工发电，为缅甸全国提供25%的电力，是中缅

① 《中缅油气管道实现高质量合作》，人民网，2020年1月17日，http://world.people.com.cn/n1/2020/0117/c1002-31553426.html。

电力合作的典范。由于地缘优势，云南在与缅甸的电力合作中占主导地位。2005 年 3 月，由云南机械设备进出口有限公司帮助建设的缅甸最大水电站——帮朗电站竣工投产。2008 年 10 月，云南联合电力开发有限公司采用 BOT 方式开发建设的瑞丽江一级水电站投产，分别通过 230 千伏、220 千伏输电线路向缅甸和中国送电。这是中国首次实现与境外合作将水电能源回送国内。2010 年 8 月，由大唐集团投资、中国水电集团承建的太平江一级水电站建成投产，通过 500 千伏单回线路向中国回送电力。2012 年 3 月，由广东珠海新技术有限公司承建的缅甸马圭省吉荣吉瓦水电站落成。但是，中缅水电合作也遇到不少挫折。2011 年 9 月，缅甸单方面宣布搁置密松水电站项目，至今仍无下文。

在气电领域，中国云南能投联合外经股份有限公司与缅甸电力能源部合作开发仰光 Thaketa 燃气电站项目。该项目装机容量 110 兆瓦，2016 年 5 月 12 日开工，2018 年 2 月 28 日投入商运，运营期间取得良好的社会和经济效益，被缅甸电力能源部作为标杆项目向东盟进行宣传。

在火电领域，2010 年 2 月，中国华能澜沧江水电有限公司与缅甸 HTOO 公司、缅甸电力一部水电规划司共同签署仰光燃煤电站项目开发权谅解备忘录。该项目是缅甸政府引进外资建设火电站的首个项目，标志着中缅电力开发和能源合作的新跨越。2018 年 1 月，中国电建、缅甸电力与能源部、当地合作方签署皎漂 135 兆瓦燃气联合循环电站项目协议。同年 3 月，云南能投集团投资建设的仰光达克鞳燃气蒸汽联合循环电厂一期 106 兆瓦发电项目竣工。这是缅甸民盟政府执政以来首个落地并投产发电的电力合作项目，可极大地缓解仰光市的用电紧缺状况。云南能投集团在缅甸还投资达克鞳燃气电厂二期项目、诺昌卡河梯级水电站项目、仰光城市配网总规划及改造项目等。2019 年 4 月，中国能建总承包的缅甸直通燃机联合循环发电 EPC 项目竣工。该项目是缅甸首个世行贷款项目，为缅甸缓解电力紧张、增加税收、促进就业，以及建设全国性现代化电力供应网络发挥了里程碑式的重要作用。

在输配电领域，2018 年 3 月，中缅孟电力互联互通部长级会议在缅甸召开，三方就电力互联互通达成共识，决定成立联合工作组，启动可行性研究。2020 年 1 月，中国国家电网公司承建的缅甸北克钦邦与 230 千伏主干网连通工程竣工。该工程起点位于缅甸克钦邦境内的太平江水电站，终点位于缅甸第二大城市曼德勒附近。工程将缅北丰富的水电资源输送至缅南用电负荷中心，助力缅甸 2030 年全国通电目标的尽早实现，并将加快中国—缅甸及其周边国家电力互联互通步伐，为“中缅经济走廊”建设提供重要支撑。中国国家电网公司在缅甸先后建成了 20 余个输变电项目，包括 230 千伏新建及扩建变电站 20 余座、230 千伏及 66 千伏输电线路近 1300 公里，为缅甸骨干电网建设做出突出贡献[①]。此外，中国长江三峡集团以无偿援助的形式帮助缅甸完成国家电力发展规划编制工作，得到了缅甸有关部门的好评与认可。

7. 中菲能源合作

2007 年 1 月，温家宝访问菲律宾，两国签署《中华人民共和国政府和菲律宾共和国政府关于扩大和深化双边经济贸易合作的框架协定》，将能源列为优先发展领域之一。2011 年 9 月，阿基诺总统访华，双方签署《中菲经贸合作五年发展规划（2012~2016）》，为两国在矿业、能源等领域开展合作勾画了蓝图，将经济合作拓展到新能源、可再生能源等新领域。2016 年杜特尔特总统上任以来，中菲关系进入历史最好时期。2018 年 11 月，习近平主席访问菲律宾，中菲签署《中华人民共和国政府和菲律宾共和国政府关于共同推进“一带一路”建设的谅解备忘录》《关于油气开发合作的谅解备忘录》等多项合作文件。

菲律宾是东南亚地区能源投资的新兴市场，一直与中国保持密切合作。中菲关系以中国同意向菲律宾供应原油为开端。目前，中菲能源合作涉及油气贸易和开发、电力开发和可再生能源开发等领域。

（1）油气合作

1974 年 9 月，马科斯夫人伊梅尔达访华，中菲就购买原油达成共识。从 1974 年到 1984 年，中国以低于国际市场 20%的价格向菲律宾出售石油，

① 《中缅电力能源合作迈出关键一步》，人民网，2020 年 1 月 13 日，http：//world.people.com.cn/n1/2020/0113/c1002-31546139.html。

在一定程度上缓解了第一次石油危机给菲律宾带来的能源供给压力。1978年7月，中菲签署原油长期贸易协议，规定自1979年至1983年中国向菲律宾出口120万吨原油。这是中国与东南亚国家达成的首份能源贸易协议。

然而，菲律宾社会长期存在排华情绪，中资企业参与菲律宾能源领域面临严峻的挑战。另外，选举动荡、政策变更和人事变动，都增加了投资菲律宾油气项目的不确定性。

作为能源消费国，中菲有在南海开展油气双边合作的共识，但多年来未取得突破性进展。2004年9月，阿罗约总统访华。中海油与菲律宾国家石油公司签署《在南中国海部分海域开展联合海洋地震工作协议》和《联合海洋勘探谅解备忘录》，双方同意在有争议的南沙礼乐滩盆地附近海域联合开展油气资源勘探。2005年3月，越南加入，中海油和菲律宾国家石油公司、越南油气总公司签署《在南中国海协议区三方联合海洋地震工作协议》，三方计划于2005年至2008年共同对南海14.3万平方公里海域进行地震数据研究并探测石油资源潜力。中菲越在海洋能源勘探开发领域迈出了历史性的一步。

然而，在菲律宾反对派强烈抗议下，合作到期后被迫终止。2012年，菲律宾菲莱克斯石油公司（Philex Petroleum）与中海油商讨在南海SC-72区块进行共同开发。受菲律宾政府阻挠，中菲第二次共同开发“流产”。杜特尔特总统上任以来，中菲重启南海油气开发合作。2019年8月，根据《中菲关于油气开发合作的谅解备忘录》和《关于建立政府间联合指导委员会和企业间工作组的职责范围》两份文件，中菲成立油气合作政府间联合指导委员会和企业间工作组。10月，政府间联合指导委员会召开首次会议，标志着两国的油气开发合作已经进入实质磋商阶段[①]。开展双边油气合作，符合中菲两国的利益。但是，《关于油气开发合作的谅解备忘录》并非油气开发合作协议，也不是服务合同，而是为了达成合作共识所表达的政治意愿及线路图[②]。2022

---

① 吴士存、陈相秒：《中国—东盟南海合作回顾与展望：基于规则构建的考量》，《亚太安全与海洋研究》2019年第6期，第41页。

② 闫岩：《对中菲南海共同开发应保持谨慎乐观》，中国南海研究院，2019年1月30日，http：//www.nanhai.org.cn/review_ c/344.html。

年6月，菲律宾外长洛钦宣布，受宪法限制和海上有关争议的制约，停止和中国在南海的油气合作谈判。然而，9月，马科斯总统“有意愿重启同中国在南海的石油和天然气联合开发谈判”的表态令两国南海油气合作再度燃起希望。

（2）电力合作

菲律宾电力短缺、电价高昂，政府出台多项政策，推进电力行业结构重组和市场化改革。目前，菲律宾电力行业基本实现发电、输电、配电和售电分离，建立了一个全面IPP（Independent Power Plants）化的电力市场。

2007年12月，中国国家电网公司（占股40%）与菲律宾蒙特罗电网资源公司、卡拉卡高电组成联合体，以39.5亿美元中标菲律宾国家输电网25年特许经营权。“国家电网公司参与菲律宾国家输电网特许经营权项目是目前中国在菲律宾最大的投资项目，也是我国电网企业首次获得境外国家级电网的运营权”①。

2012年1月，中国建材集团所属中材节能与菲律宾西麦克斯（CEMEX）集团SOLID水泥公司签署余热发电投资协议。该项目是中国余热发电行业第一个国外投资项目。2017年4月，中材节能又与CEMEX集团APO水泥公司签署余热发电投资合同，双方合作进入新阶段。

（3）可再生能源合作

菲律宾化石能源储量有限，可再生能源开发潜力巨大。菲律宾政府十分支持风电、光伏等可再生能源的发展。近年来，中国企业通过设备出口、工程总承包方式投资菲律宾可再生能源产业。

水电是中菲两国清洁能源合作的重点。中国能建在菲律宾以EPC总承包方式承建多个10兆瓦以上水电项目。比如，2015年阿古斯6水电站机组增容改造项目、2016年良安水电站EPC项目和卡庞安60兆瓦水电站EPC项目、2017年巴洛格-巴洛格水利枢纽二期项目（迄今为止中资公司在菲中标的最大现汇项目）。

太阳能发电在中菲清洁能源合作中发展最快。中国企业深耕菲律宾光伏

---

① 马海洋、陈长伟：《国家电网公司正式投资运营菲律宾国家输电网》，《国家电网报》2009年1月16日。

市场，成功建设多个大型示范性光伏电站。比如，中国国家电网建设的菲律宾“光明乡村”项目，采取太阳能微电网集中供电方式解决了项目所在地吕宋岛三描礼士省长期没有电力及电信信号覆盖问题。

表 5-6　中国企业参与菲律宾可再生能源项目情况

项目年份	项目名称	项目类别	国内参与企业	参与方式	项目规模（兆瓦）
2014	菲律宾马尼拉光伏电站项目	光伏	中国南车株洲所	出售逆变器	—
2015	YH Green Energy Incorporated 公司光伏项目	光伏	南京中电光伏	EPC	14.5
	Gadiz 市光伏项目	光伏	晶澳、天合	出售组件	132.5
	Valenzuela 市光伏项目	光伏	无锡尚德	出售组件	8.5
	GATE SOLAR PHILIPPINES CORP. 公司 70 兆瓦光伏项目	光伏	中盛光电	签署联合投资开发协议	70
2016	Calatagan 光伏项目	光伏	保威	提供支架及 EPC 服务	63.3
	Pampanga 省光伏项目	光伏	厦门清源科技	提供支架	2.88
	Victorias 光伏电站项目	光伏	海润光伏	签署合作协议	—
2017	Vivant 公司光伏项目	光伏	中盛光电	成立合资公司 ET Vivant Solar	—
	北伊罗戈省（llocos Norte）风力和太阳能发电项目	光伏、风电	青岛恒顺众昇集团	EPC	232
			金风科技	出售风机	132

资料来源：世界自然基金会、中国新能源电力投资联盟：《中国可再生能源海外投资的机遇与挑战——案例国研究（菲律宾）》，2019 年 9 月 25 日，第 33 页。

近年来，广西农垦集团依托产业优势，大力拓展与菲律宾的生物能源合作。2007 年 5 月，广西农垦与菲律宾东部石油公司、西岭农科有限公司签署木薯燃料乙醇加工项目。

2017 年 5 月，中国民企盛运环保与菲律宾 Visayas（维萨雅）省市政府签订《菲律宾 Visayas 生态环境和基础设施及安居工程建设项目合作框架协议》。盛运环保将在 Visayas 辖区建设两座处理量 1000 吨/日的城市垃圾可再生能源发电厂和一座处理量 500 吨/日生物质可再生能源发电厂。

8. 中泰能源合作

受资源禀赋和国家政策所限，与传统的油气勘探开发相比，中泰在清洁能源领域的合作大有可为。

（1）油气合作

1993 年 3 月，中石油收购泰国邦亚区块 95.67%的权益，开启与泰国能源合作的进程。这是中石油首次在海外获得油田开采权益，揭开中国石油企业“走出去”的序幕。2003 年 7 月和 2006 年 6 月，中石油相继获得 L21/43 风险勘探区块和 BYW-NS 发展区块的权益。2011 年 11 月，中石油所属管道局与泰国 PTTEPI 公司正式签署缅甸—泰国扎乌提卡天然气管道 EPCIC 总承包合同。2013 年，管道局又中标那空沙旺天然气管道项目。2021 年 7 月和 2022 年 6 月，管道局承建的泰国北部、东北部成品油管道项目相继贯通。这两个项目是泰国政府近 20 年来规划的两条成品油主干线，不仅对提升泰国能源安全性、促进当地经济社会发展具有重要意义，还有利于加强泰国和老挝、缅甸等东南亚国家的互联互通。中油油服还为泰国提供物探、钻井、测录试等工程技术服务，2000 年以来，先后与 PTTEP 石油公司、AMSERDA HESS 石油公司签订了钻井项目服务合同。

2008 年 4 月，中海油与泰国石油开发公司（PTT Exploration and Production，PTTEP）签署合作勘探开发缅甸油气资源的协议。根据协议，PTTEP 将用其在缅甸海域 M3 及 M4 区域的 20%股份交换中海油在 C1 和 A4 区域的股份。

2010 年 1 月，中国陕西延长集团与泰国新能源化工投资集团有限公司签署关于勘探开发泰国 L31/50 天然气区块的战略合作框架协议。陕西延长集团在海外油气勘探开发合作领域取得重大进展。

此外，在中国跨境能源贸易史上还出现了一个创举。2008 年 6 月，中泰签订《中国云南蔬菜换取泰国成品油易货贸易协议》，架起了一座能源合作之桥。但是，受泰国政局动荡影响，“蔬菜换石油”项目未能在实质上实现。作为中泰“蔬菜换石油”项目的实施主体，云南云投版纳石化有限责任公司于 2012 年 3 月底，在曼谷与泰国国家石油公司签订了《柴油及汽油购销框架合同》，合同涉及资金 1.2 亿美元，成品油进口总量为 10 万吨，并与泰中贸易实业有限公司签订了《蔬菜、水果及农产品易货贸易框架合同》合同涉及金额 1.1 亿美元，农产品出口总量达 10 万吨。这是继 2009 年后，中泰“蔬菜换石油”项目的再启动。①

泰国积极寻求中国在其南部战略能源陆上桥梁（SELB）项目上的支持。2003 年 10 月，中泰签署全面合作谅解备忘录，将该项目列为重要合作内容。

（2）电力合作

在水电领域，中泰合作由来已久。1993 年，两国开启购电谈判，就合作开发景洪水电站向泰国送电进行可行性研究。1998 年 11 月，双方签署购电谅解备忘录，泰国希望到 2017 年从中国购买 300 万千瓦电力。2000 年 9 月，两国签署共同建设景洪水电站的投资决议书。但是因为多种原因，泰国被迫撤资，水电站 2008 年建成后向广东送电。2012 年 2 月，两国重启向泰国送电相关工作。2013 年 6 月，经过多轮会谈，中国南方电网与泰国国家发电局在昆明签署购售电项目谅解备忘录，与东盟发展基金签署《关于泰国国家发电局向中国南方电网有限责任公司购电项目第三国段输电线项目的合作意向书》。然而，截至 2023 年，中国尚未实现对泰送电。

在风电领域，中国企业在泰国承建 4 个项目。一是金风科技投资的 THEPPANA 风电项目，2013 年 7 月完成建设并成功并入泰国国家 PEA 电网。二是金风科技与泰国 EGCO 新能源公司合作开发的 Chaiyaphum 风电项目，2016 年 10 月顺利完成首台机组并网。三是中国电建集团中南勘测设计研究院承建的 GNP 风电 EPC 项目，2016 年 7 月 4 日开工建设。四是中国电建集团国际工程有限公司承建的兰塔空风电 EPC 项目，2016 年 9 月签署合同。

在光伏领域，泰国通过减免企业所得税、减免机器/原材料进口税和其

① 《中泰签署“蔬菜换石油”协议》，商务部，2012 年 4 月 11 日，http://www.mofcom.gov.cn/article/resume/n/201204/20120408061448.shtml。

他优惠政策吸引外资建厂。在泰国泰中罗勇工业园，中国企业积极投资光伏组件生产及光伏发电。比如，中立腾辉建设 500 兆瓦一体化电池及组件组装厂，天合光能建设 700 兆瓦电池片和 500 兆瓦组件工厂，英利绿色建设 300 兆瓦光伏组件厂等。2012 年 11 月，中泰两国就在泰建立太阳能示范基地达成合作协议。2014 年，中国英利绿色与中国电建所属中国水电顾问集团国际工程公司、河北省电力勘测设计研究院，以及泰国 Wattanasuk Engineering 公司组成联合体，中标泰国公用事业公司 5 兆瓦光伏电站 EPC 合同（泰国政府主导的国家级太阳能光伏示范项目）。2021 年 4 月，由泰国最大电力生产商之一的格林姆集团（B. Grimm）与中国能源建设集团山西省电力勘探设计院合资开发的巨型浮动太阳能能源场完工，6 月投入启用。该能源场规划发电容量 58.5 兆瓦，是泰国规模最大的水力与太阳能发电及储存综合能源项目的一部分，将帮助泰国减少对高度污染的火电的依赖。

泰国政府对垃圾发电高度重视，将垃圾发电排在清洁能源电力优先上网的首位。“垃圾发电是中泰两国清洁能源合作的一个重要方向。目前已有杭州锦江、中国联合工程、中国电工、三峰环境、中材节能、华西能源、云南水务，以及创冠环保等中国企业，通过投资收购、工程承包、运营维护等方式参与泰国的垃圾发电合作。”①

表 5-7 中国企业参与泰国垃圾发电情况

年度	项目名称	项目涉及中国公司	项目内容
2007	锦江国际能源发展有限公司垃圾焚烧发电厂 1×400 吨/日项目 玛数绿能有限公司春武里府焚烧发电厂 2×400 吨/日项目	杭州锦江 中国联合工程	杭州锦江集团出资 805 万美元，中国联合工程公司负责其两个项目的设计工作

① 《中国与东盟的清洁能源合作：泰国》，国际环保在线，2018 年 12 月 21 日，https://www.huanbao-world.com/green/clean/70613.html。

续表

年度	项目名称	项目涉及中国公司	项目内容
2012~2014	TPIPP150 兆瓦电厂 EPC 项目 TPIPP60 兆瓦垃圾焚烧及其扩建 EPC 项目 TPIPP30 兆瓦水泥窑余热电站额平常、EPC 项目	中国电工	总合同额 1.02 亿美元,世界首座垃圾焚烧与水泥窑余热结合的节能环保发电站
2014	普吉市 2×350 吨/日生活垃圾焚烧发电项目运营维护项目	三峰环境	日处理规模 700 吨,装机容量 12 兆瓦,是东南亚地区第一座已投入运行的垃圾焚烧发电厂
2014	SCG 水泥集团下属 STS 水泥公司生物质电站总承包合同	中材节能	项目利用 SCG 水泥集团下属水泥公司所在地丰富的生物质燃料资源建设生物质电站
2015	泰国 5 个市政垃圾发电 EPC 总承包项目	华西能源	单个日处理量为 600 吨,装机容量 9.5 兆瓦,总投资额 27904 亿美元
2015	泰国垃圾发电厂 PJT Technology Co., Limited 收购项目	云南水务	
2016	曼谷 Nong Khaem 垃圾处理 BOT 项目	创冠环保	中国企业在泰国首个 BOT 项目

资料来源:《中国与东盟的清洁能源合作:泰国》,国际环保在线,2018 年 12 月 21 日,https://www.huanbao-world.com/green/clean/70613.html。

中泰在核电领域的合作也日益加深。2008 年以来,泰国与中国中广核集团在核电开发领域开展深度合作,不仅加强人才培养和技术交流,而且合资开发、建设和运营广西防城港核电二期项目。2015 年 6 月,泰国对中国自主三代技术“华龙一号”表示出浓厚兴趣,并启动对“华龙一号”核电技术的独立评审,计划将“华龙一号”作为可选技术纳入泰国发展核电的“短名单”①。2017 年 3 月,中泰正式签署《中华人民共和国政府和泰王国

① 杨漾:《中泰签署和平利用核能合作协定,泰国对“华龙一号”兴趣浓厚》,澎湃新闻网,2017 年 4 月 5 日,https://www.thepaper.cn/newsDetail_forward_1655658_1。

政府和平利用核能合作协定》，两国核能合作进入新的阶段。

9. 中新能源合作

新加坡是东盟中唯一同中国签署双边自贸协定的国家。作为全球第三大石油产业链基地，新加坡拥有良好的投资环境和地域优势，与中资企业展开积极而富有成效的合作，成为中资企业对外能源投资的热点国家。

（1）油气合作

新加坡是世界第三大炼油中心，也是中国重要的成品油供应国，在与中国的成品油进出口贸易中长期占据领先地位。1993 年，中国从新加坡进口 133 万吨汽油、420 万吨轻柴油和 235 万吨燃料油，分别占当年进口总量的 61%、48%和 61%。随着中国能源产业蓬勃发展，从 2016 年开始，中新能源贸易出现逆转。2020 年，中国与新加坡能源贸易额达到 84. 1 亿美元，其中中国从新加坡进口能源 34. 6 亿美元，向新加坡出口能源 49. 5 亿美元，顺差 14. 9 亿美元。

中新两国石油公司进行了卓有成效的合作，在中新能源合作中扮演重要角色。2001 年 12 月，中国航油公司在新加坡交易所主板上市，是中国首家利用海外自有资产在国外上市的国有企业，成为国企“走出去”的一个成功案例。2004 年 8 月，中国航油（新加坡）股份有限公司收购新加坡石油公司（SPC）20. 6%的股权，成为 SPC 的第二大股东。借助 SPC，中国航油公司的航油销售和石油贸易等业务得到进一步拓展。

2006 年，中石油通过间接全资拥有的中国石油国际事业新加坡公司入股环宇仓储[①]，初始占比 35%。2009 年 5 月，中石油再次通过中国石油国际事业新加坡公司，以 14. 7 亿新加坡元收购吉宝集团下属的全资子公司吉宝油气服务有限公司持有的新加坡石油公司约 45. 51%的股份（不含库存股），成为新加坡石油公司最大的单一持股股东。新加坡石油公司成为中石油国际

① 位于裕廊岛南端，2007 年投入运行，总储量高达 233 万立方米，是新加坡最大的独立汽油仓储码头，同时也是世界上最大的几个独立仓储之一。兴隆集团（Hin Leong Group）拥有 40%股份，中石油拥有 25%股份，麦格理亚洲基础设施基金（Macquarie Asia Infrastructure Fund）持有其余股份。

战略的新平台。通过收购，中石油拥有新加坡炼油公司（SRC）50%的股份和新加坡第三大加油站零售网络，并在新加坡、中国台湾、泰国等地经营船舶加油和航空加油业务，占新加坡本地市场 20%以上份额。

2007 年 8 月，中海油与新加坡石油公司就南海东部海域的珠江口盆地 26/18 区块签订产品分成合同，“根据合同规定，新加坡石油公司将承担 100%的勘探费用。如果勘探有所发现，中海油将获得 51%的所有权”①。

2011 年 7 月，中石化在新加坡投资的润滑油项目开工。2013 年 7 月，该项目竣工投产，产能为 10 万吨/年，成为中石化炼化业务板块首个海外直投建设项目，也是中国在新加坡投资建设的首家生产型企业。2018 年 12 月，中石化海外首个全资加油站在新加坡义顺一道站开业。这是中国企业的自营品牌首次进入新加坡汽油零售市场。2019 年 2 月，中石化在新加坡的第二座加油站开业。

（2）电力合作

2008 年 3 月，中国华能收购新加坡大士能源 100%股权，获得当时新加坡约 1/4 的电力市场份额。这是中国国企首次在发达国家全资收购发电厂②。2013 年 2 月，华能在海外自主开发建设的新加坡大士能源登布苏热电多联产项目一期正式投产。华能并购大士能源公司及后续发展项目是中国央企实施“走出去”战略的成功案例。

2012 年 5 月，中广核在新加坡投资建设一座 10 兆瓦生物质能光电一体化发电厂。“这是中广核集团在海外全面负责实施的首个清洁能源项目，有助于新加坡发展清洁能源电力，更有助于中广核开拓亚太地区的清洁能源市场。”③

此外，新加坡重视清洁能源开发，致力于打造世界清洁能源新枢纽。2007 年 11 月，中新两国签署关于在中国建设一个生态城的框架协议和补充协议。中新天津生态城是两国政府战略性合作项目，借鉴新加坡先进经验，

① 牛顺生：《中海油与新加坡石油签分成合同》，《北京商报》2007 年 8 月 7 日。

② 哈新军：《华能在新加坡怎样“烧煤”?》，《人民日报》2014 年 4 月 14 日。

③ 《中广核在新加坡开建生物质能发电项目》，《华东电力》2012 年第 5 期，第 897 页。

中新两国在城市规划、环境保护、资源节约、可再生能源利用、可持续发展等方面进行广泛合作。2021 年 5 月，新加坡能源集团（SP Group）与中企晶科电力科技签署协议，成立合资公司，在中国收购首批可再生能源资产以及发展新能源项目。

10. 中越能源合作

越南能源开发起步晚、发展快，为中资企业投资创造了良好的条件。特别是在清洁能源领域，中资企业面临很多新机遇。

（1）煤炭合作

越南是中国进口煤炭的另一重要来源地。由于越南富有优质的无烟煤，且距离中国南方沿海地区较近，2004 年，越南超过澳大利亚成为中国最大的煤炭进口来源地。但是，随着越南国内经济发展带动对煤炭需求的增加，越南逐渐削减煤炭出口，中越煤炭贸易呈下降趋势。

2006 年 11 月，崇左市人民政府、中国国电集团与越南煤炭矿产集团共同签署了合作建设崇左电厂协议，内容包括越南煤炭矿产集团为电厂一期工程供煤、参股投资二期工程，并共同开发越南红河平原煤田等事项。

中国积极利用技术优势，拓宽煤炭合作领域。2008 年 10 月，中国煤炭地质总局与越南煤炭矿产集团、美国奔趋湾投资有限公司共同签署《越南红河煤田勘探协议》，拉开中越在煤炭勘探领域合作的序幕。

（2）油气合作

长期以来，越南是中国原油的进口来源国之一。2004 年以前，越南位居中国自亚太地区原油进口量排名的首位。然而，随着国内需求的不断增加，越南对华出口量呈陡降趋势。由于国内炼油能力不足，越南从中国大量进口成品油，是中国成品油的重要出口地之一。近年来，随着炼化产业的发展，越南进口中国成品油的数量日益减少。越南第一座炼油厂——榕桔炼油厂产能仅为 14.8 万桶/日，无法满足国内需求。2019 年 11 月，越南第二座炼油厂——宜山炼油厂投入商业运行，炼油能力达 20 万桶/日，缓解了越南成品油紧张局面。第三座炼油厂——龙山炼油厂将于 2023 年建成投产。届时，越南的炼油能力将增至现在的约 4 倍，成品油有望实现从进口向出口的转变。

20 世纪 70 年代，中越相继在北部湾进行油气勘探，也因此纠纷不断。2000 年 12 月，北部湾划界协定签署后，中越约定合作开采跨界油气资源。2004 年 9 月，中石化滇黔桂石油勘探局与越南国家石油公司旗下越南石油投资发展公司（PIDC）签署石油工程技术服务合同。次年 4 月，滇黔桂石油勘探局在越南钻探出日产 3 万~4 万立方米的石油天然气田。这是中国石油勘探行业在越南承揽项目的历史性突破。2005 年 3 月，中菲越达成《南中国海协议区三方联合海洋地震工作协议》，三方在协议区开展联合海洋地震调查工作。10 月，胡锦涛主席访越，中海油与越南石油总公司在河内签署关于北部湾油气合作的框架协议，携手在北部湾进行油气资源考察。“此次框架协议的签署，是中越双方本着邓小平在 1986 年提出的‘搁置争议，共同开发’原则，在南海有争议海域共同开发油气资源上迈出的重要一步。”[①] 2013 年 6 月，由于未发现有商业开采价值的油气储藏，中越延长北部湾联合油气勘探协议期限至 2016 年，并显著扩大油气勘探区域。

值得注意的是，越南非法占领南沙 29 个岛礁和珊瑚礁，与中国存在主权和海洋权益争议。由于越南在争议地区进行油气勘探开发，中越发生过多次海上对峙事件。2019 年 5~10 月，越南拉拢俄罗斯、日本、美国与英国的石油公司，在靠近中国万安北-21 区块（越方称“06-1 区块”）实施深海钻探，单方面进行非法石油勘探活动，引发中越自 2014 年“中建南事件”以来新一轮紧张对峙。

（3）电力合作

在电力贸易领域，为解决电力短缺问题，越南从中国进口部分电力。2004 年 9 月，中国第一个对越送电项目（云南河口—越南老街）110 千伏联网工程顺利投产，拉开云南电网对越大规模送电序幕。2005 年 8 月，云南与越南签署《云南电网公司与越南第一电力公司结为“友好公司”加强战略合作与交流协议》，两国水电合作开始驶入“快车道”。目前，云南电

① 崔笑愚：《南中国海“油气外交”升温》，《国际金融报》2005 年 11 月 2 日。

网通过2个电压等级、4条通道共5回线路向越南北部7个省送电。自2005年起，广西电网公司通过110千伏深沟—芒街单回线向越南送电。“目前，南方电网有3回220千伏线路，向越南北部7省（老街、河江、宣光、富寿、安沛、山罗和太原）送电，最大送电能力110万千瓦。自第一回110千伏线路投运至今，中越电力贸易累计约367亿千瓦时。”①

中越水电合作由来已久。1950年建交后，中国以无偿援助方式支持越南水利建设。在20世纪70年代末至90年代初，中越关系恶化，水资源合作也停滞不前。直到冷战结束后，随着中越关系正常化，两国水资源合作逐步恢复和发展。从设备“走出去”开始，中国企业逐渐深入越南水电工程承包领域，合作规模也不断扩大。2003年2月，云南机械设备进出口有限公司与越南沱江公司签订合同，为南母水电站（Nam Mu）提供电站设备和配套安装指导服务。这是中国企业在越南第一次通过国际招投标方式获得的电力项目。2007年10月，温州人民电器集团签约越南太安水电站，“这是中国民营企业首次在国外承接水电站设备制造和整体安装项目”②。2013年8月，人民电器集团又签下太安水电站二期项目——顺和水电站，境外总包工程走上可持续发展之路。2012年11月，由云南电网和越南北方电力总公司（NPC）投资建设的小中河水电站首台机组并网发电。“这是中国和越南合作的首个水电投资项目，也是南方电网公司参与大湄公河次区域电力合作的首个电源项目，是云南电网公司实施‘走出去’战略中的第一个境外水电投资项目。”③ 2014年4月，中国电建所属中国水电八局承建的松邦4水电站竣工投产，该项目被越南政府授予2015年国家优质工程奖，在越南树立了中国企业良好的品牌形象。2017年2月，中国电建旗下中南勘测设计研究院承建的中宋水电站首台机组发电，解决了越南当地用电困难问题，树

① 《中越电力企业加强交流合作》，人民网，2019年3月6日，http://world.people.com.cn/n1/2019/0306/c1002-30961303.html。

② 《以“人民”的名义让品牌与世界共享共赢》，中国产业经济信息网，2018年11月8日，http://www.cinic.org.cn/zgzz/pp/457088.html。

③ 王天丹：《电力合作走进东盟　区域发展潜力无限》，《云南日报》2012年12月28日。

立了中国电建的良好品牌形象。

在火电领域，2006 年 11 月，中国南方电网以 BOT 方式投资建设越南平顺省永兴燃煤发电厂一期工程。这是中国企业在越南投资规模最大的电力项目，缓解了越南南部用电紧缺状况，有助于当地经济社会发展。2007 年 10 月，国电崇左发电有限公司与越南对外贸易运输总公司签订《投资合作建设崇左电厂协议书》，此举“标志着越南对外贸易运输总公司正式入股崇左电厂，中越煤电合作由贸易合作上升为投资合作，提高了崇左电厂利用越南煤炭资源的可靠性”①。2010 年 12 月，武汉凯迪电力工程有限公司与越南升龙热电股份公司签署升龙 2×300 兆瓦燃煤火电项目 EPC 总承包合同，有利于缓解越北地区电力不足问题。

中国风电企业积极融入“一带一路”建设，以施工“走出去”带动设备“走出去”，在越南风电市场初步站稳脚跟。2015 年 6 月，中国水电工程顾问集团有限公司通过国际竞标，与越南电力集团顺平风电股份公司（EVNTBW）签署富叻一期风电 EPC 项目合同，这是中国企业在越南获得的首个风电项目。富叻风电场一流的机组设备、先进的建设水平和强大的运维管理能力为中国风电企业赢得了声誉。2016 年 9 月，中国南方电网国际有限责任公司与越南合作方签署了中越西原风电项目合作备忘录。“该项目全部采用中国风电设备，是中国风电设备、设计、施工、资金‘走出去’的一个合作范例。”② 自 2019 年底以来，中国风电企业开始涉猎越南海上风电项目，比如新顺 75 兆瓦海上风电 EPC 项目、VPL30 兆瓦海上风电 EPC 项目和金瓯 1 号 350 兆瓦海上风电项目。据不完全统计，中资企业投资或承建越南近 70 个风电项目，涉及装机容量 3.3 吉瓦。

面对国内产能过剩和欧美“双反”调查，中国光伏企业积极开拓越南光伏市场，通过建设、运营光伏电站，带动组件、逆变器等光伏产品“走

---

① 韦义华：《越南企业入股建设崇左电厂项目》，《广西日报》2007 年 10 月 30 日。

② 《〈中国与“一带一路”国家清洁能源合作及投融资〉中国与东盟的清洁能源合作：越南》，国际环保在线，2018 年 12 月 7 日，https://www.huanbao-world.com/a/zixun/2018/1207/66330.html。

出去”。2018 年 7 月，通过国际竞标，中国电建以 EPC+F 的合作模式承建越南油汀 1、2、3 期光伏项目。“该项目采用中国总承包商、中国标准、中国设备以及中国资金，是当时中国企业在海外签约的最大光伏项目 EPC 合同。”[①] 在该项目签约后，中国电建在越南相继获得 13 个光伏项目，总装机容量达到 1500 兆瓦。自 2014 年以来，天合光能、协鑫和晶澳等多家中国光伏龙头企业在越南北江省云中工业园区设厂生产光伏组件和太阳能电池，形成光伏产业群，成为中国最大的海外光伏产品生产基地。2017 年初，天合光能在越南的太阳能光伏电池制造生产基地开业，成为当时越南最大规模的太阳能光伏电池工厂。这不仅增强了天合光能的海外供货能力，而且提高了越南在国际光伏市场的地位。7 月，苏州协鑫集团与越南电池科技有限公司（简称“越南电池”）合作运营的越南 600 兆瓦高效电池生产线投产。产品除了出口到其他国家外，部分返回中国国内。

中越生物质能合作刚起步，以垃圾发电项目为主，通过国际公开招标，采用工程总承包方式开展合作。近年来，以光大国际、中国能建黑龙江公司、中国天楹股份有限公司为代表的中国企业进军越南固废处理市场，市场占有份额不断扩大。2016 年 7 月，光大国际中标芹苴市生活垃圾焚烧发电项目。它是越南首个垃圾发电项目，使用中国资金、设备、标准进行投资开发与运行管理。2018 年 7 月，中国能建黑龙江公司中标富寿生活垃圾焚烧发电项目。8 月，中国天楹公司完成河内朔山垃圾焚烧发电项目签约工作。12 月，光大国际再中顺化垃圾发电项目。

在核电领域，为落实中越 2000 年 12 月签署的和平运用原子能合作协议，2010 年 7 月，中广核与越南原子能院签署核电合作备忘录，在核电技术转让、信息交换和技术人才培养方面给予越南帮助。

① 徐洪峰、王晶：《中国能源金融发展报告（2019）：中国与“一带一路”国家清洁能源合作及投融资》，清华大学出版社，2019，第 36~37 页。

第六章
中国—东南亚能源安全体系的构建

在中国与东南亚的能源合作中，比较优势理论提供了重要的理论依据。根据比较优势理论，每个国家都应该坚持“两利相权取其重，两弊相权取其轻”的根本原则，即在国际贸易中，生产技术的差别会导致生产成本的差别，每个国家应该根据自身发展来对比分析优势产品中优势较大的（劣势产品中劣势较小的）产品进行出口，反之则进行进口。

中国和东南亚在能源领域形成了良好的比较优势。比如，在能源禀赋方面，双方在煤炭和天然气上不存在竞争，甚至还资源互补；在石油进口上有一定竞争关系，但完全可以通过合作获取最优效果；在清洁能源开发上合作潜力巨大。与其他国家/地区相比，中国与东南亚具有良好的市场优势、区位优势和国家关系优势。作为东南亚地区能源开发的参与者之一，中国具有较强的资金优势和技术优势。在政策制定、项目建设、装备制造和能源技术等方面，中国探索出了一条适合本国国情的发展道路，对东南亚具有极大的吸引力。特别是在东南亚迫切需要的能源基础设施建设方面，中国积累了丰富的经验，取得了举世瞩目的成就。

当下，世界百年未有之大变局加速演进，国际能源形势面临高度不确定性。中国和东南亚加强能源安全合作，构建能源共同体，不仅能够促进和提升各自保障能源安全的能力，而且有助于推动全球能源治理体系朝着更加公平合理的方向发展。

一　东南亚在中国能源战略中的重要地位

加强与东南亚的能源合作对中国有利这一点毋庸置疑，几十年的合作也从实践层面提供了大量有力的证据。未来，东南亚将在中国能源发展战略中占有越来越重要的地位。

（一）相较于中国周边其他地区的比较优势分析

中国是世界上邻国最多的国家。按照空间地理位置，可以将中国邻国划分为东北亚、东南亚、南亚和中亚四个区域。

在东北亚地区，中国和日本、韩国都是世界上重要的大国。因为历史和现实因素，三国在能源领域不仅有很强的竞争关系，还存在诸多领海、岛屿争端，比如中日东海争端（涉及钓鱼岛主权、东海油气田和东海海域划分）、日韩独岛（日本称“竹岛”）争端、中韩苏岩礁之争等。由于美国的介入，这一地区能源合作既无共识也无合作机制，难以深入开展。

在南亚地区，印度是域内主导国家。中印都是发展中国家和人口大国。印度不仅把中国视作对手，而且假美国之威遏制中国崛起。由于印度的抵制，中国倡导的孟中印缅经济走廊建设进展缓慢，中印在能源领域竞争大于合作。

在俄罗斯-中亚地区，中国与中亚国家建立了良好的能源合作关系，中哈原油管道、中亚天然气管道和中俄油气管道成为连接中国和俄罗斯、中亚国家的能源大动脉。但是，除了单纯的能源贸易之外，中国与中亚国家在能源其他领域的合作还处于起步阶段。

与其他区域相比，东南亚与中国有很多的契合点。首先，中国与东南亚地理相邻，自古就存在密切的文化交流和贸易往来。从先秦时期百越民族的往来到海上丝绸之路的开通，千百年来，和平共处是中国和东南亚国家交流的主旋律。其次，中国与东南亚国家一直保持密切的政治合作关系。从1950年越南与新中国建交算起，现代意义上的中国与东南亚国家的外交关系已有70多年的历史。尽管仍面临一些不稳定因素，中国与东南亚国家深化发展战略对接，加强双方政治互信，建立长期稳定、友好合作的全面战略伙伴关系，已成为亚太区域合作的典范。再次，包括中国和东南亚在内的亚洲是世界经济发展最有活力的地区之一。除了新加坡和文莱之外，东南亚地区都是发展中国家，发展是中国和东南亚国家的第一要务。近年来，东南亚国家政局相对稳定、经济发展速度快、社会安定有序，吸引了包括中国在内的世界各国的注意力。目前，东盟已经成为中国第一大贸易伙伴和第二大投资目的地。最后，东南亚地区处理地区事务奉行"东盟方式"，与中国儒家成仁求德、安序求和思想相契合，与中国亲诚惠容的周边外交理念相呼应。未来，中国与东南亚携手同行，将成为亚洲乃至世界和平发展的动力源，为亚太地区与世界的稳定繁荣做出积极贡献。

（二）基于 DPSIR 模型的能源安全挑战及对策分析

通过前五章的分析可知，中国和东南亚在能源驱动力、压力、状态、影响和响应方面共同面临亟待解决的相似问题。

第一，在能源安全驱动力方面，中国和东南亚地区蕴藏较丰富的能源资源。由于地理位置相近，能源资源禀赋存在许多相似之处。在未来相当长一段时间内，人民日益增长的美好生活需要在需求侧对各类能源供给和能源服务的质量与数量提出新的要求，与当前供给侧存在的能源结构不合理、地域分布不平衡、能源发展不充分等客观现实，构成了中国和东南亚能源发展的主要矛盾。

第二，在能源安全压力方面，中国和东南亚能源安全问题的实质是能源储备和供应结构与能源消费结构不完全匹配，导致能源供需缺口不断扩大。同时，快速崛起的核能和可再生能源产业部分满足日益增长的能源需求，但发展不平衡、不充分的矛盾日益突出，中国和东南亚能源转型步伐受阻。此外，能源市场化改革和有效能源补贴问题使中国和东南亚面临前所未有的能源压力和挑战。

第三，在能源安全状态方面，由于利用和配置世界资源的能力相对较弱，中国和东南亚普遍面临对外依存度偏高、进口来源过于集中和缺乏定价话语权等问题，易受国际能源价格波动、运输通道安全和地缘政治风险等因素的影响，能源供应呈现多变、复杂和不稳定状态。同时，在国际气候治理和国内生态环境整治背景下，中国和东南亚的能源安全正在经历从以供应保障的稳定性为主向以使用的安全性为主的转变。但是，受资源禀赋、能源技术和所处经济发展阶段所限，中国和东南亚国家以煤为主的能源结构不仅不利于能源效率的提高，还带来严重的生态和环境问题。

第四，在能源安全影响方面，作为发展中国家/地区，中国和东南亚普遍面临着更严峻、更复杂的能源贫困问题。从用能水平、用能结构和用能能力三个衡量指标来看，中国和东南亚国家与世界平均水平还有一定差距。能源贫困不但损害人民身体健康，而且阻碍社会经济发展和文明进步。化石能源的大量使用还带来了环境、生态和气候等一系列问题。作为全球最易受气候变化影响的地区，中国和东南亚国家不得不承受热浪、风暴、干旱和洪水等气候灾害带来的人身和财产损失。

第五，在能源安全响应方面，面对能源紧缺、环境恶化和经济下行多重压力，中国和东南亚国家审时度势，努力利用好国内国际两个市场、两种资源，既立足国内，推动能源消费革命，抑制不合理能源消费，推动能源供给革命，建立多元供应体系，推动能源技术革命，带动相关产业升级，推动能源体制革命，打通能源发展快车道；又面向世界，积极参与全球能源治理，在开放格局中维护能源安全，通过更大范围、更宽领域和更深层次的能源合作，形成互利共赢的国际能源合作格局。既立足当前，保证化石能源供应充足、价格稳定，积极推进可再生能源的开发和利用，把“能源饭碗”牢牢端在自己手里；又着眼未来，制定国家能源战略规划，转变发展方式、调整能源结构、提高能源效率，推动能源体系清洁化低碳化变革。

总体而言，作为世界经济发展的重要引擎和热点地区，中国和东南亚国家在保障能源安全、促进绿色转型方面普遍面临“能源三难困境”（Energy

Trilemma)，即“能源安全、公平和生态”的三元悖论现象。如何最大限度地容纳较高水平的经济活动和能源消费，又不断提高能源服务的可靠性和可负担性，并减轻能源使用的环境后果，是其将面临的长期性挑战①。独行快、众行远！中国和东南亚国家面对共同的能源安全挑战，只有和衷共济、合作共赢。

（三）面向未来的重塑国际能源格局的角色分析

2020 年新冠肺炎疫情重创国际能源市场，“逆向石油危机”② 将国际能源秩序改革再次提上日程，构建中国—东南亚能源安全体系是其中重要一环。

首先，这是保障国际能源持续稳定供应的需要。国际能源持续稳定供应是中国和东南亚国家能源安全的首要目标。中国和东南亚国家正处于工业化和城市化快速发展阶段，经济发展对能源的依赖度高。若能源出现中断或者短缺，会给经济和社会带来巨大的冲击和惨重的损失，危及社会稳定和有序发展。

其次，这是确保国际能源价格稳定、可支付的需要。能源价格波动对中国和东南亚宏观经济的冲击非常大。特别是油价上涨导致制造业 PMI 持续下滑，不利于经济发展和社会稳定。长期以来，中国和东南亚部分能源进口国饱受“亚洲溢价”的困扰，并为此支付了更多的进口成本，增加了国家的财政负担和人民的生活压力。作为世界上重要的能源消费国/地区，中国和东南亚在能源价格上存在共同利益和诉求。

再次，这是避免能源竞争引发地区冲突的需要。能源资源的稀缺性和不可再生性，使以能源为诉求的冲突、战争频发。未来世界能源需求的变动趋势对国家能源安全的影响，将主要集中在各消费中心地区或各消费大

---

① IEA, *Southeast Asia Energy Outlook 2017*, October 2017.

② “逆向石油危机”是指西方石油消费国或进口国减少石油“需求”等因素而引发油价暴跌，导致石油生产国或输出国收入减少、经济衰退的现象。参见舒先林《美国中东石油战略的经济机制及启示》，《世界经济与政治论坛》2005 年第 1 期，第 89 页。

国间，即主要为能源需求者之间的竞争[①]。目前，除了文莱自给自足之外，中国和其他东南亚国家都需要进口部分能源。不难想象，若处于危机或战争状态，中国和东南亚任何一国“自助”获取能源都会加剧区域能源安全困境。此外，中国与东南亚部分国家存在澜湄水资源问题和南海主权归属及海洋资源开发争议，“面对域外大国插手搅局和声索国内部政治斗争等不确定因素，抓住‘准则’磋商的契机，为南海合作订立一套行之有效的规则、规范和制度体系，是中国与东盟国家最为现实的选择”[②]。

最后，能源安全是中国和东南亚能源供应国、过境国和需求国的共同关切。东南亚既有印尼、马来西亚、文莱和越南这样的能源供应国，也有印尼、马来西亚、新加坡和缅甸这样的能源过境国，还有新加坡、菲律宾、泰国和老挝这样的能源需求国。中国与东南亚国家同时存在能源的进出口与过境关系。在当今的能源市场关系中，能源供应国、能源过境国、能源需求国之间正形成稳定、可持续发展的共同利益和主体—主体关系[③]。中国和东南亚之间的能源竞合和合作多于能源竞争（见图 6-1），有利于塑造“集体身份认同”，最终将形成相互依赖的能源安全体系。

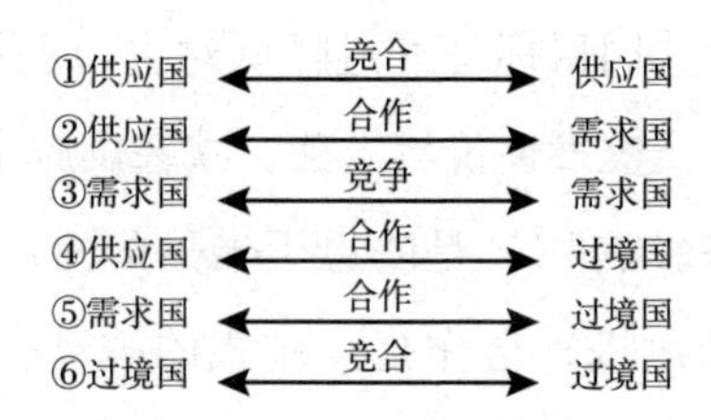

图 6-1　能源供应国、需求国、过境国之间的关系

资料来源：吴磊、许剑：《论能源安全的公共产品属性与能源安全共同体构建》，《国际安全研究》2020 年第 5 期，第 22 页。

---

① 孙霞：《关于能源安全合作的理论探索》，《社会科学》2008 年第 5 期，第 47 页。

② 吴士存、陈相秒：《中国—东盟南海合作回顾与展望：基于规则构建的考量》，《亚太安全与海洋研究》2019 年第 6 期，第 39 页。

③ 吴磊、许剑：《论能源安全的公共产品属性与能源安全共同体构建》，《国际安全研究》2020 年第 5 期，第 21 页。

无论是从世界和地区经济发展史的角度，还是从区域资源禀赋的角度，抑或是从承接国际产业转移的角度看，东南亚都将成为下一轮世界经济快速发展的重点区域①。中国要把握机遇，抓紧以东南亚为重点的国际能源布局。

二　中国和东南亚能源安全体系构建

能源合作既是中国和东盟的重要合作领域，也是中国和东盟推进“一带一路”建设的重要组成部分。因此，要把中国和东南亚能源合作放在“一带一路”大背景下去研究和思考。接下来，中国和东南亚国家构建能源安全体系需要回答三个重要问题：在什么情况下开展合作？合作由谁来主导？合作的路径是什么？

首先，合作的时机。“罗伯特·J. 利伯认为，能源安全合作的标准在三个不同的状态间变动：没有突发事件的时期、供应短缺在国际能源机构紧急情况反应机制规定的7%的限度以下、完全的能源危机。第一种状态提供了最广泛的合作机会，其共同目标是通过降低对进口石油的依赖或实施国家/多边危机预警机制，防止突发性价格上涨，减轻供应中断的脆弱性，控制早期价格上涨带来的经济影响”②，是防患于未然的主动合作。第二种（供应短缺）和第三种（能源危机）合作是反应式的被动合作。目前，中国和东南亚国家均未建立统一完备的能源储备体系，也没有成熟完善的协商机制和平台。一旦处于第二种或第三种状态，合作已经困难甚至无法合作。因此，本研究所定义的能源安全合作是第一种广泛意义上的合作。

其次，合作的动力。能源安全合作的动力有两种：市场利益驱动和政府

---

① 《RCEP 生效后区域能源合作前景及中国企业应对建议》，电力工业网，2021 年 1 月 17 日，http://www.chinapower.org.cn/detail/318772.html。

② Robert J. Lieber, the Oil Decade: Conflict and Cooperation in the West, New York: Praeger Publishers CBS Educational and Professional Publishing, 1983, pp. 6-7. 参见孙霞《关于能源安全合作的理论探索》，《社会科学》2008 年第 5 期，第 49 页。

认同主导。在市场经济发达的国家，能源开发和投资在完全自由的条件下进行，国家间的能源合作在各能源机构和跨国石油公司之间进行；而在市场经济不完善的国家，能源开发和投资受国家的指导和调控，国家间的能源合作也只能由政府主导。包括东南亚在内的亚洲国家，政府在国家经济社会事务中一直占据优势地位。中国和东南亚的能源安全合作应开端于政府，因为其源于国家对能源安全的担忧和未雨绸缪，离不开政府“有形的手”，但是，需要市场经济利润推动，因为市场是资源配置的有效手段，市场“无形的手”也不可或缺。需要注意的是，东盟是东南亚地区唯一的区域合作组织，中国与东南亚的能源合作着眼于“中国—东盟”和“中国—东南亚国家”的双向互动：一方面要和东盟对接，另一方面也不能忽视各国政府的作用，要从东盟和国家两个层次着手。

最后，合作的路径。真正作用于能源合作的变量有两个：制度和认同。合作的过程也可以看作一个共同观念通过制度发挥作用和影响的过程和结果。认同和制度的相互嵌入式作用过程，是形成合作的关键[①]。欧盟之所以能够紧密合作，在于制度约束，更在于观念认同，即共同体意识。中国和东南亚国家目前缺乏完善的合作机制，在合作意识上也亟待增强。因此，在制度建设中形成地区认同，在地区认同中推动制度建设将是中国和东南亚国家能源合作的必由之路。

“在 1973 年和 1979 年两次石油危机中，西方国家在能源安全理论建构、政策法规、体制保障及其战略实践方面积累了丰富的经验。”[②] 从西方国家的经验看，“能源安全体系的内在机制建构普遍遵循了‘政策、法律和体制’三位一体的思路，政策、法律和体制三者之间相辅相成”[③]。根据中国国情和实际，在借鉴西方经验的基础上，中国和东南亚能源安全体系也要从能源安全政策、能源安全法律和能源安全体制三个方面进行建设。此外，观念认同可以凝聚共识、推进合作。中国文化自古代就传入东南亚，至今仍有

① 孙霞：《关于能源安全合作的理论探索》，《社会科学》2008 年第 5 期，第 51 页。

② 吴磊：《能源安全体系建构的理论与实践》，《阿拉伯世界研究》2009 年第 1 期，第 37 页。

③ 吴磊：《能源安全体系建构的理论与实践》，《阿拉伯世界研究》2009 年第 1 期，第 38 页。

大量的中国文化元素深刻地影响着该地区。面对西方丛林文化冲击，加强能源安全文化建设是构建中国和东南亚能源安全体系的必然要求。

（一）加强能源安全政策建设

政策是行动准则和指导方针。能源政策事关国计民生和国家安全，必须高度重视和积极应对。在国际能源转型的背景下，中国和东南亚能源政策的核心是保障国家能源安全，方向是能源清洁化、低碳化发展，重点是构建多元化供需体系，杠杆是提高能效和节能减排，突破口是扩大开放和技术创新。

从外部来看，为防范能源短缺、供应中断和价格波动，中国和东盟要建立联合议价机制，积极开展能源外交，与能源供应国开展平等对话，开辟多元化能源供应渠道，建立油气战略储备应急机制等（见图 6-2）。

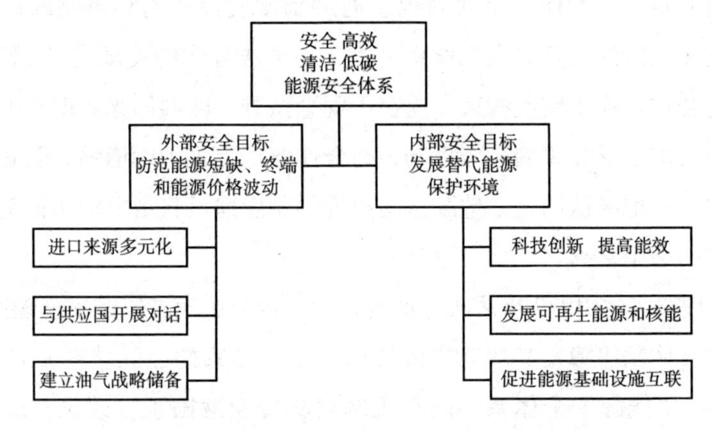

图 6-2　中国—东盟能源安全体系

中国和东南亚国家对石油进口的依赖普遍较深，所依赖的石油供应来源和运输通道也基本一致。因此，中国和东南亚可以效仿 IEA，考虑建立发展中国家能源消费国组织，与 OPEC 组织开展平等对话，保障石油稳定供应，消除石油“亚洲溢价”。这个组织可以整合现有的多边区域、次区域和双边能源合作平台和机制，比如东亚峰会合作机制、东盟 10+3 合作机制、东盟

10+1 合作机制、GMS 合作机制下的中国—东盟能源合作，从加强能源信息交流、促进能源投资和贸易便利化、保障能源战略通道通畅、争取亚洲石油定价权、加强能效和节能合作、促进可再生能源开发和推动区域能源市场一体化建设等方面分阶段分步骤建立。此外，能源安全不是零和博弈，而是在竞争中寻求合作共赢。中国和东南亚要妥善处理与域外大国的关系，化能源竞争为能源合作，形成各国间利益相互依赖的局面。

同时，“鸡蛋不要放在一个篮子里”。俄罗斯—中亚地区蕴藏大量油气资源，可以成为中国—东南亚能源进口多元化的主要方向。目前，在中国北方，俄罗斯通过中俄天然气管道东线和中俄原油管道向中国供应油气；在中国西部，哈萨克斯坦通过中哈油气管道向中国供应油气，土库曼斯坦和乌兹别克斯坦通过中亚天然气管道向中国供应天然气。未来，中国可以通过现有管道将俄罗斯—中亚地区的油气输往东南亚地区，成为东南亚的过境国。

中国和东南亚国家对石油进口依赖严重。石油储备是应对能源短缺、平抑油价波动和保障能源安全的重要方式。IEA 规定成员国保持相当于 90 天进口石油量的储备，但实际上各国的石油储备总量都超过了 90 天。中国自 2003 年开始筹划国家石油战略储备，计划用 15 年的时间分三期[①]完成油库等硬件设施建设。根据《国家石油储备中长期规划（2008-2020 年）》，到 2020 年前要形成相当于 100 天净进口量的储备量。但是，与日本战略石油储备高达 9 亿桶、美国超过 20 亿桶相比，中国还有很大差距。

东南亚国家的石油战略储备严重不足。2017 年，越南批准一项有关石油和石油产品储备系统的总体规划，目标是到 2020 年实现 90 天的战略储备。印尼于 2016 年开始安装并填充储罐，计划建立可以在紧急情况下使用 30 天的战略石油储备。中国和东南亚国家应抓住当前机遇期，分阶段、有计划地扩充石油战略储备，同时充分发挥商业储备设施效能，进一步增强应

① 第一期为 1000 万吨至 1200 万吨，约等于我国 30 天的净石油进口量；第二期和第三期分别为 2800 万吨。

对国际石油突然断供风险的能力[①]。

建立能源储备体系是一项投资大、周期长、涉及面广的系统工程。首先，中国和东南亚应坚持“先立法、后储备”的原则，就能源储备的宗旨、目标、规模、体制、管理、资金、布局和动用等做出具体法律规定。其次，根据 IEA 成功经验，东南亚的能源储备应该分阶段进行。再次，从各国国情出发确定战略能源储备方式。国际上一般采取政府储备与企业储备并举的方式——政府储备为应急战略储备，应对供应中断；企业储备分为不可动用储备和可动用储备两部分，企业可将可动用储备在国际能源市场上进行交易，获得利润。最后，关于储备方式与基地选址与布局。政府储备主要是原油，未来应该增加天然气；企业储备不限品种，以便于生产经营为原则进行储备基地选址与布局。值得注意的是，增加储备并不等于安全。面对 3・11 大地震，日本石油战略储备并未发挥应有作用。因此，中国和东南亚还要增强大地震、大海啸等非传统安全因素的应对能力。

从内部来看，为减少对化石能源的过度依赖和实现环境安全，中国和东南亚要大力发展可再生能源，提高能源利用效率，减少温室气体排放，促进能源基础设施互联互通。

作为能源相对匮乏的发展中国家/地区，推动能源技术进步对中国和东南亚国家保障能源供应安全、调整能源结构、提高能源利用效率和保护国土生态环境都具有极为重要的战略意义。中国是能源生产和消费大国，也是能源技术发展的重要推动力量[②]。新中国成立 70 多年来，中国实现了从跟随模仿到并行引领的巨大转变，走上了动力转换、创新发展的新道路。除了新加坡之外，大部分东南亚国家缺乏能源科技创新人才，尚未形成支撑能源产业快速发展的科技服务体系。从整体上看，中国在清洁能源方面已是全球引领者，其他能源技术也优于东南亚大部分国家。因此，中国可以利用现有的

① 吴磊：《新冠疫情下的石油危机及其影响评析》，《当代世界》2020 年第 6 期，第 24 页。

② 《专访：中国是能源技术发展的重要推动力——访国际能源署执行干事法提赫・比罗尔》，中华人民共和国中央人民政府，2019 年 1 月 26 日，http：//www.gov.cn/xinwen/2019-01/26/content_ 5361457.htm。

培训机构，为东南亚国家能源技术人员提供短期培训；利用政府奖学金吸引留学生就读能源相关专业，并鼓励中国能源技术人员和研究机构走出国门，开展技术实验、示范和推广。中国在清洁能源领域有着丰富的开发经验和世界领先的技术。2017 年 10 月和 2018 年 5 月，中国—东盟清洁能源能力建设计划[①]会议分别在杭州和西安召开。会议通过分享清洁能源发展政策规划和技术应用等经验，有力地推动了区域清洁能源可持续发展，推进了相关领域的核心人才交流建设。

能源效率已成为世界各国能源政策的重要基石。中国和东南亚均将提高能源利用效率视为控制能源需求增长和减少温室气体排放的重要途径。自 1998 年颁布《节约能源法》以来，中国能效水平日益提高，并为全球能效提升做出了突出的贡献。1998~2017 年，中国能源消费强度持续下降，总体下降幅度近 40%[②]。但是，中国能效提升还有巨大的潜力，今后要继续提高能效标准，推动能效技术研发推广，提高社会资本和企业的参与度。能源效率也是东南亚能源转型的重要组成部分。在各国政策鼓励和国际社会帮助下，东南亚能源效率的提高在一定程度上抵消了需求的增长。虽然政府越来越多地采取节能措施，但能源效率仅占东南亚能源投资的 5%左右。中国和东南亚国家可以借鉴彼此有效的节能措施和经验，提高化石能源的使用效率，实现节能降耗的共同目标。

为减轻对化石能源的依赖，包括可再生能源和核能在内的替代能源日益受到中国和东南亚国家的重视。目前，中国已成为世界上第一大非化石能源电力生产国和消费国。但中国仍向国际社会郑重承诺：2020 年、2030 年，中国非化石能源消费占一次能源消费比重分别达到 15%和 20%，2030 年实现碳排放达峰。在 2020 年第 75 届联合国大会上，中国进一步承诺，“中国

① 该计划由水电水利规划设计总院和东盟能源中心共同实施，每年组织一期能力建设交流项目，针对一个专题领域（抽水蓄能、风电、太阳能、核电、传统水电），邀请中国和东盟国家的政策或技术官员进行研讨。该计划以“十年百位政策技术骨干”为目标，针对传统水电、抽水蓄能、风电、太阳能发电、核电五大领域，在未来 10 年内，为东盟国家培养百位政策技术骨干。

② 中国能效经济委员会：《中国能效 2018》（中文版），2018 年 12 月，第 60 页。

将提高国家自主贡献力度，采取更加有力的政策和措施，二氧化碳排放力争于 2030 年前达到峰值，努力争取 2060 年前实现碳中和”[①]。要达成上述目标，中国经济体系、能源体系、技术体系等各方面都要经历艰难蜕变。2015 年，第 33 届东盟能源部长级会议曾提出到 2025 年可再生能源在一次能源结构中的占比提高到 23%。但从成员国现有可再生能源政策来看，实际行动无法达到预期目标。可再生能源和核能的开发利用开辟了中国和东盟能源合作新的领域。中国在可再生能源和核能政策研究、技术创新、开发建设等方面积累了丰富的经验，可以通过技术标准对接、加强协作、联合研发、加快能力建设、促进技术交流、加强信息共享等方式推动电力合作。同时，东南亚各类可再生能源的发展要结合“源—网—荷—储”和智慧管理系统，实现协调可持续发展。

跨境电网和跨国油气管线的互联互通可以优化能源结构、实现能源优化高效配置。东盟电网和跨东盟天然气管道是东盟加强区域内能源基础设施互联互通的两个重要项目。但是，截至 2019 年 6 月，东盟电网进展缓慢，只有 14 个互联子项目投入商业运营；跨东盟天然气管道建设受阻，只有泰国、缅甸、印尼、新加坡、马来西亚和越南 6 个成员国通过 13 条总长度为 3673 公里的跨东盟天然气管道相互联通。目前，中国在 GMS 合作机制下与老挝、越南和缅甸开展电力合作。接下来，中国和东南亚要抓住“一带一路”建设机遇，借鉴北美电网、北美天然气网络、欧洲电力网络的成功经验，利用中国先进的特高压输电技术，参与东盟电网项目建设。同时，中国要对接《东盟互联互通总体规划 2025》，优先推动能源基础设施的互联互通项目，降低能源贸易的物流成本，加快中国—东南亚能源市场一体化进程。此外，中国和东南亚要加强沟通和协调，提供资金、技术和人员培训，共同确保马六甲海峡和中缅油气管道等能源战略通道安全畅通。同时，中国还可以与东

① 英国标准协会（BSI）在碳中和标准（PAS 2060）中指出“碳中和是指一标的物相关的温室气体排放，并未造成全球排放到大气中的温室气体产生净增加量。”参见邓明君、罗文兵、尹立娟《国外碳中和理论研究与实践发展述评》，《资源科学》2013 年第 5 期，第 1084 页。

南亚国家探讨开辟新能源运输通道的可能性，比如泰国克拉地峡和海陆联运陆桥、中越油气管道等。

总而言之，加强政策沟通是“一带一路”建设的重要保障，也是中国和东南亚能源合作的重要保障。政策沟通是一个从达成共识到相互包容、再从战略对接到务实合作的渐进过程，要建立开放、民主、包容的能源政策制定机制，将不同国家的不同能源需求转化为科学的能源战略和规划纲要，并将这些战略和纲要具体体现在政策内容上。要特别注意协调解决能源合作中存在的风险分担、利益协调和规则标准对接等各类问题，促成中国和东南亚国家形成趋向基本一致的能源战略、决策、政策和规则，不断增进政治互信，深化能源利益融合，达成能源合作新共识。此外，中国要主动提高能源合作塑造力，结合本国和东南亚实际，提出有利于加强合作、容易被广大国家接受、包含新理念新思想的议题，比如“构建能源命运共同体”、积极参与东盟能源合作政策和规则的制定、促进东盟及其成员国能源安全政策的创新和迭代，助力中国与东南亚能源合作战略目标的实现。

（二）加强能源安全法律建设

法律是制定和实施政策的依据和规范。能源法律是调整能源领域中各种社会关系的法律规范的总称。众所周知，欧盟能源安全战略之所以能在实践中取得成效，很重要的原因在于各项战略目标和措施能够依靠法律的手段顺利落实[①]。因此，要确保中国和东南亚能源安全政策有效实施，就需要对法律制度进行充分建构，为各国采取共同行动提供法律依据。

中国和东南亚国家现有能源合作法律体系不完整，能源贸易和投资制度散见于各种双边、多边贸易与投资协定中，尚未形成总体性法律框架。中国与东南亚国家签订了400多项双边、多边协定。其中，涉及能源合作的相关条款和协定主要有三类。第一类是战略协定与友好合作协定中有关能源合作的条款，为能源领域合作确立了总体原则，较少规定缔约国在能源合作领域

① 杨光：《欧盟能源安全战略及其启示》，《欧洲研究》2007年第5期，第68页。

的具体权利和义务。第二类是分散在双边投资协定中涉及能源合作的相关条款和能源贸易与投资专项协定，这是目前调整地区国家间能源法律关系和规范能源合作的主要制度基石。第三类是考虑到能源合作中一些领域的独特性与重要性，针对这些领域缔结的双边或多边合作的专门协议，如管道运输方面的中缅油气管道运输协议、能源科技合作方面的《中国和东盟领导人关于可持续发展的联合声明》等[①]。现有能源合作法律机制存在明显短板：一般性双边合作协定中涉及能源合作领域的条款往往仅调整某一领域的能源法律关系，覆盖性不强；专门性的能源合作协议虽然涵盖领域较广，但法律层级较低。[②]

中国一方面要借助 WTO 协议和中国—东盟自贸协议中有关货物贸易、服务贸易和投资的规定，推动东盟开展国际能源合作立法工作，研究、制定促进政策实施的法律法规，加快修改、完善现有法律法规，形成基本完善的能源合作法律体系；另一方面要依靠推动东盟制定明确而具有行为约束力的考核和奖惩制度，增强能源合作集体行动的确定性，提高能源合作的效率和执行力。同时，中国要熟悉东南亚相关国家能源战略和政策，就能源产品的出口限制行为、能源服务的准入障碍、对东道国能源投资准入管辖权的控制、东道国对外国投资者的利益剥夺行为等问题与各国政府联合制定相关法律法规，完善与能源投资、贸易和工程建设相关的国际争端解决机制。

然而，当前最紧迫的任务是缓和并化解中国与部分东南亚国家在南海问题和澜湄水资源问题上的危机，避免相关问题国际化和复杂化，影响中国和东南亚能源合作的大局。

在某种程度上说，南海问题实质就是资源争端。20 世纪 70 年代末，中国政府就在南海问题上形成了“主权归我，搁置争议，共同开发”的思想。2002 年，中国和东盟国家签署《南海各方行为宣言》，就开展海上合作达成

---

① 《完善中国与东盟国家能源合作的制度框架与机制平台》，中国南海研究院，2016 年 12 月 27 日，http：//www. nanhai. org. cn/review_ c/187. html。

② 《完善中国与东盟国家能源合作的制度框架与机制平台》，中国南海研究院，2016 年 12 月 27 日，http：//www. nanhai. org. cn/review_ c/187. html。

一致。2005年，中菲越三国签署《在南中国海协议区三方联合海洋地震工作协议》，朝着“搁置争议，共同开发”迈出重要一步。但是，在2008年执行期满后，菲律宾单方面与西方石油公司签署合同，在礼乐滩海域进行非法油气勘探活动，并试图对有争议的GSEC-101区块进行商业开发。越南也在有争议的万安滩海域133、134区块和南沙海域119区块招标，拉拢西方石油公司介入。“南海仲裁案”后，美国直接介入南海，将单纯的南海主权声索国之间的海洋领土主权与海洋权益的争议，变成了亚太地区最为紧张的地缘战略博弈的焦点[①]。

近年来，随着东南亚陆上油气资源减产和枯竭，部分声索国在争议海域油气富集区的单边勘探开发活动屡禁不止，且力度逐年加大。当前，南海油气共同开发仍属于敏感领域，存在政治意愿、合作海域和模式选择等分歧。但是，这几年中国和东盟国家所做的努力充分证明，地区国家完全有信心、有能力也有智慧妥善管控分歧。接下来，中国与东盟国家在南海问题上还是要继续坚持两条腿走路，一是排除干扰，推进“南海行为准则”磋商，力争尽快达成符合国际法、符合各方需要、更具实质内容、更为行之有效的地区规则；二是继续全面有效落实《南海各方行为宣言》，不断凝聚共识、增强互信、推进合作，共同维护好南海的总体稳定[②]。

中国与中南半岛国家“同饮一江水、命运紧相连”。近年来，随着电力需求不断增加，澜沧江-湄公河沿岸国家纷纷启动水电资源开发，引发彼此之间的水资源治理争端和利益分歧。比如，中国在上游澜沧江的梯级水电开发，老挝在湄公河干流的水电开发，越南和柬埔寨在共享的湄公河支流桑河（Se San）、斯雷伯克河（Sre Pok）和公河（Se Kong）上兴建系列水电站

---

① 《朱锋：南海问题的本质是什么》，中国南海研究协同创新中心，2016年5月24日，https://nanhai.nju.edu.cn/40/4d/c5320a147533/page.htm。

② 《国务委员兼外交部长王毅就中国外交政策和对外关系回答中外记者提问》，外交部，2021年3月7日，https://www.fmprc.gov.cn/web/wjbz_673089/zyjh_673099/202103/t20210307_9889223.shtml。

等。由于美日印等域外大国的介入[①]，炒作湄公河水资源问题，挑拨中国和地区国家关系，澜湄水资源治理的难度和复杂性有所增加。

为加快次区域国家全方位合作进程，在中国倡议下，2016 年 3 月，澜湄合作首次领导人会议在海南三亚举行，正式建立澜湄合作机制。根据三亚宣言精神，在中国设立澜湄水资源合作中心作为六国水资源合作的综合平台。当前，“澜湄合作在早期项目合作、机制建设、资金投入等方面取得一系列实质性进展，已从试探性地确定大致合作方向的‘培育期’进入了辐射更多面、落到具体操作层面的‘成长期’”[②]。未来，中国要主动承担上游国家责任，与下游国家一起，加快澜湄水资源合作相关法律制定和实施，在开发的同时兼顾环境和民生，将澜湄水资源合作推向新高度。

（三）加强能源安全体制建设

体制是有关组织形式的制度，为政策和法律的调整、修改和完善提供制度化保障。罗伯特·基欧汉和小约瑟夫·奈认为，在能源政治尤其是能源安全问题上，国际机制不仅能防止国际能源关系的无政府状态，而且能有效促进相互依存的世界能源领域里的国际合作[③]。IEA 是西方集体能源安全体制的集中表现，是西方成功维护能源安全的关键。

能源公共产品长期以来属于“俱乐部产品”[④]。目前，国际上存在多个国际能源机构或组织，比如 IEA、OPEC、国际能源宪章和国际可再生能源机构

① 澜湄现有合作机制包括：亚开行发起的大湄公河次区域经济合作机制（GMS）、越老泰柬四国发起的湄公河委员会（MRC）、东盟发起的东盟—湄公河流域开发合作（AMBDC）、日本发起的日本与东盟经济合作伙伴协议（AJCEP）和日本—湄公河合作伙伴计划、美国发起的湄公河下游倡议（LMI）、韩国发起的韩国—湄公河国家外长会议、印度发起的湄公河—恒河合作倡议（MGCI）。

② 任俊霖、彭梓倩、孙博文、李浩：《澜湄水资源合作机制》，《自然资源学报》2019 年第 2 期，第 257 页。

③ 余建华、戴轶尘：《多维理论视域中的能源政治与安全观》，《阿拉伯世界研究》2012 年第 2 期，第 112 页。

④ 吴磊、许剑：《论能源安全的公共产品属性与能源安全共同体构建》，《国际安全研究》2020 年第 5 期，第 16 页。

（IREAN）等。IEA 和 OPEC 都是区域性的：前者是发达国家的能源俱乐部，其合作目的、内容与中国、印尼、泰国和新加坡等经济发展和能源供需情况并不契合；后者只有印尼是其成员国，且常因生产配额产生内部分歧与不和。国际能源宪章致力于加强能源生产国与消费国之间、国家与企业之间、企业与企业之间多维度对话并推动能源多边合作，但是东盟各国参与的政治意愿不高。IREAN 是专门性的能源组织，仅关注推动可再生能源向广泛普及和可持续利用的快速转变。联合国能源机制（UN-Energy）是全球性的，包括了 20 个联合国机构，但是能源治理存在明显缺陷，并无实质性权力和影响，只是一个交流意见的平台。总之，现有能源合作机制不能满足中国与东盟国家的实际需要。

目前，由于中国与东南亚能源安全政策不到位和法律不完善，管理体制改革和制度创新也无起色，能源合作中缺乏强有力的区域协调机制。中国已与东盟建立了一些能源对话与合作机制，但缺乏政府的务实合作，易受外部因素影响，与稳定的地区性协调机制相差甚远。

第一，以能源领域为主要调整对象的“专门性的机制主要有中-印尼能源论坛、‘10+3 能源部长级会议’[①]、APEC 能源工作组[②]以及中越北部湾油气联合勘探开发制度[③]和中菲越南海油气资源联合调查制度[④]等”[⑤]。这些专

① 10+3 能源部长级会议成立于 2003 年，每年召开一次会议，由东盟成员国轮流主办。具体运作机构是能源高官会，下设能源安全、石油市场、石油储备、天然气、可再生能源与能效 5 个论坛。2004 年 6 月，中国加入。

② APEC 能源工作组是 APEC 框架下的一个基于自愿和协商一致原则基础上的区域性能源论坛，每年定期召开 2 次，由 21 个经济体轮流主办。设有清洁化石能源专家组、能源数据分析专家组、能效和节能专家组、新能源和可再生能源专家组、低碳示范城镇任务组、能源弹性任务组、APEC 可持续能源中心、APEC 能源研究中心等多个合作机制。中国与除缅甸、柬埔寨和老挝之外的东盟国家都是 APEC 成员。

③ 2005 年 10 月和 11 月，中海油分别与越南石油总公司和越南油气总公司签署《北部湾油气合作框架协议》和《北部湾协议区联合勘探协议》，三方将联合勘察开发北部湾协议区的油气资源。

④ 2005 年 3 月，中海油、菲律宾国家石油公司和越南油气总公司在马尼拉签署《南中国海协议区三方联合海洋地震工作协议》，开展联合海洋地震工作，是三国落实《南海各方行为宣言》的重要举措。

⑤ 张艾妮、陆江：《南海油气资源开发的国际法思考——中国东盟框架下构建南海能源共同体》，《法制与经济》（中旬刊）2013 年第 9 期，第 86 页。

门性机制“要么属于能源企业之间的合作，法律层次较低，如中越菲南海油气资源联合调查制度和中越北部湾油气联合勘探开发制度，要么属于政府间的对话水平，并无严格的法律约束力，如‘10+3 能源部长级会议’、APEC 能源工作组、中-印尼能源论坛”[①]。“只有‘GMS 经济合作’框架下的 GMS 电力贸易合作，以及中缅两国之间的油气管道合作，属于中国与东盟成员国之间专门性的法律机制，但参与国有限，不具有普遍性。”[②]

第二，在调整对象中包含能源领域的综合性机制有“中国—东盟自由贸易区（CAFTA）、大湄公河次区域经济合作机制（GMS）、亚洲地区反海盗及武装劫船合作（ReCAAP）、非传统安全合作（CANSC）、东盟地区论坛（ARF）和区域全面经济伙伴关系协定（RCEP）。CAFTA 为中国与东盟的能源贸易、投资、争端解决提供了一定的制度框架；GMS 主要为中国与部分东盟国家的电力贸易提供了规则约束；ReCAAP 加强了中国和东盟打击海盗和武装劫船活动的信息合作，对维护能源通道安全具有积极意义；CANSC 所涉内容广泛，几乎涵盖能源领域的所有方面；ARF 是亚太地区最重要的官方多边政治与安全对话合作机制，为政治军事等领域的中国—东盟能源安全合作，提供了对话的平台”[③]。这些综合性机制存在具有法律拘束力的规则，但多数未对能源方面进行专门考虑，存在调整范围过宽、效率低下等缺陷。RCEP 对中国和东南亚国家能源行业发展是柄“双刃剑”，既创造了深化能源合作的重大机遇，有利于形成新的国际能源产业分工格局，又加剧了能源地缘博弈的风险，进一步固化能源化工领域分工格局。

此外，在方兴未艾的清洁能源开发领域，中国和东南亚至今尚未建立高

① 谭民：《中国—东盟能源贸易与投资合作法律问题研究》，武汉大学，博士学位论文，2013，第 27 页。

② 谭民：《中国—东盟能源贸易与投资合作法律问题研究》，武汉大学，博士学位论文，2013，第 32 页。

③ 谭民：《中国—东盟能源安全合作及其国际法律保障》，《云南民族大学学报》（哲学社会科学版）2012 年第 2 期，第 105 页。

级别的对话机制和平台。东亚峰会清洁能源论坛[①]、中国—东盟清洁能源能力建设计划、东盟 10+3 清洁能源圆桌会议[②]建立时间不长，还不完善，对推动清洁能源合作作用有限。

总而言之，中国与东盟能源合作机制化尚处于初级阶段，迫切需要建立涵盖多方面的长久性的联动机制来驱动现有的双边合作向深层次发展[③]。中国至今未设立能源部，现有的国家能源局级别较低，开展合作时存在级别不对称、行政资源不足等问题。因此，从中国自身来看，要理顺对外能源合作的主管部门与协调机构，从国家、政府主管部门到企业角度提高对外能源合作的一致性与可操作性。能源部的建立目前看来，不仅是必要的和紧迫的，而且在其之上还应建立类似美国“联邦能源委员会”的更权威的决策机构[④]。从现有能源合作机制来看，整合资源是关键所在。要妥善处理能源合作“机制拥堵”困境，克服“机制竞争”给能源治理带来的负面影响，避免“机制合作”产生的能源合作效率低下，将“机制竞争”与“机制合作”相融合，实现双赢或多赢。

（四）加强能源安全文化建设

国之交在于民相亲，民相亲在于心相交。中国与东南亚国家政治制度不同、经济发展水平不同、历史文化不同、宗教信仰不同，存在不同认知和看法是正常的。然而，当今世界之痛，很大程度在于民心不通。[⑤] 近年来，中国周边国家的极端民族主义和民粹主义泛滥。在敌对势力所谓“中国威胁

---

① 2014 年 8 月，第一届东亚峰会清洁能源论坛在中国四川省召开，这是中国与东盟国家第一次就清洁能源合作与发展举办会议。2015 年 7 月，2017 年 7 月，2019 年 6 月，分别在海口、昆明和深圳举办第二、三、四届论坛。

② 2018 年 6 月，第一届东盟 10+3 清洁能源圆桌会议在新加坡召开，讨论了清洁能源的发展国策和发展目标。会上，由东盟能源中心与中国水电水利规划设计总院联合编制的《东盟可再生能源上网电价（FIT）机制报告》正式发布。

③ 吴俊强、陈长瑶、骆华松、胡志丁：《中国—东盟自由贸易区的能源安全问题及对策》，《世界地理研究》2014 年第 2 期，第 43~44 页。

④ 吴磊：《能源安全体系建构的理论与实践》，《阿拉伯世界研究》2009 年第 1 期，第 41 页。

⑤ 王义桅：《公共外交的本质是民心相通》，《北京日报》2020 年 3 月 9 日。

论”的恶意渲染下，加之南海争端和澜湄水资源问题，部分东南亚国家民众对中国能源合作心存戒备和偏见。尽管中国与东南亚国家的交往日益频繁，对人文交流的投入不断增多，但相互之间的正确理解任重道远。

中国和东南亚能源合作持续发展的原动力在于人民。但是，在一些别有用心的个人、机构和媒体的丑化下，东南亚国家民众对中国正常的能源开发冠以“中国威胁论”“新殖民主义”等错误解读。究其原因，就在于中国在东南亚地区的人文交流与合作相对滞后，存在明显的“四重四轻”问题：重引进，轻教育；重政府行为，轻民间沟通；重传统文化，轻创意与创新；重形式，轻实效[①]。因此，在继续保持高层交往，加强政府部门和政党、议会等交流的同时，应建立媒体、企业、华人华侨、智库和民间团体交流平台，在第二轨道上就能源合作进行民心交流，夯实能源合作的民意基础。

第一，在东盟及“21 世纪海上丝绸之路”构想下的人文交流与合作应弘扬和平合作、开放包容、互学互鉴、互利共赢的“丝路精神”，在不同文化、不同国情、不同制度、不同发展阶段的东南亚国家人民之间搭建理解、信任与合作的桥梁。中国要从文化上推动民心相通，创新文化互动方式，增进文化认同感……在交流中增进彼此对对方诸多方面文化的引进、接受和认同[②]。

第二，“媒体作为开展交流合作、促进民心相通的桥梁”[③]，发挥着重要而独特的作用。习近平总书记寄语媒体做“友好交往的传播者、务实合作的推动者、和谐共处的守望者”。中国媒体要积极推动完善合作机制、拓展合作领域、提升合作层次，提升能源国际合作政策的解释力和宣传力，积极报道生动感人的中国—东盟友好故事，为中国—东盟战略伙伴关系深入发展、能源合作提质升级积蓄正能量。在宣传工作中，避免带有意识形态色彩

① 曹云华：《关键是民心相通——关于中国—东南亚人文交流的若干问题》，《对外传播》2016 年第 5 期，第 5~6 页。

② 贺圣达：《文化认同与中国同周边东南亚国家民心相通》，《云南社会科学》2018 年第 6 期，第 180 页。

③ 《习近平向中国—东盟媒体交流年开幕式致贺信》，《人民日报》2019 年 2 月 20 日。

和官方色彩，注意发挥云南、广东、福建和广西的地域、民族文化在人文交流中的重要作用。这些文化既是中华文化的重要组成部分，又与东南亚有不同程度的文化共性，容易为东南亚国家民众所接受。

第三，中国能源企业是国际能源合作的主力军，应充分考虑项目所在国政府、合作伙伴和当地社区的合理关切，在促进就业、保护环境、改善民生等方面积极履行社会责任，为促进民心相通做出重要贡献[①]。由于能源投资涉及对自然资源的开发和利用，能源合作项目风险持续高企——东道国错综复杂的投资环境，征地拆迁、环境保护等环境和社会风险，以及“掠夺资源”“新殖民主义”等声誉风险。中国能源企业虽然“走入”了东南亚，但还未“走进”当地社会。社会公益项目停留在浅层次，当地公众的信赖和认可不足。因此，中国能源企业在开展企业社会责任项目时要切实贯彻共商、共建、共享原则，利用多种渠道开展社会公益项目，要有针对性地做好适度宣传，并注重与全球发展议程的对接，为中国—东南亚能源安全体系筑牢民心基础。

第四，华人华侨是中国推进民心相通的重要力量。东南亚是华人华侨最集中、历史最悠久的地区。长期以来，东南亚华人华侨在政府和民间的合作与交流中牵线搭桥、在危机事件公关中充当“人脉中介”，在促进中华文明与当地文化的交流中做文化使者。但是，华人华侨住在国政策和舆论的转向、与中国外交关系的波动都会直接影响其在当地的生存与发展，并间接影响其参与民心相通建设的积极性。因此，中国一方面要鼓励华人华侨融入东南亚当地，为当地发展做贡献；另一方面要支持东南亚的华文教育、华文传媒和华人社团，搭建传承中华文化的重要平台。

第五，高校和科研院所的智库云集各界精英人士和高层次人才团队，是促进中国与东南亚国家民间交流、民心相通的重要力量。但是，“相较于美日等西方国家智库在东南亚的影响力与话语权，中国智库对外传播能力建设

① 周太东：《能源企业如何促进“一带一路”民心相通》，《中国石油报》2019年10月15日。

还有很长的路要走"①。一方面，要提高有针对性的内容生产质量与效率，比如挖掘中国与东南亚源远流长的友好往来历史和共同的历史记忆；另一方面，要重视东南亚来华留学生和短期培训学员的培养，使其成为在对象国开展对外传播工作的积极力量。此外，智库还要与新媒体对接，拓宽对外传播渠道，发挥 1+1>2 的效果。

第六，每个人都是"民间大使"，所有出境的企业员工和公民都代表中国。东南亚民众往往是通过当地中国人的个体行为来认识、理解中国的。所以，每一位到东南亚的中国公民都要了解当地民情、社情，熟悉当地法律和文化，规范行为表现，加强自我约束，给当地民众留下良好的印象。

总之，中国—东南亚能源安全体系建构是一项综合、复杂而又涉及广泛的系统工程。中国—东南亚能源安全体系的最终构建，是一个长期的"多层博弈"进程。这包括国家内部偏好的形成和利益的界定，国家间的"讨价还价"与战略互动，次国家行为体、(跨)超国家行为体与国家行为体三者之间的互动，能源体系与其他国际体系的互动，"能源安全共同体"公民意识和身份的不断养成等。②

---

① 周方冶：《东南亚民心相通的智库对外传播能力建设研究》，《云南社会科学》2018 年第 6 期，第 33 页。

② 吴磊、许剑：《论能源安全的公共产品属性与能源安全共同体构建》，《国际安全研究》2020 年第 5 期，第 17 页。

结　语

本研究通过 DPSIR 模型梳理中国和东南亚能源资源基本状况及其能源合作的历史和现状，探究中国和东南亚在维护和保障能源安全方面的同质化趋势，重新审视东南亚在中国能源安全战略中的地位，并试图为中国—东南亚能源安全有效治理提供一种路径或方法选择。

从理论上看，根据比较优势理论，中国和东南亚能源互补性强，双方能源合作空间大。根据 DPSIR 模型分析，中国和东南亚国家在能源安全驱动力、压力、状态、影响和响应方面存在强关系的同质化趋势，双方应该加强双边和多边能源合作，构建安全高效、清洁低碳的能源安全体系。

以安全、经济和可持续的方式满足能源需求是中国与东南亚面临的共同挑战。面对能源—经济—环境“不可能三角”挑战，无论是在能源供需互补方面，还是在能源转型互助方面，中国与东南亚国家都拥有广阔的合作空间。事实上，为提高能源供应的稳定性和能源使用的安全性，中国和东南亚国家已通过区域、次区域和双边的能源合作使各自能源安全状况得到不断改善和提高，并形成了联系紧密、互惠共赢的良好合作局面。在美国提供公共产品能力和意愿下降的情况下，面对国际能源格局调整，中国和东南亚有必要进一步加强能源合作，抓住“一带一路”建设和低油价大好机遇，妥善处理能源合作中的争端和问题，构建更完善、更有效和更紧密的能源安全体系，进而追求整体能源利益的最大化。

但是，从现实来看，中国海外能源投资起步晚，经验不足，中国能源企业国际化经营水平不高，管理制度有待完善，制约中国和东南亚能源合作水平的提升。而东南亚国家在政策、法律、技术和市场方面的局限以及不断滋生的极端民族主义情绪，增加中国参与能源投资的潜在风险。特别是南海问题，严重影响中国与东南亚能源合作的深度和进度。此外，域外大国插手马六甲海峡事务、南海争端，给中国和东南亚能源合作带来诸多不确定因素和竞争压力。

然而，合作是世界大势。在经济全球化和区域一体化的时代背景下，中国和东南亚国家政治互信的不断深化、经济社会的快速发展、基础设施的互联互通、清洁能源的开发利用和趋向同质的能源形势等积极因素促使双方成为彼此重要的能源合作伙伴。中国和东南亚的能源合作不仅符合双方利益，也有利于世界和平发展和稳定繁荣。要实现平衡经济发展、能源普遍服务和环境可持续性这三大看似互相矛盾的能源目标，中国和东南亚国家要从能源安全政策、法律、体制和文化四个方面不断加强建设。

能源是一盘大棋，擅弈则利国利民。能源合作不是短期行为，而是长期博弈。当今世界正处于百年未有之大变局，中国与东南亚国家应携手合作，抓住“一带一路”建设机遇，以平衡能源安全、经济发展和环境保护为突破点，争取国际能源话语权，推动国际能源治理变革，打造安全高效、清洁低碳的中国—东南亚能源共同体。

只要不断努力，理想终究会变成现实。

主要参考文献

一 学术专著

[1] 李涛、陈茵、罗圣荣：《中国—东盟能源资源合作研究》，社会科学文献出版社，2016。

[2] 谭民：《中国—东盟能源安全合作法律问题研究》，武汉大学出版社，2016。

[3] 林伯强、蒋竺均：《中国能源补贴改革和设计》，科学出版社，2012。

[4] 魏一铭、廖华、王科、郝宇等：《中国能源报告（2014）：能源贫困研究》，科学出版社，2014。

[5] 徐建山、吴谋远等：《“一带一路”油气合作国别报告（南亚和东南亚地区）》，石油工业出版社，2016。

[6] 刘旭主编《“一带一路”能源资源投资评估报告》，中国社会科学出版社，2020。

[7] 罗圣荣：《孟中印缅经济走廊能源合作与中缅能源合作研究》，社会科学文献出版社，2017。

[8] 成思危主编《未来50年：绿色革命与绿色时代》，中国言实出版社，2015。

[9] 许勤华主编《中国能源国际合作报告——“一带一路”能源投资（2015~2016）》，中国人民大学出版社，2016。

[10] 许勤华主编《中国能源国际合作报告——从能源实力到能源权力的中

国全球能源战略（2016~2017）》，中国人民大学出版社，2018。
[11] 许勤华主编《中国能源国际合作报告——中国能源国际合作的新格局与新发展（2017~2018）》，中国人民大学出版社，2018。
[12] 朱雄关：《中国与“一带一路”沿线国家能源合作》，社会科学文献出版社，2019。
[13] 邵建平：《东南亚国家处理海域争端的方式研究》，中国社会科学出版社，2018。
[14] 王正毅：《边缘地带发展论：世界体系与东南亚的发展》，上海人民出版社，2017。
[15] 国家信息中心“一带一路”大数据中心：《一带一路大数据报告（2018）》，商务印书馆，2018。
[16] 林文勋、郑永年主编《中国-东盟命运共同体与澜湄合作——第九届西南论坛暨第二届澜湄合作智库论坛论文集》，社会科学文献出版社，2019。
[17] 全球能源互联网发展合作组织：《东南亚能源互联网研究与展望》，中国电力出版社，2020。
[18] 〔美〕加布里埃尔·B. 柯林斯、安德鲁·S. 埃里克森等主编《中国能源战略对海洋政策的影响》，李少彦、姜代超、薛放、刘宏伟译，海洋出版社，2015。
[19] 〔美〕斯科特 L. 蒙哥马利：《全球能源大趋势》，宋阳、姜文波译，机械工业出版社，2012。
[20] Robert A. Manning, The Asia Energy Factor: Myths and Dilemma of Energy, Security and The Pacific Future, New York, Palgrave, 2000.
[21] John V. Mitchell, Peter Beck, Michael Grubb, The New Geopolitics of Energy, the Royal Institute of International Affairs, 1996.

二　期刊论文

[1] 朱彤：《中国能源工业七十年回顾与展望》，《中国经济学人（英文

版）》2019年第1期。
[2] 张艳、沈镭、于汶加：《基于DPSIR模型的区域能源安全评价：以广东省为例》，《中国矿业》2014年第7期。
[3] 孔悦、彭定洪、李忠态：《中国石油安全评价的DPSIR体系》，《昆明理工大学学报》（自然科学版）2018年第5期。
[4] 刘慧悦：《东南亚国家产业转移的演进：路径选择与结构优化》，《东南亚研究》2017年第3期。
[5] 林伯强、刘畅：《中国能源补贴改革与有效能源补贴》，《中国社会科学》2016年第10期。
[6] 王晓：《国际产业转移的影响分析》，《中国金融》2020年第4期。
[7] 张帅、朱雄关：《东南亚油气资源开发现状及中国与东盟油气合作前景》，《国际石油经济》2017年第7期。
[8] 段盈：《聚焦亚洲溢价，审视全球液化天然气定价机制》，《现代经济信息》2015年第15期。
[9] 薛桂芳：《"一带一路"视阈下中国—东盟南海海洋环境保护合作机制的构建》，《政法论丛》2019年第6期。
[10] 廖华、唐鑫、魏一鸣：《能源贫困研究现状与展望》，《中国软科学》2015年第8期。
[11] 杨占红、吕连宏、曹宝、王晓、罗宏：《国际能源消费特征比较分析及中国发展建议》，《地球科学进展》2016年第1期。
[12] 吴士存、陈相秒：《中国—东盟南海合作回顾与展望：基于规则构建的考量》，《亚太安全与海洋研究》2019年第6期。
[13] 寇静娜：《能源转型中的东南亚国家角色与内在冲突——一项以氢能为核心的分析》，《南洋问题研究》2022年第2期。
[14] 李辉、徐美宵、张泉：《改革开放40年中国能源政策回顾：从结构到逻辑》，《中国人口·资源与环境》2019年第10期。
[15] 吴磊、许剑：《论能源安全的公共产品属性与能源安全共同体构建》，《国际安全研究》2020年第5期。

[16] 吴磊：《新冠疫情下的石油危机及其影响评析》，《当代世界》2020 年第 6 期。
[17] 孙霞：《关于能源安全合作的理论探索》，《社会科学》2008 年第 5 期。
[18] 王长建、张虹鸥、汪菲、叶玉瑶：《“一带一路”沿线东南亚国家能源发展的演变趋势及其未来展望》，《科技管理研究》2018 年第 16 期。
[19] 张锐：《东南亚水电开发的影响因素研究——基于政策体系视角》，《南洋问题研究》2022 年第 2 期。
[20] Aleluia J, Tharakan P, Chikkatur A P, et al. Accelerating a clean energy transition in Southeast Asia: Role of governments and public policy [J]. Renewable and Sustainable Energy Reviews, 2022, 159.
[21] Ansari M A. Re-visiting the Environmental Kuznets curve for ASEAN: A comparison between ecological footprint and carbon dioxide emissions [J]. Renewable and Sustainable Energy Reviews, 2022, 168.
[22] Revisiting Electricity Market Reforms: Lessons for ASEAN and East Asia [J]. 2022.
[23] Do T N, Burke P J. Is ASEAN ready to move to multilateral cross-border electricity trade? [J]. Asia Pacific Viewpoint, 2022.
[24] Volz U. Institutional Mechanisms for Scaling Up Finance for the SDGs in ASEAN: Lessons from the European Union [J]. Sustainable Development Goals and Pandemic Planning, 2022: 601-625.

三 国际报告

[1] 国际能源署：《世界能源展望中国特别报告》，2017 年 12 月。
[2] 国际清洁能源论坛（澳门）：《国际清洁能源产业发展报告（2018）》，世界知识出版社，2018 年 11 月 1 日。
[3] 中国能源报社、中国能源经济研究院：《中国清洁能源发展报告》，

2019 年 9 月 4 日。

[4] 中国核能行业协会：《中国核能发展报告（2022）》，2022 年 9 月 14 日。

[5] 联合国经济和社会事务部：《2020 年可持续发展目标进展报告》，2020 年 7 月。

[6] 东盟能源中心、水电水利规划设计总院：《东盟电力互联互通：项目进展与展望》，2019 年 6 月。

[7] IEA, *World Energy Outlook 2022*, Oct. 2022.

[8] IEA, *Southeast Asia Energy Outlook 2017*, Oct. 2017.

[9] IEA, *Southeast Asia Energy Outlook 2019*, Oct. 2019.

[10] IEA, *Southeast Asia Energy Outlook 2021*, Oct. 2021.

[11] IRENA, *Renewable Energy Statistics 2022*, Jul. 2022.

[12] BP, *Statistical Review of World Energy*, Jun. 2022.

[13] World Economic Forum, *Fostering Effective Energy Transition 2022*, May 2022.

[14] The ASEAN Secretariat, *ASEAN Integration Report 2019*, Oct. 2019.

[15] The ASEAN Secretariat, *The 5th ASEAN Energy Outlook (2015-2040)*, Sep. 28, 2017.

[16] The ASEAN Secretariat, *The 6th ASEAN Energy Outlook (2015-2040)*, Nov. 19, 2020.

[17] The ASEAN Secretariat, *The 7th ASEAN Energy Outlook (2020-2050)*, Sep. 15, 2022.

[18] ACE, *ASEAN Plan of Action for Energy Cooperation (APAEC) PHASE I: 2016-2020*, December 23, 2015.

[19] APAEC Drafting Committee, *ASEAN Plan of Action for Energy Cooperation (APAEC) PHASE II: 2021-2025*, November 23, 2020.

[20] Asian Development Bank, *Myanmar: Energy Sector Initial Assessment*, Oct. 2012.

[21] ADB, *Midterm Review of the Greater Mekong Subregion Strategic Framework (2002-2012)*, Jun. 2007.

[22] ADB, *The Greater Mekong Subregion Economic Cooperation Program Strategic Framework (2012-2022)*, Mar. 2012.

[23] Seah, S., McGowan, P. J. K., Low, M. Y. X., Martinus, M., Ghoshray, A., Lorusso, M., Wong, R., Lee, P. O., Elliott, L., Setyowati, A., Rahman, S., and Quirapas-Franco, M. J. (2021) *Energy Transitions in ASEAN*, Oct 20, 2021. British High Commission and the COP26 Universities Network.

四 网络资源

1. 国家能源局 http://www.nea.gov.cn/
2. 国家统计局 http://www.stats.gov.cn/
3. 中国石油 http://www.cnpc.com.cn/cnpc/index.shtml
4. 中国石化 http://www.sinopec.com/
5. 中国海油 https://www.cnooc.com.cn/
6. 中国南海研究院 http://www.nanhai.org.cn/index.html
7. 清华-卡内基全球政策中心 https://carnegietsinghua.org/?lang=zh
8. 德勤中国 https://www2.deloitte.com/cn/zh.html
9. 中华人民共和国驻东盟使团经济商务参赞处 http://asean.mofcom.gov.cn/
10. 一带一路能源合作网 http://obor.nea.gov.cn/
11. 国际能源署（IEA） https://www.iea.org/
12. 国际可再生能源署（IRENA） https://www.irena.org/
13. 英国石油公司（BP） https://www.bp.com/
14. 美国能源部能源信息署（EIA） https://www.eia.gov/
15. 联合国再生能源咨询机构（REN21） https://www.ren21.net/
16. 东盟秘书处（AS） https://asean.org/

17. 东盟能源中心（ACE）http：//www. aseanenergy. org/

18. 国际原子能机构（IAEA）https：//www. iaea. org/

19. 世界银行（WB）https：//www. worldbank. org/en/home

20. 牛津能源研究所 https：//www. oxfordenergy. org/

致　谢

至此，纠缠我三年的课题终于结题了。看着在娘胎里三年之久才出生的“哪吒”，突然顿悟陈塘关总兵李靖夫人的悲喜。虽然“哪吒”长相有点儿丑，暂且不论是否由“基因”造成，毕竟是自己亲生，娘亲总是寄予美好希望。

当然，它不是我的第一个娃。从 2007 年进入婚姻殿堂后，我就陷入“备孕—生娃—养娃—备孕”的循环里。2008 年 8 月，奥运鼠宝大哥出生。2015 年初，我的二宝《中国与中亚国家油气合作的机遇与挑战研究》付梓。2017 年 4 月，鸡宝小妹欢喜降临。2020 年 10 月，我的四宝《基于 DPSIR 模型的中国—东南亚能源安全体系研究》收笔。大哥和二宝照书养，所以刻板一些；鸡妹和四宝当猪养，所以也活泼一些。养娃儿的过程也是一个自我修炼的过程。从娃儿身上，我看到自己的优点和不足，并找到改进的办法和努力的方向。感谢两双儿女带给为母生命的喜悦！感谢为让我静心写作而辛勤付出的父母亲人！

感谢云南大学国际关系研究院吴磊教授！作为我访学的指导老师，他为我的研究提供了重要的理论指导和修改意见。感谢美丽的云南大学！幽静的校园环境、浓厚的学术氛围、热情的工作人员和周到的后勤服务给我留下了深刻而难忘的记忆。

感谢暨南大学国际关系学院张振江教授！虽无师生之缘，但他多次给我无私帮助！

感谢韩山师范学院，为有志求学求知的教职工提供大力支持！

由于才疏学浅，难免有错漏和谬误之处，恳请批评指正，今后将进一步深化和完善。

邓秀杰

2023 年 10 月

图书在版编目(CIP)数据

基于 DPSIR 模型的中国—东南亚能源安全体系研究 / 邓秀杰著 . --北京：社会科学文献出版社，2023. 11
ISBN 978-7-5228-1896-2

Ⅰ. ①基… Ⅱ. ①邓… Ⅲ. ①能源-国家安全-研究-中国、东南亚 Ⅳ. ①TK01

中国国家版本馆 CIP 数据核字（2023）第 109509 号

基于 DPSIR 模型的中国—东南亚能源安全体系研究

著　者 / 邓秀杰

出 版 人 / 冀祥德
组稿编辑 / 邓泳红
责任编辑 / 王　展
责任印制 / 王京美

出　版 / 社会科学文献出版社（010）59367127
地址：北京市北三环中路甲 29 号院华龙大厦　邮编：100029
网址：www. ssap. com. cn
发　行 / 社会科学文献出版社（010）59367028
印　装 / 三河市龙林印务有限公司

规　格 / 开 本：787mm×1092mm　1/16
印 张：17. 75　字 数：270 千字
版　次 / 2023 年 11 月第 1 版　2023 年 11 月第 1 次印刷
书　号 / ISBN 978-7-5228-1896-2
定　价 / 98. 00 元

读者服务电话：4008918866